建筑钢结构安装工艺师

上海市金属结构行业协会　编

中国建筑工业出版社

图书在版编目（CIP）数据

建筑钢结构安装工艺师/上海市金属结构行业协会编.
北京：中国建筑工业出版社，2007
ISBN 978-7-112-08986-4

Ⅰ. 建… Ⅱ. 上… Ⅲ. 钢结构-建筑安装工程
Ⅳ. TU758.11

中国版本图书馆 CIP 数据核字（2007）第 004733 号

建筑钢结构安装工艺师
上海市金属结构行业协会 编
*
中国建筑工业出版社出版、发行（北京西郊百万庄）
各地新华书店、建筑书店经销
霸州市顺浩图文科技发展有限公司制版
北京同文印刷有限责任公司印刷
*
开本：787×1092 毫米 1/16 印张：11¾ 字数：284 千字
2007 年 4 月第一版 2007 年 12 月第二次印刷
印数：3001—4500 册 定价：**20.00** 元
ISBN 978-7-112-08986-4
（15650）

本社网址：http://www.cabp.com.cn
网上书店：http://www.china-building.com.cn

本书针对钢结构安装工艺师必须掌握的知识和技术作了全面系统的讲解，包括施工前的准备工作、单层钢结构（重型钢结构）工业厂房的安装、轻型钢结构（单层与多层）的安装、高层钢结构工程的安装、网架工程的安装、大型空间钢结构的安装、大型结构整体安装技术等内容。读者可通过本书熟悉钢结构金属材料的性质、特点及应用，解决实际工程中的疑难问题，掌握并制定钢结构的工艺流程、工艺要领、质量标准、施工进度及应变调整措施，懂得施工技术规范、安全生产规范、机械设备及定额预算等相关内容。本书可以作为钢结构施工的工具书，也可以作为钢结构工艺师的培训教材。

*　*　*

主　　编：罗仰祖

责任编辑：徐　纺　邓　卫

责任设计：董建平

责任校对：陈晶晶　王金珠

前 言

自改革开放以来，上海钢结构建设发展很快，目前全上海有900多家钢结构企业。一些大型企业引进和自主开发了许多钢结构新设备、新工艺、新技术、新材料，取得了良好的效果。上海市金属结构行业协会根据会员单位的建议和要求——在施工工艺上迫切需要加快钢结构行业专业技术人员的知识更新和提高企业队伍的整体素质，以确保工程质量，针对钢结构施工的四大主体专业技术（焊接、制作、安装和涂装），聘请有关专家编写了这套钢结构工艺师丛书，包括《建筑钢结构焊接工艺师》、《建筑钢结构制作工艺师》、《建筑钢结构安装工艺师》、《建筑钢结构涂装工艺师》。参与编写的专家一致认为，在钢结构建设工程项目中，焊接工艺师、制作工艺师、安装工艺师、涂装工艺师是施工阶段的关键岗位。丛书能使读者熟悉钢结构金属材料的性质、特点及应用，解决实际工程中的疑难问题，掌握并制定钢结构的工艺流程、工艺要领、质量标准、施工进度及应变调整措施，懂得施工技术规范、安全生产规范、机械设备及定额预算等相关内容。丛书可以作为钢结构施工的工具书，也可以作为钢结构工艺师的培训教材。

《建筑钢结构安装工艺师》由罗仰祖先生主编，杨华兴、毕辉、许立新、黄亿雯、燕伟等先生辅编，以及施建荣、刘春波、甘华松等先生提供有关资料，协会曾先后三次组织专家对初稿评审，并多次进行修改和补充。因钢结构行业还会不断出现新工艺、新标准，本书疏漏之处难免，殷切希望业内专家及广大读者指正。

上海市金属结构行业协会的会员目前已经拓展到江苏、浙江、安徽、山东、新疆、北京、甘肃、四川、山西、辽宁、河南、福建等13个省市。我们深信，本套丛书会对提高钢结构施工工艺水平起到良好的促进作用。

上海市金属结构行业协会
2006年6月20日

目　录

1　概述 …………………………………………………………………………… 1

2　施工前的准备工作 ……………………………………………………………… 2

2.1　技术准备 …………………………………………………………………… 2
2.2　现场准备 …………………………………………………………………… 5

3　单层钢结构（重型钢结构）工业厂房的安装 ……………………………………… 9

3.1　特点 ………………………………………………………………………… 9
3.2　起重主机的选用 ……………………………………………………………… 9
3.3　安装流程 …………………………………………………………………… 10
3.4　安装工艺与校正 …………………………………………………………… 10
3.5　质量控制 …………………………………………………………………… 22

4　轻型钢结构（单层与多层）的安装 ……………………………………………… 24

4.1　概述 ………………………………………………………………………… 24
4.2　工程开工前的准备 …………………………………………………………… 24
4.3　基础、地脚螺栓的复核 ……………………………………………………… 25
4.4　材料清点、验收、卸货、堆放 ………………………………………………… 27
4.5　安装流程 …………………………………………………………………… 29
4.6　钢结构的安装 ……………………………………………………………… 30
4.7　围护系统的安装 …………………………………………………………… 40
4.8　收边系统的安装 …………………………………………………………… 42
4.9　吊车梁的安装 ……………………………………………………………… 44
4.10　最后检查 …………………………………………………………………… 45
4.11　质量控制 …………………………………………………………………… 45
4.12　安全施工措施 ……………………………………………………………… 46
4.13　工程实例 …………………………………………………………………… 48

5　高层钢结构工程的安装 ………………………………………………………… 68

5.1　特点 ………………………………………………………………………… 68
5.2　起重主机的选用与装拆 ……………………………………………………… 69
5.3　吊装顺序 …………………………………………………………………… 73
5.4　安装工艺 …………………………………………………………………… 76

5.5 压型板安装 …… 77
5.6 特殊钢结构的安装 …… 80
5.7 测量与校正 …… 87
5.8 施工协调 …… 91
5.9 施工安全措施 …… 92
5.10 质量控制 …… 98
5.11 工程实例 …… 100

6 网架工程的安装 …… 115

6.1 特点 …… 115
6.2 安装方法的选择 …… 115
6.3 质量控制 …… 128
6.4 安全施工措施 …… 132
6.5 工程实例 …… 133

7 大型空间钢结构的安装 …… 138

7.1 概述 …… 138
7.2 安装方法的选择 …… 138
7.3 质量控制 …… 139
7.4 安全施工措施 …… 142
7.5 工程案例 …… 146

8 大型结构整体安装技术 …… 158

8.1 何谓大型结构整体安装技术 …… 158
8.2 大型结构整体安装的优点 …… 158
8.3 大型结构整体安装的必备条件 …… 158
8.4 施工工艺设计 …… 161

建筑钢结构安装工艺师岗位规范 …… 179

后记 …… 180

1 概 述

在我国，钢结构制造业是一个新兴产业。自20世纪80年代末开始，钢结构在建筑领域得到广泛应用。20世纪90年代后，大量的超高层建筑、工业厂房、市政高架、体育场馆以及众多的公共设施建筑，都采用了钢结构。进入21世纪以来，全国建筑用钢量急剧上升，据不完全统计，从20世纪90年代年均100多万t，到2005年已达到1000万t左右，增长了9倍；钢结构房屋从20世纪90年代年均300多万平方米，发展到目前年均2400多万平方米，增长了7倍；钢结构制作安装企业，从400余家，发展到目前具有市场准入条件的上千家，其他与钢结构行业配套的相关企业估计有上万家，其中年产量2万t以上的约50家，部分企业年产量达到10万t以上，并在国内外承担了一大批结构复杂、规模宏大、难度很高的钢结构工程的制作与安装，表明我国钢结构行业已具备较强的生产实力和较高的技术水平。结构用钢逐渐成为建筑材料的首选，新型建筑结构用钢开始进入战略发展期。

结构用钢具有强度高、重量轻、工厂化程度高、施工周期短、抗震性能好、可回收利用等优点，这些传统材料无法比拟的优势，不可避免地引发了一场从砖瓦、混凝土到钢结构的建筑革命。

大规模的市政建设、电力建设、西部开发、奥运会场馆建设、世博会场馆建设等，给结构用钢的发展带来了前所未有的机遇。有人预见到2010年我国的结构用钢需求将达到1800万t，到2020年将达到3000万t。有专家预言“21世纪，就建筑结构来说，完全是钢结构的时代”。

钢结构建筑只是一个统称，就其结构类型来分，大致可以分为以下几种：单层钢结构工业（重型钢结构）厂房、轻型钢结构（单层与多层）、高层钢结构、钢结构网架、大型空间钢结构、桥梁钢结构以及最近越来越被重视的钢结构住宅等。上述的各种类型钢结构，其特点与实施工艺有一定的差异性，在这里我们将针对前五种结构类型的安装施工工艺，以及对大型结构的整体安装技术作一些介绍。

2 施工前的准备工作

2.1 技术准备

2.1.1 编制施工组织设计

施工组织设计是用于指导施工的技术性文件，它在设计与施工之间起到桥梁作用。通过施工组织设计可将设计的思想融会贯通到施工中，使最终的建筑物真正体现出设计的原意。

（1）编制依据

设计图与相应的深化施工图。

设计与业主提供的指导性文件与技术文件，包括会议纪要、业主的要求（如施工质量、工期、造价与文明工地等）。

设计指定的施工及验收标准与技术规程。如果到国外去施工或国内工程设计单位为外方的话，还必须掌握国外的标准。

踏勘了解施工现场的环境、地形地貌，了解地下的土质与管线情况，掌握当地的气象资料，包括近几年内的极端气温、降雨、降雪、雷雨与风力等资料。

施工企业的施工能力，包括技术力量、设备资源与施工人员的素质。如果是在外地或国外施工，还必须了解当地的设备能力与劳动力市场。

（2）内容

1）工程概况

主要内容包括：工程名称、工程地址、建设单位、设计单位、总包单位、分包单位、工程性质及结构情况，有关结构参数（轴线、跨度、间距、间数、跨数、层数、屋脊标高、主要构件标高、自然地坪标高、建筑面积、主要构件重量等），机械选用概况和其他概况。

2）工程量一览

主要内容包括：构件名称及编号，构件截面尺寸、长度、重量、数量、构件吊点位置及备注等。

3）施工平面布置图

施工平面布置图是施工组织设计的一项重要内容。主要包括：柱网和跨度的布置，钢构件的现场堆放位置，吊装的主要施工流水，施工机械进出场路线、停机位置及开行路线，现场施工场地和道路位置，施工便道的处理要求、现场临时设施布置位置和面积，水电用量及布置，现场排水等。

4）施工机械

施工机械分为主要施工机械和辅助施工机械。主要内容包括：机械种类、型号、数量，起重臂选用长度、角度，起重半径，起吊的有效高度及相对应的起重量，机械的用途等。

5）吊装的主要施工顺序

主要内容包括：总体施工顺序，主要和重要构件的吊装顺序和流水，次要构件的吊装顺序的搭接，框架形成的条件和方法。对于高层钢结构施工的内爬式塔式起重机，还须考虑爬升区框架的合理选择和形成刚架的位置。

6）施工的主要技术措施

施工前应根据单位工程的特点，运用先进的技术和成熟的施工经验，制定行之有效的技术措施。主要内容包括：构件吊装时的吊点位置，构件的重心计算，日照、焊接温差和施工过程中对构件垂直度影响的控制措施，控制物件的轴线位移和标高的措施，构件扩大地面组装的方法，专用吊装工具索具的设计等。对于高层钢结构施工，须认真选择和制定校正标准柱、标准框架、内爬式塔式起重机爬升区的特殊措施。

7）工程质量标准

主要内容包括：设计对工程质量标准的要求，有关国标和地方的施工验收标准。

8）安全施工注意事项

其主要内容包括：垂直和水平通道，立体交叉施工的安全隔离，防火、防毒、防爆、防污染措施，易倾倒构件的临时稳定措施，工具和施工机械的安全使用，安全用电，防风、防台、防汛和冬夏期施工的特殊安全措施，高空通信和指挥手段等。

9）工程材料和设备申请计划表

主要内容包括：工具和设备（交直流电焊机、栓钉螺栓焊机、隔离变压器、碳弧气刨机、送丝机、焊缝探伤仪器、焊条烘箱、高强度螺栓初终拧电动工具、焊条保温筒、电焊用的防风棚和防雨罩、高空设备平台、特殊构件的工夹具等），料具和易耗材料（千斤、卸扣、铁扁担、焊条或焊丝、氧气、乙炔、引弧板、垫板、衬板、临时安装螺栓和高强度螺栓、碳棒、油漆、测温计和测温笔等），安全防护设施（登高爬梯、水平通道板、操作平台、安全网、扶手杆或扶手绳、漏电保护开关、现场照明等）。

10）劳动力申请计划表

劳动力申请计划表是劳动力和工种的综合申请文件之一。主要内容包括：工种配备，工程数量。

11）工程进度及成本计划表

工程进度及成本计划集中体现施工组织设计的经济指标。主要内容包括：项目内容、劳动组织、劳动定额、用工数、机械台班数、工程进度计划等。

（3）注意事项

确保施工质量；确保施工安全；合理安排施工顺序，缩短工期，加快进度。

努力提高机械化施工程度和装配程度，尽可能减少高空作业，采用流水施工组织方法，提高劳动生产率，降低工程成本。

减少现场临时性设施，减少构件的就位和运输，合理安排施工平面图，节约现场施工用地。

比较均衡地投入劳动力，尽量避免劳动力使用量出现突变的高峰和低谷。

2.1.2 确定或完善施工及验收标准

为在钢结构工程施工中贯彻执行国家的技术经济政策，确保工程施工质量，做到技术先进、经济合理、安全可靠，施工中必须有一个能被业主、设计、监理与施工等单位接受的统一的标准，只有这样才能达到规范市场、规范各方行为的目的。经过多年的努力，我国的标准已涉及绝大多数专业。但是由于建筑市场的惊人发展，新技术、新工艺、新材料层出不穷，缺标准或标准不完善的情况时有发生。另外，随着改革开放的深入发展，国外的新技术、新工艺又不断地涌入，因此在建筑行业中，特别是在超高层钢结构施工中，施工及验收标准的确定与完善显得非常重要。

在施工时经常会碰到执行国内标准还是执行国外标准的情况，处理的原则是：在国内标准高于国外的情况下，一般采用国内标准。在国外标准高于国内的情况下，必须分析原因，如果是设备、材料上的原因，国内的现状无法达到国外的高标准，那么还是应该采用国内标准。在国内外尚无有关标准的情况下，或有特殊要求的钢结构工程，应通过试验确定，并在实施中积累资料，为完善标准提供依据。

2.1.3 工艺试验与工艺评定

工艺试验与工艺评定是钢结构建筑施工前必须要做的一件事，它是大规模施工开始后保证施工质量的依据与基础。

钢结构安装施工前需要做工艺试验与工艺评定的项目主要有以下几方面：

(1) 焊接工艺（包括栓钉焊接工艺）；

(2) 高强度螺栓的摩擦面工艺；

(3) 高强度螺栓的扭矩系数；

(4) 特殊构件的安装工艺；

(5) 测量校正工艺；

(6) 采用新的工艺与新材料。

一般钢结构工程前3项是必做的，第4项与第6项有就做，而第5项可以沿用以往的工艺，但是对于首次使用测量校正工艺，必须要做。

焊接工艺之所以要求每个工程都要做，那是因为以下几方面原因：

(1) 钢材的焊接性能差异太大，同品种的钢材，由于产地不同、厚度不同、冶炼或轧制工艺不同，焊接工艺必须作相应变动。

(2) 焊接材料的品种多样，不同的焊接材料必须采用不同的焊接工艺。

(3) 焊接的设备不同，焊接方法必须改变。

(4) 焊缝的接头形式多样。

(5) 施焊条件（环境、位置）不同，包括寒冷区域焊接、现场作业中所遇到的各种焊接位置等。

关于焊接工艺，这里想提一下有关“覆盖”与“套用”的问题。所谓“覆盖”，就是指做了某种厚度钢材的焊接工艺试验后，可以覆盖所有厚度的钢板焊接工艺。这在美国AWS标准中是允许的，但由于国情不同，技术条件的不同，国内不允许采用。我国现有规范只允许部分覆盖，即做了某一种厚度钢板的焊接工艺后，可以覆盖与这种厚度接近的部分钢板。所谓“套用”，是指在新工程上使用以前工程中已经成功的焊接工艺。这种做法应该讲是合情合理的，但是执行时必须谨慎，必须核对每一个可能影响焊接质量的因素。

高强度螺栓加工的变异性更大，对这一项不但开工前要做，开工后每进一批高强度螺栓都要分别对每种规格抽检。摩擦面的检验也是如此，它是以 2000t 为一批进行检验，不足 2000t 的也算一批。

2.2 现场准备

钢结构工程在施工安装前现场的准备工作有：钢构件（包括零部件、连接件等）的验收，测量仪器及丈量器具的准备，基础复测，构件运输，构件堆放，构件堆场以及安排设备工具材料和组织施工力量等。

2.2.1 钢构件验收

钢构件在出厂前，制造厂应根据制作标准的有关规范、规定以及设计图的要求进行产品检验，填写质量报告、实际偏差值。钢构件交付结构安装单位后，结构安装单位在制造厂质量报告的基础上，根据构件性质分类，再进行复检或抽检。

结构安装单位对钢构件预检的项目，主要是同施工安装质量和工效直接有关的数据，如：几何外形尺寸、螺孔大小和间距、焊缝坡口、节点摩擦面、附件数量规格等。构件的内在制作质量应以制造厂质量报告为准。预检数量，一般是关键构件全部检查，其他构件抽检 10%～20%，应记录预检数据。

钢构件预检是一项复杂而细致的工作，预检时尚须有一定的条件，构件预检宜放在制造厂进行，最好由结构安装单位、监理单位派人驻厂掌握制作加工过程中的质量情况，发现问题可及时进行处理，严禁不合格的构件出厂。

钢构件进入施工现场后，除了检查构件规格、型号、数量外，还需对运输过程中易产生变形的构件和易损部位进行专门检查，发现问题应及时通知有关单位做好签证手续以便备案，对已变形构件应予矫正，并重新检验。

2.2.2 测量仪器及丈量器具的准备

计量工具和标准应事先统一，质量标准也应统一。特别是钢卷尺，对钢卷尺的标准要十分重视，有关单位（监理、土建、安装、制造厂）应各执统一标准的钢卷尺，制造厂按此尺制作钢构件，土建施工单位按此尺进行柱基定位施工，安装单位按此尺进行框架安装，业主、监理按此尺进行结构验收。标准钢卷尺由业主提供，钢卷尺需在合格的比尺场同标准基线进行足尺比较，确定各把钢卷尺的误差值，应用时按标准条件实施。钢卷尺应用的标准条件是：①拉力用弹簧称量：30m 钢卷尺拉力值用 98.06N，50m 钢卷尺拉力值用 147.08N；②温度为 20℃；③水平丈量时钢卷尺要保持水平，挠度要加托。使用时，实际读数按上述条件，根据当时气温按其误差值进行换算。但是，实际应用时如全部按上述方法进行，计算量太大，一般是关键钢构件（如柱、框架大梁）的长度复检和长度大于 8m 的构件按上法，其余构件均可以按实读数为依据。

2.2.3 基础复测

第一节钢柱是直接安装在钢筋混凝土柱基底板上的。钢结构的安装质量和工效与柱基的定位轴线、基准标高直接有关。安装单位对柱基的预检重点是：定位轴线间距、柱基面标高和地脚螺栓预埋位置。

（1）定位轴线检查

定位轴线从基础施工起就应引起重视，先要做好控制桩。待基础浇筑混凝土后再根据控制桩将定位轴线引渡到柱基钢筋混凝土底板面上，然后预检定位线是否同原定位线重合、封闭，每根定位线总尺寸误差值是否超过控制数，纵横定位轴线是否垂直、平行。定位轴线预检在弹过线的基础上进行。预检应由监理、土建、安装三方联合进行，对检查数据要统一认可鉴证。

（2）柱间距检查

柱间距检查应在定位轴线认可的前提下进行，采用标准尺实测柱距（应是通过计算调整过的标准尺）。柱距偏差值应严格控制在±2mm 范围内。原因是定位轴线的交点是柱基中心点，是钢柱安装的基准点，钢柱竖向间距以此为准，框架钢梁的连接螺孔的孔洞直径一般比高强度螺栓直径大 1.5～2.0mm，如柱距过大或过小，直接影响整个竖向框架梁的安装连接和钢柱的垂直，安装中还会有安装误差。

（3）柱基地脚螺栓检查

检查柱基地脚螺栓，其内容为：

1）检查螺栓长度。螺栓的螺纹长度应保证钢柱安装后螺母拧紧的需要。

2）检查螺栓垂直度。如误差超过规定必须矫直，矫直方法可用冷校法或火焰热校法。检查螺纹有否损坏，检查合格后在螺纹部分涂上油、盖好帽套加以保护。

3）检查螺栓间距。实测独立柱地脚螺栓组间距的偏差值，绘制平面图表明偏差数值和偏差方向。再检查地脚螺栓相对应的钢柱安装孔，根据螺栓的检查结果进行调查，如有问题，应事先扩孔，以保证钢柱的顺利安装。

4）目前高层钢结构工程柱基地脚螺栓的预埋方法有直埋法和套管法两种：

① 直埋法就是用套板控制地脚螺栓相互之间的距离，立固定支架控制地脚螺栓群不变形，在柱基底板绑扎钢筋时埋入，控制位置，同钢筋连成一体，整体浇筑混凝土，一次固定。

② 套管法就是先安装套管（内径比地脚螺栓大 2～3 倍），在套管外制作套板，焊接套管并立固定架，并将其埋入浇筑的混凝土中，待柱基底板上的定位轴线和柱中心线检查无误后，再在套管内插入螺栓，使其对准中心线，通过附件或焊接加以固定，最后在套管内注浆锚固螺栓。注浆材料按一定级配制成。

比较上述二种预埋方法，一般认为采用直埋法施工对结构的整体性比较好，而采用套管法施工，地脚螺栓与柱基底板之间隔着套管，尽管可以采取多种措施来保证其整体性，但都无法与直埋法相比。正因为如此，目前绝大多数工程设计都要求采用直埋法施工。

（4）基准标高实测

在柱基中心表面和钢柱底面之间，考虑到施工因素，设计时都考虑有一定的间隙作为钢柱安装时的标高调整，该间隙我国的规范规定为50mm。基准标高点一般设置在柱基底板的适当位置，四周加以保护，作为整个高层钢结构工程施工阶段标高的依据。以基准标高点为依据，对钢柱柱基表面进行标高实测，将测得的标高偏差用平面图表示，作为调整的依据。

2.2.4 钢结构堆场

(1) 堆场的作用

建造高层建筑的地方，一般都是城市的闹市区域，那些地段的地价比较高，有的可能还是寸土寸金之地，因此现场不可能有充足的构件堆场。这就要求钢结构安装单位必须按照安装流水顺序随吊随运。但是构件制造厂是分类加工的，构件供货是分批进行的，同结构安装流水顺序完全不一致。因此中间必须设置钢构件中转堆场，起调节作用。中转堆场的主要作用是：

1) 储存制造厂的钢构件（工地现场没有条件储存大量构件）。

2) 根据安装施工流水顺序进行构件配套，组织供应。

3) 对钢构件进行检查和修复，保证以合格的构件送到现场。

中转堆场的选址，应尽量靠近工程现场，同市区公路相通，符合运输车辆的运输要求，要有电源、水源和排水管道，场地平整。

(2) 堆场面积的确定

合理选择堆场面积极为重要，既要保证施工现场吊装进度，又能留有一定的储备量；既要考虑构件堆放，又须保证必要的构件配套、预检、拼装与修理的用地，另外还必须考虑堆场的办公、生活用地，但又不应该无限制地放大堆场面积，因为堆场的租借费用也不会是个小数目。

堆场的面积可按下述经验公式确定：

$$A=k\cdot a\cdot W_{max}$$

式中 A——堆场总面积（m^2）；

W_{max}——构件的月最大储存量（t），根据构件进场时间和数量按月计算储存量，取最大值；

a——经验用地指标（m^2/t），一般 $a=7\sim8m^2/t$，叠堆构件时 $a=7m^2/t$，不叠堆时 $a=8m^2/t$；

k——综合系数，$k=1.0\sim1.30$，按辅助用地情况取值。

构件配套按安装流水顺序进行，以一个结构安装流水段（一般高层钢结构工程以一节钢柱框架为一个安装流水段）为单元，将所有钢构件分别由堆场整理出来，集中到配套场地，在数量和规格齐全之后进行构件预检和处理修复，然后根据安装顺序，分批将合格的构件由运输车辆供应到工场现场。配套中应特别注意附件（如连接板等）的配套，否则小小的零件将会影响到整个安装进度，一般对零星附件是采用螺栓或钢丝直接临时捆扎固定在安装节点上。

(3) 堆场管理

1) 对运进和运出的构件应做好台账；

2) 对堆场的构件应绘制实际的构件堆放平面布置图，分别编好相应区、块、堆、层，便于日常寻找；

3）根据吊装流水需要，至少提前两天做好构件配套供应计划和有关工作；

4）对运输过程中已发生变形、失落的构件和其他零星小件，应及时矫正和解决。对于编号不清的构件，应重新描清，构件的编号宜设置在构件的两端，以便查找；

5）做好堆场的防汛、防台、防火、防爆、防腐工作，合理安排堆场的供水、排水、供电和夜间照明。

3 单层钢结构（重型钢结构）工业厂房的安装

3.1 特 点

近年来，由于钢结构工业厂房建设速度快、环保、美观，越来越受到建设单位的青睐，得到了广泛的应用。钢结构工业厂房的形式多种多样，按层次分有单层和多层之分，按重量分有重型和轻型之分，本章介绍的是单层重型钢结构厂房安装。单层重型钢结构厂房安装的特点有：（1）单件重量重。单层重型钢结构厂房的用钢量比较高，一般在50kg/m² 以上，有的甚至高达 500kg/m²，所以相应的构件也大而重，一般的钢柱的单重在 5～10t，有的重达 100 多吨，吊车梁的单重在 3t 以上，有的重达 80 多吨。（2）厂房高。一般单层重型钢结构厂房都比轻钢厂房要高，大部分厂房的吊车梁轨面标高要 7.0m 以上，最高的达到 30 多米。（3）有设备基础妨碍。因为是工业厂房，所以往往厂房内有设备基础，这也与钢结构吊装的方案有关。（4）常与工艺设备交叉。工业厂房钢结构有时会与一些工艺钢结构相交叉，例如烟囱、除尘烟道等等，这些往往要与厂房钢结构同时安装。（5）大部分厂房有气楼。厂房有气楼，增加了钢结构节点的安装难度，有时也是选择安装方案的重要依据。

3.2 起重主机的选用

在钢结构工业厂房的吊装过程中，起重机的正确选择是一个重要的工作，它对确保工程进度、安全质量及经济效益有着很重要的作用。

3.2.1 选择起重机的原则

（1）周边的起重设备的资源。尽可能就近选用起重设备，尽可能选用现成的吊装机械，例如前道工序所用的塔吊等。这样比较经济。

（2）钢结构吊装的数量和进度要求。一般数量大或工期紧就采用多点吊装。

（3）厂房吊装的周边环境。一般钢结构厂房要尽可能采用跨内吊装，这样一般可以选用吊车荷载相对小一点的起重设备，有利于降低吊装成本。实在有困难再采用跨外吊装或者跨内跨外混合吊装，即跨内吊得着的就跨内吊装，跨内不能吊装的构件就采用跨外吊装。

（4）吊装物的单件最大重量和安装位置。一般最大的起重主机都是按照吊装最大件来定的。如果只有少量的一两件，也可考虑双机抬吊或者临时进一台起重量大的吊机，一般临时选用的吊机可用汽车吊，这样可减少吊机的进退场费。

（5）吊装时最大高度和最大载荷的构件。有时选择起重主机并不是为了吊装最重的，而是为了吊装位置最难处的。

(6) 一般的钢结构的吊装选用一台主吊机，同时配一台以上的辅吊机，用于拼装、卸车、倒料、给主吊机喂料等等，这样可以大大提高主吊机的使用效率。

(7) 有时根据实际情况还可以用土洋结合的方法，即机械吊车和卷扬机、拔杆并用的方法。

(8) 现今有些超高和超重的特殊构件还可以选用液压同步提升、整体移的机器人吊装方法。

3.2.2 起重机选择的具体过程

(1) 确定吊件的最大起吊高度，这里特别要注意的是要看吊机主杆有没有碰杆的可能。一般通过示意图来解决。据此不仅可以确定吊机的工作幅度，还可以确定吊机选用的吊杆长度。计算起吊高度时应加上吊机本身的相应高度。

(2) 计算吊装过程中的最大荷载。计算荷载重量时不仅要算准所吊构件的重量，还要加上起重机吊钩的重量以及所用吊具、相应安全设施的重量。计算吊机的工作幅度时应从吊机的回转中心算起。

(3) 综合工程中的最大起吊高度和最大荷载情况，根据前面所讲到的原则，结合起重机械的性能表，就可以选用合适的起重机械了。最大高度时不一定就是最大荷载时，反之亦然。

(4) 选择起重机械时还得注意：

1) 型号相同的起重机，由于起重机制造厂及制造日期不同，数据图表可能完全不同。

2) 同一台起重机械，其技术性能可能会因使用年限不同而变化。

3) 经技术改造及事故修复后的起重机械技术性能会有相应改变。

4) 因材料、工艺及机构选用不同，同样尺寸规格的零部件、机构的机械性能不同。

5) 起重机械使用的环境因素对起重机械性能及使用有影响。

3.3 安装流程

基础的验收测量→柱基螺栓的处理→钢柱的吊装→柱间支撑的安装→吊车梁的吊装和校正→屋架的拼装和吊装→屋面檩条的安装→墙皮檩条的安装→油漆。

3.4 安装工艺与校正

3.4.1 一般规定

(1) 钢结构安装前，应按构件明细表核对进场的构件，核查质量证明书、设计更改文件、构件交工所必需的技术资料以及大型构件预装排版图。构件应符合设计要求，对主要构件（柱子、吊车梁和屋架等）应进行复检。

(2) 构件在运输和安装中应防止涂层损坏。

(3) 构件在安装现场进行制孔、组装、焊接和螺栓连接时，应符合设计与施工组织设计的有关规定。

(4) 构件安装前应清除附在其表面上的灰尘、冰雪、油污和泥土等杂物。

(5) 钢结构需进行强度试验时，应按设计要求和有关标准规定进行。

(6) 钢结构的安装工艺，应保证结构稳定性和不致造成构件永久变形。对稳定性较差的构件，起吊前应进行稳定性试验，必要时应进行临时加固。大型构件和细长构件的吊点位置和吊环构造应符合设计或施工组织设计的要求。对大型或特殊构件吊装前应进行试吊，确认无误后方可正式起吊。

(7) 钢结构的柱、梁、屋架、支撑等主要构件安装就位后，应立即进行校正、固定。对不能形成稳定的空间体系的结构，应进行临时加固。

(8) 钢结构安装、校正时，应考虑外界环境（风力、温度、日照等）和焊接变形等因素的影响，由此引起的变形超过允许偏差时，应采取措施调整。

3.4.2 施工准备

(1) 钢结构安装应具备下列设计文件：

1) 钢结构设计图；

2) 建筑图；

3) 有关基础图；

4) 钢结构施工详图；

5) 其他有关图纸及技术文件。

(2) 钢结构安装前，应进行图纸自审和会审，并符合下列规定：

1) 图纸自审应符合下列规定：

① 熟悉并掌握设计文件内容；

② 发现设计中影响构件安装的问题；

③ 提出与土建和其他专业工程的配合要求。

2) 图纸会审应符合下列规定：

① 专业工程之间的图纸会审，应由工程总承包单位组织，各专业工程承包单位参加，并符合下列规定：

a. 基础与柱子的坐标应一致，标高应满足柱子的安装要求；

b. 与其他专业工程设计文件无矛盾；

c. 确定与其他专业工程配合施工程序。

② 钢结构设计、制作与安装单位之间的图纸会审，应作设计意图说明，提出工艺要求：

a. 制作单位介绍钢结构主要制作工艺；

b. 安装单位介绍施工程序和主要方法，并对设计和制作单位提出具体要求和建议；

c. 协调设计、制作和安装之间的关系。

(3) 钢结构安装应编制施工组织设计、施工方案或作业设计。

1) 施工组织设计和施工方案应由总工程师审批，其内容应包括：

① 工程概况及特点介绍；

② 施工总平面布置、能源、道路及临时建筑设施等的规划；

③ 施工程序及工艺设计；

④ 主要起重机械的布置及吊装方案；

⑤ 构件运输方法、堆放及场地管理方案；

⑥ 施工网络计划；

⑦ 劳动组织及用工计划；

⑧ 主要机具、材料计划；

⑨ 技术质量标准；

⑩ 技术措施降低成本计划；

⑪ 质量、安全保证措施。

2）作业设计由专责工程师审批，其内容应包括：

① 施工条件情况说明；

② 安装方法、工艺设计；

③ 吊具、卡具和垫板等设计；

④ 临时场地设计；

⑤ 质量、安全技术实施办法；

⑥ 劳动力配合。

3）施工前应按施工方案（作业设计）逐级进行技术交底。交底人和被交底人（主要负责人）应在交底记录上签字。

3.4.3 构件运输和堆放

（1）大型或重型构件的运输应根据行车路线和运输车辆性能编制运输方案。

（2）构件的运输顺序应满足构件吊装进度计划要求。

（3）运输构件时，应根据构件的长度、重量、断面形状选用车辆；构件在运输车辆上的支点、两端伸出的长度及绑扎方法均应保证构件不产生永久变形、不损伤涂层。

（4）构件装卸时，应按设计吊点起吊，并应有防止损伤构件的措施。

（5）构件堆放场地应平整坚实，无水坑、冰层，并应有排水设施，构件应按种类、型号、安装顺序分区堆放；构件底层垫块要有足够的支承面，相同型号的构件叠放时，每层构件的支点要在同一垂直线上。

（6）变形的构件应矫正，经检查合格后方可安装。

3.4.4 基础验收

（1）安装钢结构的基础应符合下列规定：

1）一个以上安装单元的柱基基础；

2）基础混凝土强度达到设计强度的75%以上；

3）基础周围回填完毕；

4）基础的行、列线标志和标高基准点齐全准确；

5）基础顶面平整、预留孔应清洁，地脚螺栓应完好；

6）基础行列线、标高、地脚螺栓位置等测量资料齐全；

7）二次浇灌处的基础表面应凿毛；

（2）安装前，复查基础与结构安装有关尺寸，其结果应符合下列规定：

1）基础顶面标高应低于柱底面安装标高 40～60mm；

2）预埋地脚螺栓和螺栓锚板的允许偏差应符合表 3-1 的规定；

3）地脚螺栓预留孔的允许偏差应符合表 3-2 的规定；

（3）测量用的轴线标板和标高基准点，应符合国家现行标准规定。

预埋地脚螺栓和螺栓锚板的允许偏差　　表 3-1

项　目	允许偏差（mm）	
	预埋地脚螺栓	螺栓锚板
螺栓中心至基础中心距离偏移	±2	±5
螺栓露长	+20～+50	
螺栓的螺纹长度	+20～+50	

地脚螺栓预留孔的允许偏差　　表 3-2

项　目	允许偏差（mm）
预留孔中心偏差	±10
预留孔壁垂直度	$L/100$
预留孔深度较螺栓埋入长度	+50

注：L 为预留孔深度。

3.4.5　垫板设置

（1）柱底板下设置的支承垫板应符合下列规定：

1）垫板应设置在靠近地脚螺栓（锚栓）的柱脚底板加劲板或柱肢下，每根地脚螺栓（锚栓）侧应设 1～2 组垫板。垫板与基础面的接触应平整、紧密。二次浇灌混凝土前垫板组间应点焊固定。

2）每组垫板板叠不宜超过 5 块，垫板宜外露出柱底板 10～30mm。

3）垫板与基础面应紧贴、平稳，其面积大小应根据基础的抗压强度和柱脚底板二次浇灌前柱底承受的荷载及地脚螺栓（锚栓）的紧固预拉力计算确定。

4）垫板边缘应清除氧化铁渣和毛刺，每块垫板间应贴合紧密，每组垫板都应承力。

5）使用成对斜垫板时，两块垫板斜度应相同，且重合长度不应少于垫板长度的 2/3。

（2）采用坐浆垫板应符合下列规定：

1）坐浆垫板的设置位置、数量和面积应符合设计和现行规范的规定；

2）宜根据测得的柱底面至牛腿距离决定每个基础垫板的顶面标高，坐浆垫板的标高、水平度和定位的允许偏差应符合表 3-3 的规定；

3）采用坐浆垫板时，应采用无收缩砂浆。柱子吊装前砂浆试块强度应高于基础混凝土强度一个等级。

坐浆垫板的允许偏差　　表 3-3

项　目	允许偏差（mm）
顶面标高	0 3.0
水平度	$L/1000$
位移	20.0

注：L 为垫板长度。

3.4.6 柱子安装

(1) 柱子安装前应设置标高观测点和中心线标志，同一工程的观测点和标志设置位置应一致，并应符合下列规定：

1) 标高观测点的设置应符合下列规定：

① 标高观测点的设置应以牛腿（肩梁）支承面为基础，设在柱的便于观察处；

② 无牛腿（肩梁）柱，应以柱顶端与桁架连接的最上一个安装孔中心为基准。

2) 中心线标志的设置应符合下列规定：

① 在柱底板上表面上行线方向设一个中心标志，列线方向两侧各设一个中心标志；

② 在柱身表面上行线和列线方向各设一个中心线，每条中心线在柱底部、中部（牛腿或肩梁部）和顶部各设一处中心标志；

③ 双牛腿（肩梁）柱在行线方向两个柱身表面分别设中心标志。

(2) 多节柱安装时，宜将其组装成整体吊装。

(3) 钢柱安装校正应符合下列规定：

1) 应排除阳光侧面照射所引起的偏差。

2) 应根据气温（季节）控制柱垂直度偏差，并应符合下列规定：

① 气温接近当地年平均气温时（春、秋季），柱垂直偏差应控制在“0”附近。

② 当气温高于或低于当地平均气温时，应符合下列规定：

a. 应以每个伸缩段（两伸缩缝间）设柱间支撑的柱子为基准（垂直度校正至接近“0”)，行线方向多跨厂房应以与屋架钢性连接的两柱为基础；

b. 气温高于平均气温（夏季）时，其他柱应倾向基准点相反方向；

c. 气温低于平均气温（冬季）时，其他柱应倾向基准点方向；

d. 柱倾斜值应根据施工时气温与平均温度的温差和构件（吊车梁、垂直支撑和屋架等）的跨度或基准点距离决定。

③ 柱子安装的允许偏差应符合表 3-4 的规定。吊车梁、屋架安装和吊车梁调整、固定连接后，柱子尚应进行复测，超过允许偏差的应进行调整。

(4) 对长细比较大的柱子，吊装后应增加临时固定措施。

(5) 柱间支撑的安装应在柱子找正后进行，在保证柱垂直度的情况下安装柱间支撑，支撑不得弯曲。

3.4.7 吊车梁安装

(1) 吊车梁的安装应在柱子第一次校正和柱间支撑安装后进行。

(2) 吊车梁的安装应从有柱间支撑的跨间开始，吊装后的吊车梁应进行临时固定。

(3) 吊车梁的校正应在屋面系统构件安装并永久连接后进行，其允许偏差应符合表 3-5 的规定。

1) 调整柱底板下垫板厚度。

2) 调整吊车梁与柱牛腿支承面间垫板厚度，调整后垫板应焊接牢固。

(4) 吊车梁下翼缘与柱牛腿连接应符合下列规定：

钢柱安装的允许偏差 **表 3-4**

项　　目	允许偏差(mm)	示　意　图
柱脚底座中心线对定位轴线的偏移(Δ)	5.0	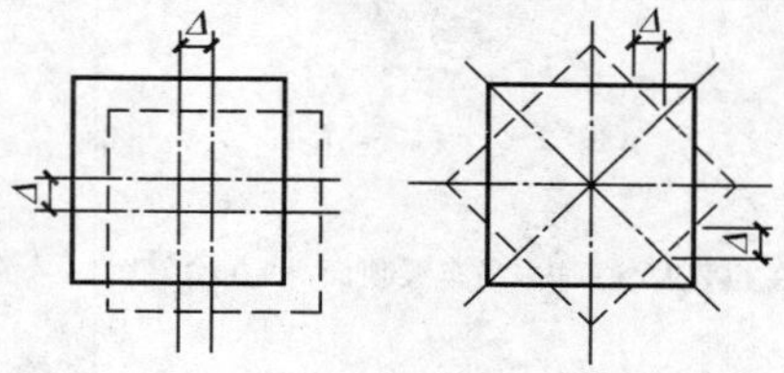
柱子基准点标高(Δ)： (1)有吊车梁的柱 (2)无吊车梁的柱	 +3.0 −5.0 +5.0 −8.0	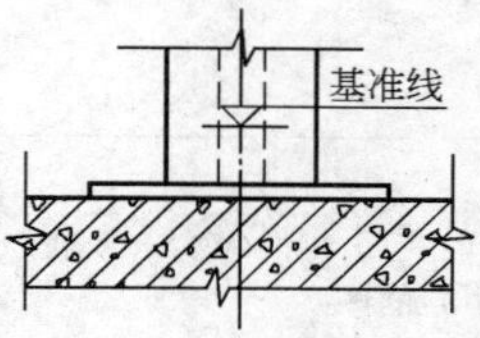
柱的挠曲矢高	$H/1000$ 15.0	
柱轴线垂直度(Δ)： (1)单层柱 $H<10$m $H>10$m (2)多节柱 底层柱 柱全高	 10.0 $H/1000$ 25.0 10.0 35.0	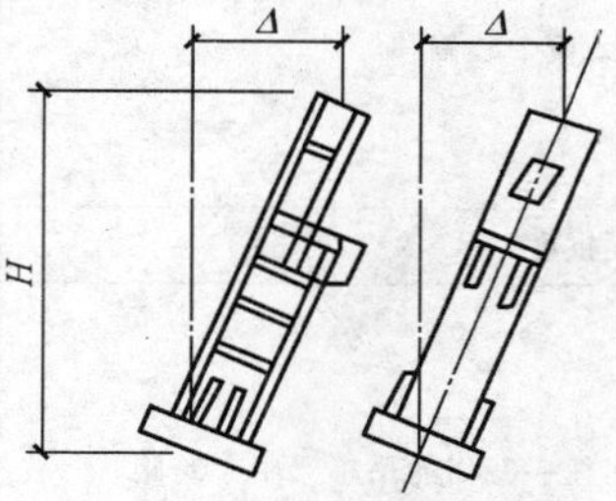

吊车梁安装的允许偏差 **表 3-5**

项　　目	允许偏差(mm)	示　意　图
梁跨中垂直度	$h/500$	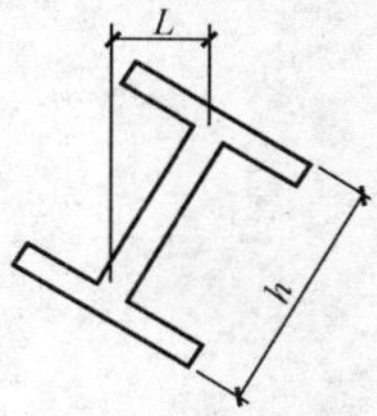
侧弯	$L/1000$ 10.0	
在房屋跨间同一截面内吊车梁顶面高差： (1)支座处； (2)其他处	10.0 15.0	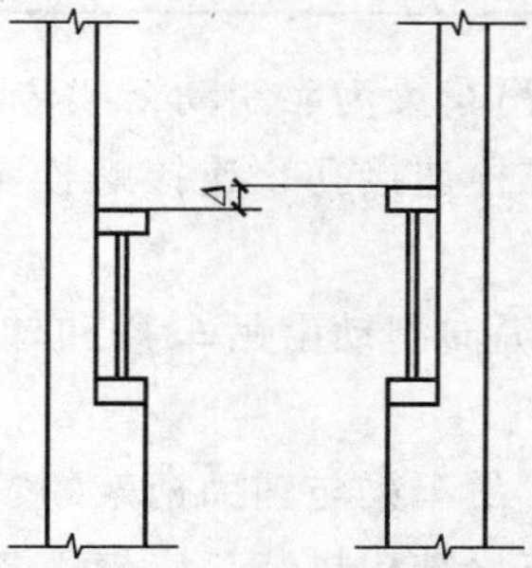

续表

项　　目	允许偏差(mm)	示　意　图
在相邻两柱间内，吊车梁顶面高差(Δ)	$L/150$ 0 10.0	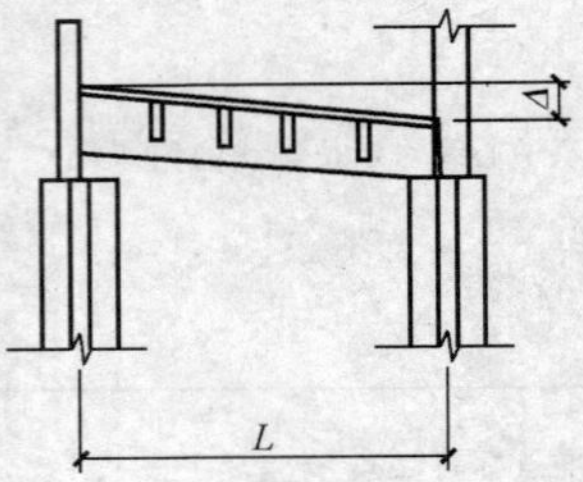 Δ L
两端支座中心位移： (1)安装在钢柱上，对牛腿中心的偏移(Δ)； (2)安装在混凝土柱上，对定位轴线偏移(Δ)； (3)加劲板中心偏移	5.0 5.0 1/2	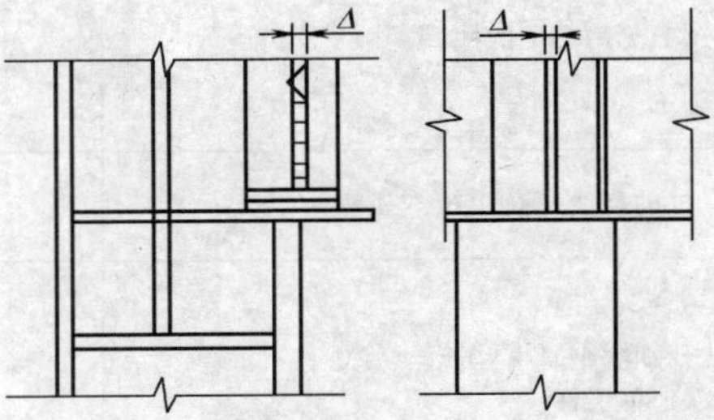 Δ　Δ
吊车梁拱度	不得下挠	
同跨间任一截面的吊车梁中心跨距	±10.0	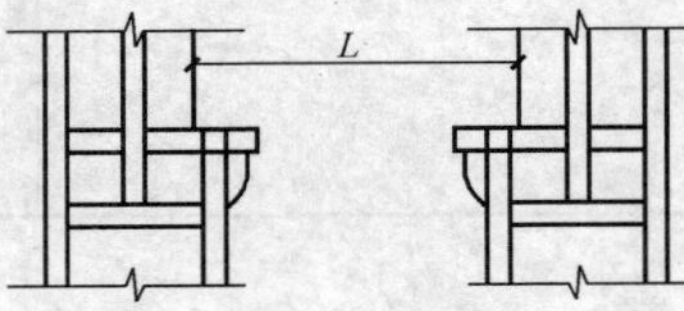 L
相邻两吊车梁接头部位： (1)中心错位； (2)顶面高差	3.0 1.0	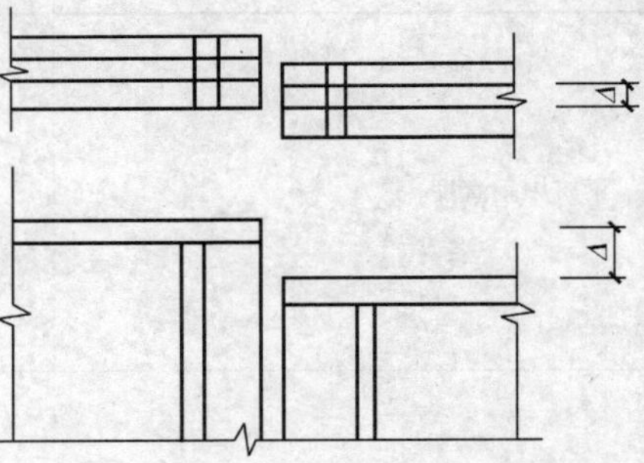 Δ Δ

1）吊车梁为靠制动桁架传给柱子制动力的简支梁（梁的两端留有间隙，下翼缘的一端为长螺栓连接孔）连接螺栓不应拧紧，所留间隙应符合设计要求，并应将螺母与螺栓焊固；

2）纵向制动由吊车梁和辅助桁架共同传给柱的吊车梁，连接螺栓应拧紧后将螺母焊固。

(5) 吊车梁与辅助桁架的安装宜采用拼装后整体吊装。

吊车梁结构拼装，应校正各部尺寸，其允许偏差应符合下列规定：

1）吊车梁和辅助桁架的侧向弯曲、扭曲和垂直度应符合相关规范的规定；

2）拼装吊车梁结构的其他尺寸的允许偏差应符合表 3-6 的规定。

拼装吊车梁结构其他尺寸的允许偏差 **表 3-6**

拼装形式	检查项目	允许偏差(mm)	示 意 图
吊车梁与辅助桁架或吊车梁与吊车梁拼装	中心距(a)	±2.0	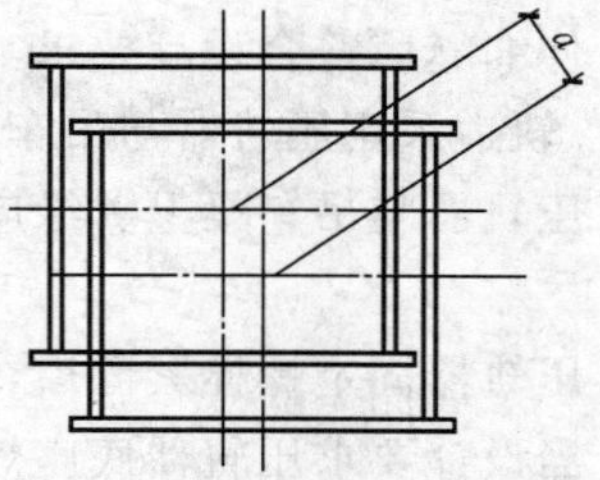
	平面对角线(L_1、L_2)	5.0	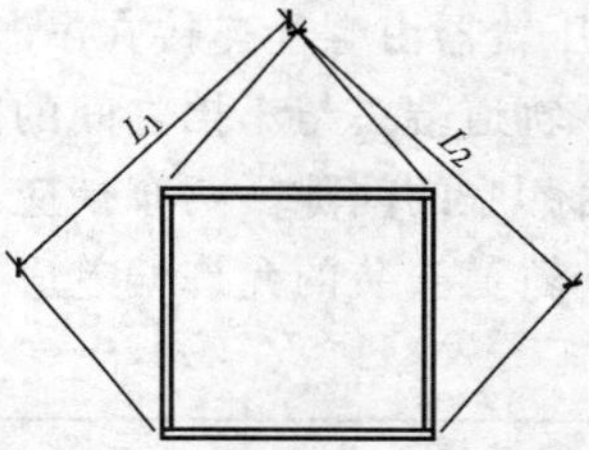
	端立面对角线(L_1、L_2)	2.0	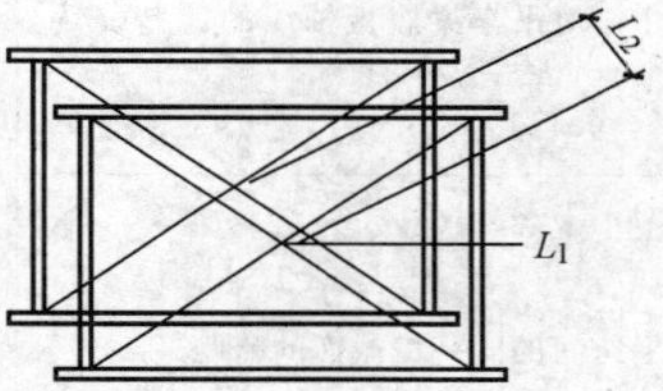

（6）当制动板与吊车梁为高强度螺栓连接、与辅助桁架为焊接连接时，宜符合下列规定：

1）安装或拼装时制动板与吊车梁应用冲钉和临时安装螺栓连接，制动板与辅助桁架用点焊临时固定；

2）检查各部尺寸，其结果符合本规程有关规定后，焊接制动板之间的拼接缝；

3）安装并紧固制动板与吊车梁连接的高强度螺栓；

4）焊接制动板与辅助桁架的连接焊缝，安装或组装吊车梁时，中部宜弯向辅助桁架，并应采取防止产生变形的焊接工艺措施施焊。

3.4.8 吊车轨道安装

（1）吊车轨道的安装应在吊车梁安装符合规定后进行。

（2）吊车轨道的规格和技术条件应符合设计要求和国家现行有关标准的规定，如有变形应经矫正后方可安装。

（3）吊车轨道安装应设安装基准线，安装基准线可采用拉设钢线，亦可采用在吊车梁顶面上弹放的墨线。

(4) 轨道安装应按制作“排版图”的顺序进行。

(5) 轨道接头采用鱼尾板连接时，应符合下列规定：

1) 轨道接头应顶紧，中间检查和交工时，接头间隙不应大于 3mm，接头错位（两个方向）不应大于 1mm；

2) 伸缩缝应符合设计要求，其允许偏差为±3mm。

(6) 轨道采用压轨器与吊车梁连接时，应符合下列规定：

1) 压轨器与吊车梁上翼缘应密贴，其间隙不得大于 0.5mm，且长度不得大于压轨器长度的 1/2。

2) 压轨器固定螺栓紧固后，螺纹露长不应少于 2 倍螺距。

3) 当设计要求压轨器底座焊接在吊车梁上翼缘时，应采用适当焊接工艺，减少对吊车梁拱度的影响。压轨器底座对吊车梁定位轴线的允许偏差为±1mm。

4) 压轨器由螺栓连接在吊车梁上翼缘时，特别垫圈安装应符合设计要求。

(7) 轨道端头与车挡之间的间隙应符合设计要求。当设计无要求时，应根据温度留出轨道自由膨胀的间隙。两车挡应与起重机缓冲器同时接触。

(8) 轨道安装的允许偏差应符合表 3-7 的规定。

吊车梁轨道安装的允许偏差 **表 3-7**

项　目	允许偏差(mm)	示　意　图
轨道中心对吊车梁腹板轴线的偏差(t 为腹板厚度)	$t/2$ 10.0	 Δ
在房屋跨间的同一横截面的跨距	±5.0	
轨道中心线的不平直度(但不允许有折线)	3.0	
用鱼尾板接头的轨道，轨道接头缝隙： 安装时 其他时间	 0 3.0	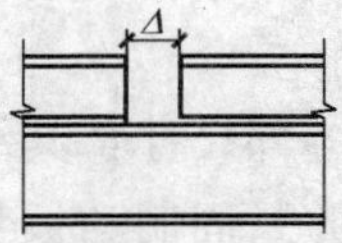 Δ
轨道端部两相邻连接的高度差和平面偏差	1.0	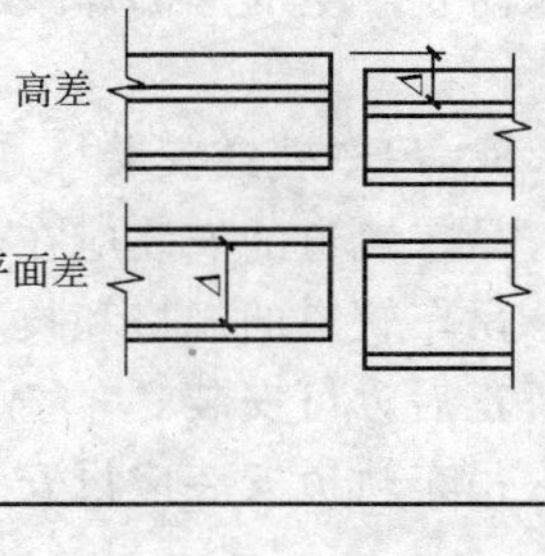 高差 平面差

3.4.9 屋面系统结构安装

(1) 屋架的安装应在柱子校正符合规定后进行。

(2) 对分段出厂的大型桁架，现场组装时应符合下列规定：

1) 现场组装的平台支承点高度差不应大于 $L/1000$，且不超过 10mm（L 为支点间距离)；

2) 构件组装应按制作单位的编号和顺序进行，不得随意调换；

3) 桁架组装，应先用临时螺栓和冲钉固定，腹杆应同时连接，经检查达到桁架尺寸的允许偏差后，方可进行节点的永久连接。

(3) 屋面系统结构可采用扩大组合拼装后吊装，扩大组合拼装单元宜为自成或经加固后形成具有空间刚度的结构体系。

(4) 屋面系统结构的扩大组合拼装应符合下列规定：

1) 扩大拼装应在拼装台架上进行，台架应有足够的刚度，台架上可设置标准定位胎具，拼装台架应方便移动；

2) 扩大拼装后结构的允许偏差应符合表 3-8 的规定。

扩大拼装后结构的允许偏差 **表 3-8**

项目	允许偏差(mm)	示意图
单元结构几何尺寸 L h_1 h_2	 ±10.0 ±7.0 ±3.0	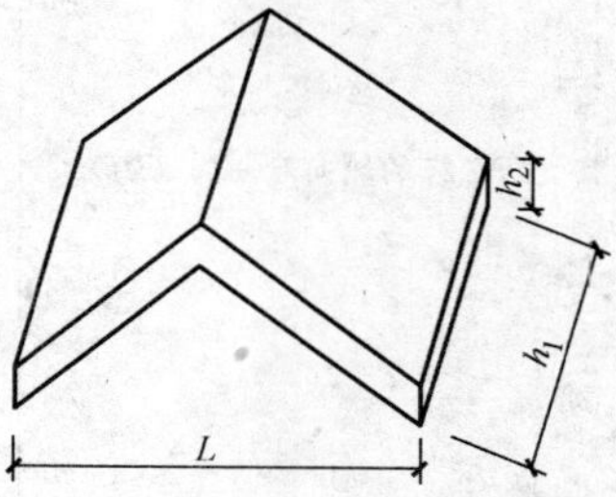
单元结构 a_1 a_2 a_3	 <7.0 <10.0 <5.0	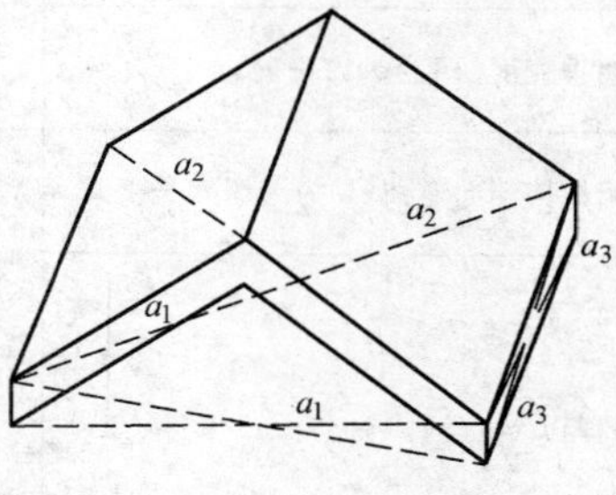

(5) 屋面系统结构吊装应符合下列规定：

1) 安全网、脚手架、临时栏杆等施工设施，可在吊装前装设在构件上。

2) 每跨第一、第二榀屋架及构件安装形成的结构单元，是其他屋面结构安装的基准，应适当提高其安装质量标准。

3) 屋面垂直、水平支撑、檩条（梁）和屋架角撑的安装应在屋架找正后进行，角撑安装应在屋架两侧对称进行并应自由对位。

4）有托架且上部为重屋盖的屋面结构，应将一个柱间的全部屋面结构构件连接固定后再吊装屋盖。

5）天窗架安装可组装在屋架上一同起吊。

6）安装屋面天沟应保证排水坡度。当天沟侧壁设计为屋面板的支承点时，侧壁板顶面应与屋面板其他支承点标高相配合。

（6）屋面系统结构安装的允许偏差应符合表 3-9 的规定。

屋面系统结构安装的允许偏差 **表 3-9**

项　　目	允许偏差(mm)	示　意　图
跨中的垂直度(Δ)	$h/250$ 15.0	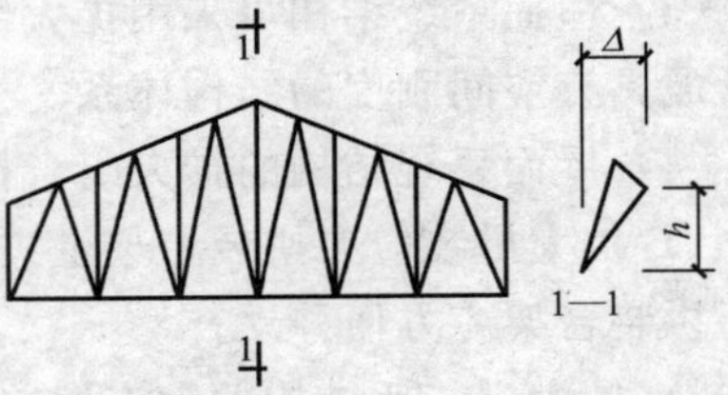 1 Δ h 1—1 1
桁架及其受压弦杆的侧向弯曲矢高(f)	$L/1000$ 10.0	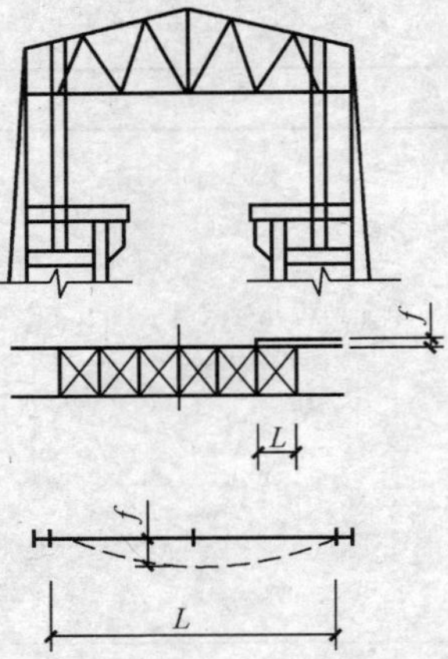 f L f L
天窗架垂直度(H 为天窗高度)	$H/250$ 15.0	
天窗架结构侧向弯曲(L 为天窗架长度)	$L/750$ ±10.0	
檩条间距	±5.0	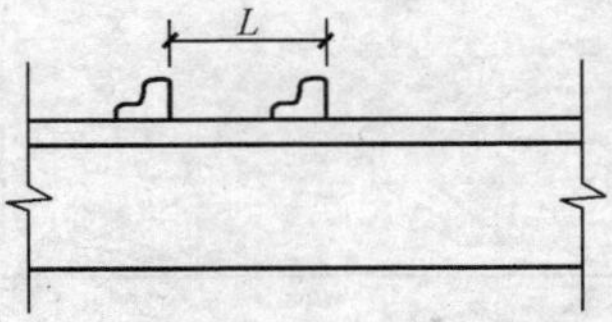 L
檩条的弯曲(两个方向)(L 为檩条长度)	$L/750$ 20.0	
当安装在混凝土柱上时,支座中心对定位轴线偏移	10.0	
桁架间距(采用大型混凝土屋面板时)	10.0	

3.4.10　围护系统结构安装

（1）本节适用于墙板与主体结构之间的支承连系件，如间柱、墙面檩条或桁架、门窗框架、檩条拉杆等构件的安装。

（2）间柱安装应与基础连系，如暂无基础时应采取临时支撑措施，保证间柱按要求找正，当间柱设计为吊挂在其他结构（如吊车梁辅助桁架等）上时，安装时不得造成被吊挂的结构超差。

（3）墙面檩条等构件安装应在间柱调整定位后进行，间柱的安装允许偏差应符合主柱的规定。墙面檩条安装后应用拉杆螺栓调整平直度，其允许偏差应符合表3-10的规定。

墙面系统钢结构安装的允许偏差　　**表3-10**

项　　目	允许偏差(mm)
墙柱垂直度 （H为立柱高度）	$H/500$ 35.0
立柱侧向弯曲 （H为立柱高度）	$H/750$ 15.0
桁架垂直度 （H为桁架高度）	$H/250$ 15.0
墙面檩条间距	±5.0
墙筋、檩条侧向弯曲 （两个方向）	$L/750$ 15.0

（4）围护结构可采用地面扩大拼装后组合吊装，可以一个柱间厂房全为组合单元。

3.4.11　平台、梯子及栏杆安装

（1）钢平台、钢梯、栏杆安装应符合现行国家标准《固定式钢直梯》（GB 4053.1）、《固定式钢斜梯》（GB 4053.2）、《固定式防护栏杆》（GB 4053.3）和《固定式钢平台》（GB 4053.4）的固定。

（2）平台钢板应铺设平整，与承台梁或框架密贴、连接牢固，表面有防滑措施。

（3）栏杆安装连接应牢固可靠，扶手转角应光滑。

（4）平台、梯子和栏杆安装的允许偏差应符合表3-11的规定。

（5）梯子、平台和栏杆宜与主要构件同步安装。

3.4.12　钢结构工程验收

（1）钢结构安装工程的验收包括：钢结构安装工程的中间交接验收、隐蔽工程验收和竣工验收。

（2）钢结构安装工程的中间交接验收是工序（分项工程）完成后的交接验收。其原则是上道工序符合规定后，下道工序才能施工。

（3）钢结构安装工程的隐蔽工程验收应包括：

1）柱子垫铁和地脚螺栓的施工；

2）高强度螺栓连接摩擦面和高强度螺栓施工；

钢平台、钢梯、栏杆安装的允许偏差 **表 3-11**

项　　目	允许偏差(mm)
平台标高	±10.0
平台支柱垂直度 (H 为支柱高度)	$H/1000$ 15.0
平台梁水平度 (L 为梁长度)	$L/1000$ 15.0
承重平台梁侧向弯曲 (L 为梁长度)	$L/1000$ 10.0
承重平台梁垂直度 (h 为平台梁高度)	$h/250$ 15.0
平台表面平直度 (1m 范围内)	6.0
直梯垂直度 (H 为直梯高度)	$H/1000$ 15.0
栏杆高度	±10.0
栏杆立柱间距	±10.0

3）其他隐蔽部位。

(4) 钢结构安装工程的竣工验收，应在结构的全部或具有空间刚度单元部分的安装工作完成后进行。

(5) 钢结构安装工程竣工验收，应提交下列资料：

1）钢结构竣工图、施工详图和设计文件；

2）安装过程中所达成的与工程技术有关的文件；

3）安装所用的钢材和其他材料的质量证明书或试验报告；

4）隐蔽工程验收记录，构件校正后的安装测量资料以及整个钢结构工程（或单元）的安装质量评定资料；

5）焊接工艺评定报告、焊缝质量检验资料、焊工编号或标志；

6）高强度螺栓的抗滑移系数试验报告、施工记录和检查记录及钢结构安装后涂装检测资料；

7）设计要求的钢构件试验报告；

8）工厂制作构件的出厂合格证；

9）中间交接验收资料。

3.5 质 量 控 制

3.5.1 关键点

单层钢结构重型厂房安装的质量控制的关键点有：柱间的尺寸控制、吊车梁的中心控制、重要位置的焊接以及高强度螺栓的施工。

3.5.2 质量通病及防治措施

产生质量通病的原因多、涉及面广，但只要真正在思想上重视质量，牢固树立“质量第一”的观念，认真遵守施工程序和操作规程，执行质量标准，健全质量保证体系，严格检查，实行层层把关，减少质量通病是完全有可能的。具体措施如下：

(1) 制订消除质量通病的规划，通过分析通病，列出工程中最普遍，且危害性比较大的通病，综合分析这些通病产生的原因，采取措施进行监督和预防。

(2) 通过图纸会审、方案优化，消除由设计欠缺出现的工程质量通病，属于设计方面的原因，通过改进设计来治理。

(3) 提高操作人员素质，改进操作方法和施工工艺，认真按规范、规程及设计要求组织施工，对易产生质量通病部位及工序设置质量控制点。

(4) 对一些治理难度大及由于采用“三新”技术出现的新通病，组织科研力量进行QC活动攻关。

4 轻型钢结构（单层与多层）的安装

4.1 概　述

轻型钢结构是指以预制的钢结构框架为主体结构，以彩色金属压型钢板作围护体系，辅以专用的紧固件、保温棉、采光板、收边泛水等附件所构成的自重较轻的钢结构建筑。

一个完整的钢结构建筑，除了高品质的制作质量外，将各部分组件装配起来也是一个关键阶段，这个阶段称之为“现场安装”，正如布料和衣服的关系，好的布料没有好的裁缝，是很难做出好的衣服的，而好的材料没有好的安装，同样难做出好的建筑物。因此，要建成一个优秀的轻钢建筑，需要设计、材料和现场各方面协作来完成。

4.2 工程开工前的准备

4.2.1 现场场地检查

在工程开工前，必须要对工地情况做一个详细的检查和记录，同时注明所有有可能影响本工程安装工期和质量的因素。重要的项目检查见表 4-1 所示。

重要项目检查　　　　**表 4-1**

项　　目	YES	NO
基础的轴线、标高是否已经达到安装所需要的标准		
场地内是否已经清理，材料堆放的场地是否已经落实		
构件运输线路范围内是否已经没有障碍物，包括地上、地下、空中		
现场地坪是否已经回填压实		

现场施工条件必须在材料进场之前得到满足，并须在总进度计划中予以考虑，这有助于工地保持整洁有序。

4.2.2 工厂的预拼装检查

工厂预拼装目的是在出厂前将已制作完成的各构件进行预先组装，对设计、加工的准确性进行验证，以保证起吊后一次组装成功。

(1) 预拼装数每批抽 10％～20％，但不少于 1 组。

(2) 预拼装在坚实、平稳的胎架上进行。其支承点水平度：

支承点间距≤300～1000mm，允许偏差≤2mm；

支承点间距≤1000～5000mm，允许偏差≤3mm。

1）预拼装中所有构件按施工图控制尺寸，各杆件应完全处于自由状态，不允许有外力强制固定。单根构件支承点不论柱、梁、支撑，应不少于两个。

2）预拼装构件控制基准、中心线明确标示，并与平台基线和地面基线相对一致。控制基准应与设计要求基准一致，如需要变换预拼装基准位置，应得到工艺设计认可。

3）所有进行预拼装的构件，必须是制作完毕，经专职检验员验收并符合质量标准的单构件。

4）在胎架上预拼的全过程中，不得对结构构件动用火焰或机械等方式进行修正、切割或使用重物压载、冲撞、捶击。

5）高强度螺栓连接件预拼装时，可使用冲钉定位和临时螺栓紧固。试装螺栓在一组孔内不得少于螺栓孔的30%，且不少于2个。冲钉数不得多于临时螺栓数的1/3。

6）拼装后应用试孔器检查，当用比孔公称直径小1.0mm的试孔器检查时，每组孔的通过率不小于85%；当用比螺栓公称直径大0.3mm的试孔器检查时，通过率为100%，试孔器必须垂直自由穿落。不能过的孔可以修孔。预拼装的允许偏差见表4-2所示。

预拼装的允许偏差 **表4-2**

项目		允许偏差(mm)	检验方法
柱	单元总长	±5.0	用钢尺检查
	单元弯曲矢高	$L/1500$ 且≤10	用拉线和钢尺检查
	单元柱身扭曲	$H/200$ 且≤5.0	用拉线吊线和钢尺检查
梁	跨度最外端两安装孔或两支承面距离	−10.0～+5.0	用钢尺检查
	接口高差	2.0	用焊缝量规检查
	节点处杆件轴线错位	4.0	划线后用钢尺检查总体预拼装
总体预拼装	柱距	±4.0	用钢尺检查
	梁与梁之间距离	±3.0	
	框架两对角线之差	$H_n/2000$ 且≤5.0	
	任意两对角线之差	$H_n/2000$ 且≤8.0	

4.3 基础、地脚螺栓的复核

4.3.1 基础复核与检查

在进行基础复核以前，首先检查以下事项：

(1) 基础混凝土强度必须达到设计强度的75%以上，否则，钢柱安装后有可能出现基础混凝土被压碎的情况，如图4-1所示。

(2) 基坑周围回填完毕。

(3) 行、列线标志和标高基准点齐全、准确。

(4) 顶面平整，预留孔清洁，地脚螺栓完好。

(5) 地脚螺栓标高轴线等测量资料齐全，并经监理签证。

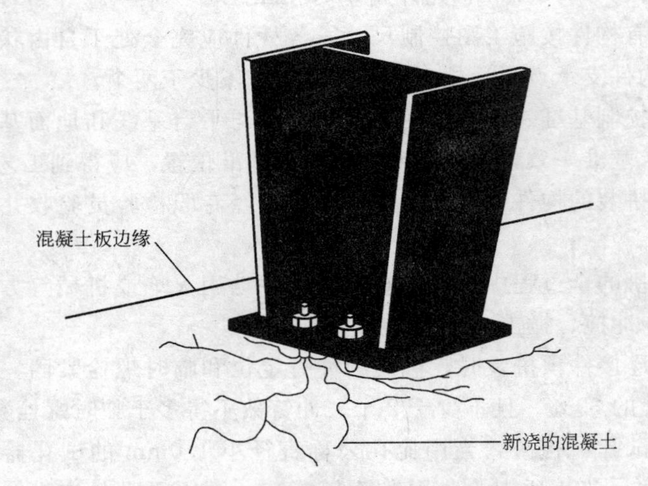

图 4-1　新浇混凝土被压碎的情况

(6) 二次浇灌处的基础表面凿毛。

4.3.2　预埋件与结构安装有关尺寸的复查

(1) 基础必须是方形的，应测量对角线是否等长。

(2) 确定基础是否水平，应采用水平仪并使用一个测量标尺以量测所有柱和支墩处的标高。

(3) 确定地脚螺栓的位置是否正确，应采用经纬仪量测：

1) 从基础的一端开始测量至每个钢架柱中线的轴线距离及两侧的尺寸（沿纵向）；

2) 从基础的一端开始测量至每个端墙柱中线的距离，基础一端至另一端的尺寸（沿横向）；

3) 测量钢架柱的间距（沿跨度方向）；

4) 测量从基础外侧及从每个柱中线至地脚螺栓的距离；

5) 测量每组地脚螺栓之间的相对位置。

4.3.3　所得数据的检查

检查所得数据必须符合以下规定：

(1) 钢筋混凝土柱顶面标高应低于柱底面安装标高 40～60mm（二次灌浆）；或在 5.0～8.0 之间（二次抹平）。

(2) 预埋地脚螺栓的偏差应符合表 4-3 的规定。

(3) 地脚螺栓预留孔的偏差应符合表 4-4 的规定。

预埋地脚螺栓的允许偏差　表 4-3

项　　目	预埋螺栓允许偏差(mm)
螺栓中心至基础中心距离的偏差	±2
螺栓露长	0.0～30.0
螺栓的螺纹长度	0.0～30.0

地脚螺栓预留孔的允许偏差　表 4-4

项　　目	允许偏差(mm)
预留孔中心偏差	±10
预留孔垂直度	$L/100$
预留孔深度较螺栓埋入长度	+50

4.4 材料清点、验收、卸货、堆放

4.4.1 材料清点、验收

(1) 钢结构产品到工地后，均应附有详细的材料清单，卸货时，必须按照材料清单进行清点，以防止重复发货或缺损。

(2) 对进场构件按图纸逐一核对，检查质量证明书、构件合格证、材质合格证、探伤报告等交工所必须的技术资料及附件是否齐全，并对钢构件制作情况仔细检查。着重测量：

1) 梁、柱全长及截面高度；

2) 牛腿至柱底的实际尺寸；

3) 无牛腿则测量柱顶端与屋面梁连接的最上一个安装孔中心至柱底的实际尺寸；

4) 焊接质量；

5) 檩托板的位置；

6) 高强度螺栓拼接面除锈情况和钻孔情况；

7) 构件的涂装质量。

(3) 检查钢梁中心线标志，检查连接部位的质量情况，包括端板的平整度、端板和翼缘及腹板的焊缝、每对螺栓孔的对孔情况。

(4) 对高强度螺栓，进场时应有产品质保书和相关的复试报告，详见后文。

(5) 其余零配件材料均应有产品合格证或质量保证书。

4.4.2 材料卸货、堆放

由于轻钢结构中主结构的梁和柱所用的钢板较薄，如装卸、存放不当，容易变形，影响使用。另外，彩板表面必须得到很好的保护，否则，很容易产生锈斑、油漆剥落等情况。材料的卸货和堆放应至少做到以下几点：

(1) 结构构件

1) 构件进场卸车时，要按设计吊点起吊，并要有防止损伤构件的措施。

2) 构件摆放处应平整坚实，构件底层垫板要有足够的支承面，防止支点下沉，支点位置要合理，防止构件变形。

3) 构件摆放要整齐有序，文明施工，在卸货操作中应格外注意防止材料和混凝土地坪损伤。如图 4-2 所示。

4) 构件按一定的斜度堆放，以使任何积水可以排除，并可以使空气流通保持干燥。

5) 构件表面油漆的损坏，应在安装前进行补漆。

(2) 墙面板和屋面板

彩钢板按种类和规格分别堆放，便于取用。将成捆的板从卡车上卸下时应特别小心，特别注意板的端部或边肋不受损伤。成捆的材料应放置于离地面足够高的地方以便空气流通，避免地面潮气和人员在板上走动。板后端应永远高于前端以便于雨天排水。

在板的存放中，需经常检查其表面是否潮湿，如果出现潮湿现象，应尽量将板立即处

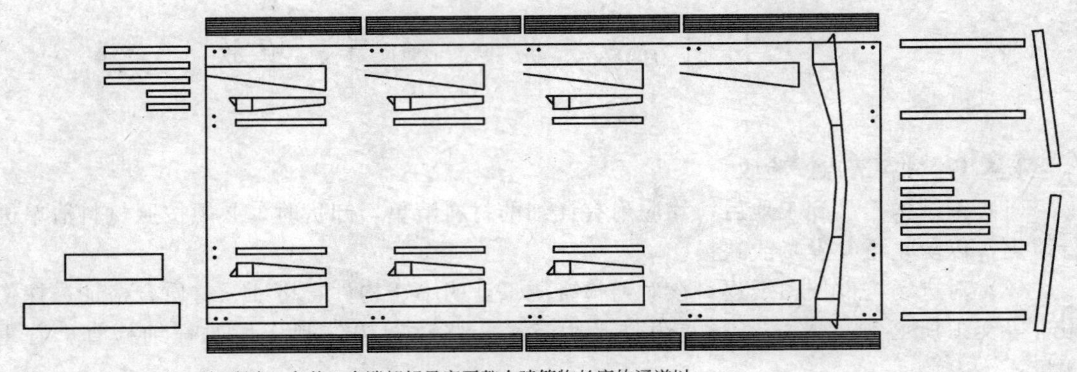

图 4-2　卸货和材料堆放的布置

理干燥。

（3）保温棉

保温棉存放在干燥防雨的地方，有条件的，最好放于室内通风处。

（4）镀锌部件

镀锌部件，包括檩条、折件等应放置在干净的环境中，若两周以上不用，则应用防水布覆盖。如图 4-3 所示。

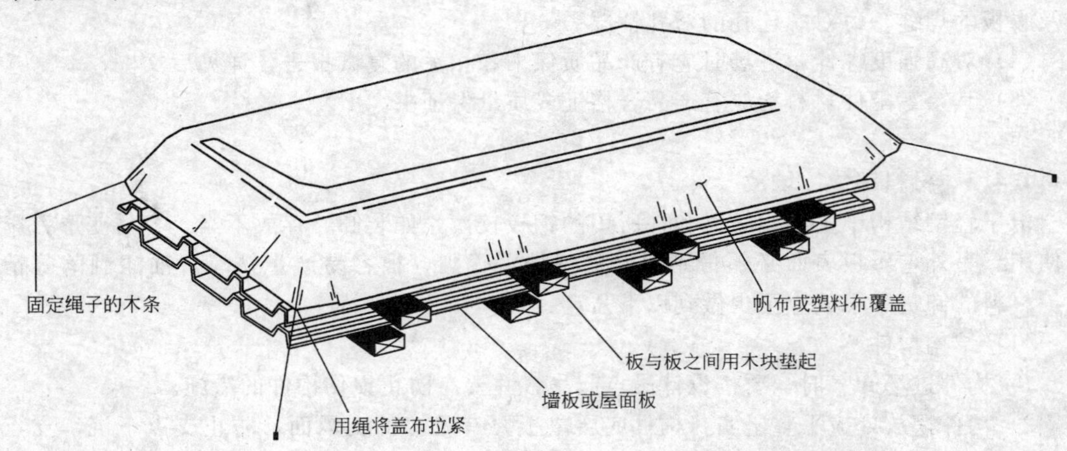

图 4-3　板与板的叠放

当卸完货后，这些建筑材料应当被放置在工地上或其周围并靠近材料将要被使用的地方。每一个工程将会根据建筑物尺寸和现场情况而有所不同。上述布置作为一种在组装期间提供便利且能被接受的典型方法。

刚性框架柱应放置到位以便于吊装。屋面梁应予以堆叠，以有利于分段组装且便于安装。

围梁、檩条、檐口构件和支撑根据每一跨度的要求分散堆放。成堆的部件应当分散开并垫块。

端墙的构件应当在建筑物的每一端部展开。

4.5 安装流程

由于各工程的千差万别，在安装前，首先要熟悉图纸，了解建筑物的全貌，确定安装的总体程序；了解次结构材料的使用，如拉杆、隅撑的设置等。图 4-4 是典型门式钢结构的安装流程。

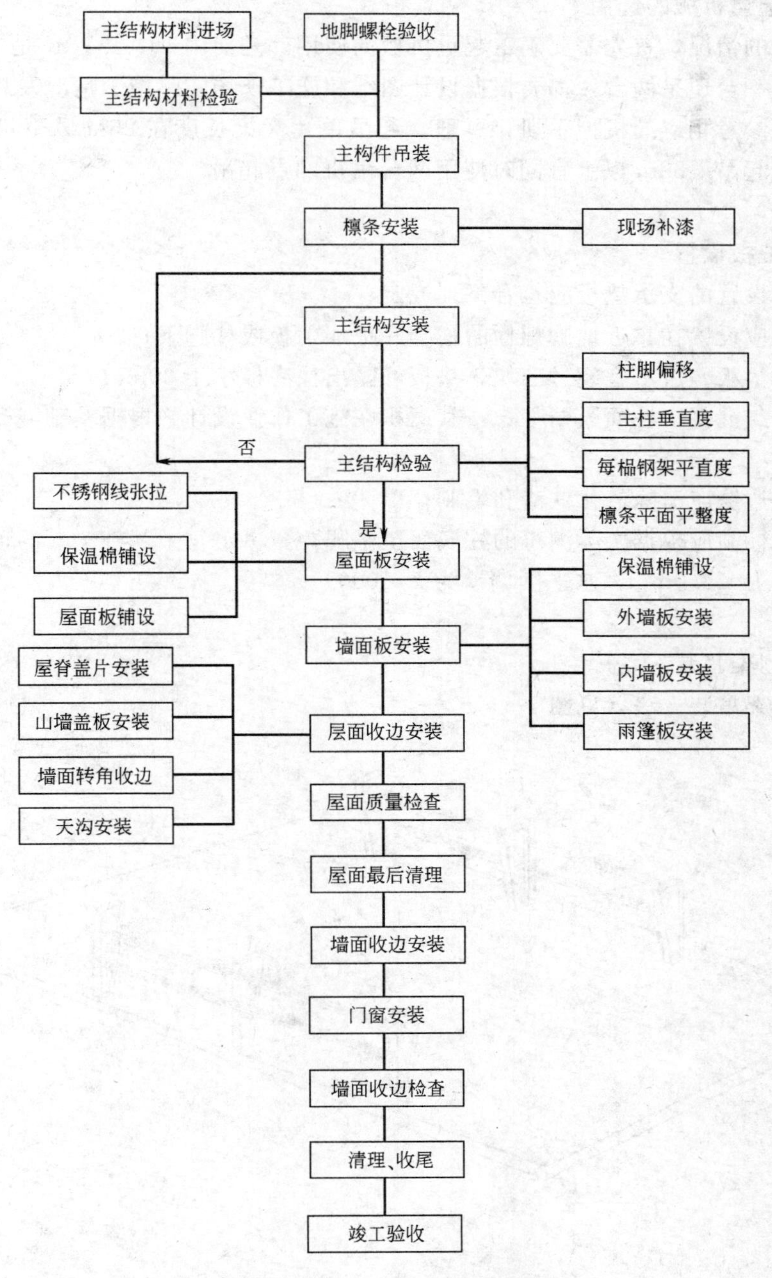

图 4-4　典型门式钢结构的安装流程

4.6 钢结构的安装

基础浇捣完毕冬季约 14d，夏季约 7d 后，一般可进行钢结构的吊装。吊装前应检查施工现场有无条件，如电力的供应、现场吊车行走路线及地基承载力情况和路面情况等。

4.6.1 起重机械的选用

根据现场的情况，首先需要确定起重机械的使用。是使用 16t、25t 还是 45t 的汽车起重机，是使用一台还是两台，都要根据设计图纸和施工现场实际施工情况及总进度计划的要求确定，可参考相应的机械手册，一般，起吊单片大梁长度在 25m 以下可使用单台汽车起重机两点起吊，32m 以上宜同时使用两台吊机四点起吊。

4.6.2 垫板设置

柱底板下设置的支承垫板应符合下列规定：

（1）垫板应设置在靠近地脚螺栓的柱脚底板加劲板或柱脚下；

（2）每组垫板叠放不宜超过三块，垫板外露出柱底板小于 30mm；

（3）垫板与混凝土柱面紧贴平稳，其面积在施工作业设计中根据基础混凝土的抗压强度计算确定；

（4）垫板边缘应清除氧化铁渣和毛刺；

（5）垫板标高应根据实际测得的柱底面至牛腿距离决定每个基础垫板的顶面标高，其标高允许偏差为±3.0mm，水平度偏差为 $L/1000$。

4.6.3 刚架吊装

（1）主刚架吊装方法（见图 4-5）

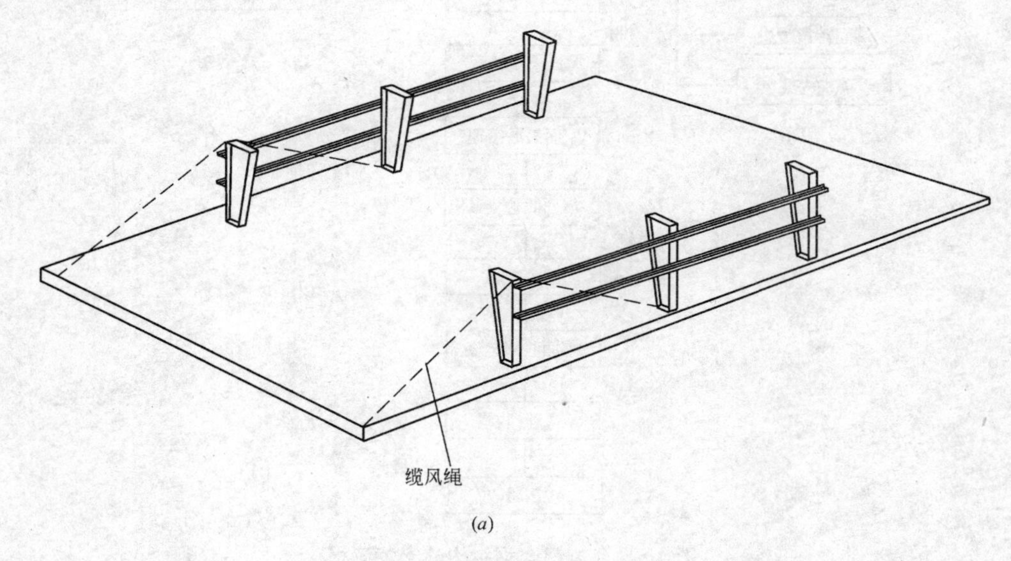

(*a*)

图 4-5 主刚架吊装（一）

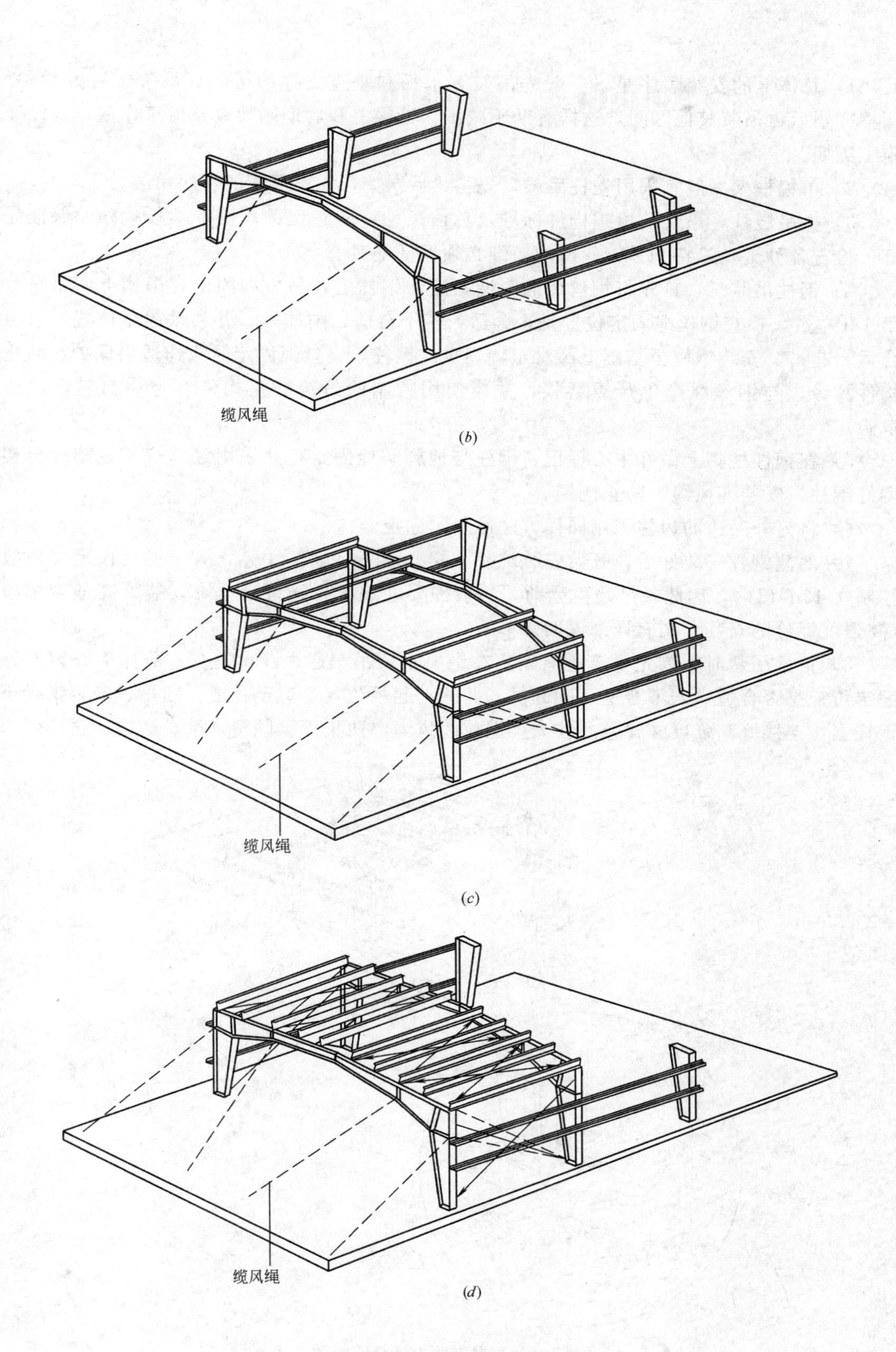

图 4-5　主刚架吊装（二）

1）总体上的安装顺序是，一般先吊装有水平和垂直支撑的区间，吊装好后做调整，调整完毕后再吊装其他区间，这样有助于减小累计误差和后期刚架调整的工作量，以保证施工工期。

2）单榀框架一般宜采用先柱后梁，先主梁后次梁，先梁后板的程序吊装。

3）先吊装柱，吊装前检查构件标号及总体尺寸，防止误吊；检查螺栓丝扣，保证完好；检查各种工具，特别是钢丝绳的粗细必须保证绝对安全。

4）钢柱吊装时，首先将钢丝绳的一端固定在钢柱上，另一端固定在吊钩上，吊车起吊 1m 左右，检查钢丝绳固定位置是否合适，若不合适，则卸吊，并移动起吊位置，直至合适。起吊、安装钢柱至基础上。对于特别重的钢柱，钢丝绳固定时应作适当保护，防止构件翼缘边与钢丝绳产生严重磨损，并应使用特制的吊钩防止构件在空中打转，产生危险。

5）在钢柱柱脚上做好中心标记，钢柱与地脚螺栓固定，并采用经纬仪和线坠结合初调好钢柱，安装缆风绳，防止侧倒。

6）将另外一边的边柱采用同样方法吊起，固定。

7）两侧钢柱安装好后，开始安装该片主梁。由于运输的关系，大梁的每段尺寸一般控制在 12m 以内，因此，吊装主梁前，一般需要在地上拼接好大梁，安装好高强度螺栓（高强度螺栓的安装下文有详细说明）。

8）钢梁吊装时，首先将钢丝绳固定在钢梁上，吊车起吊 1m 左右，同样检查钢丝绳固定位置是否合适，若不合适，则卸吊，并移动起吊位置，直至合适。起吊、安装钢梁至钢柱上，连接好高强度螺栓，并在大梁上拉缆风绳，防止钢梁倾覆。吊车送钩，这样，一

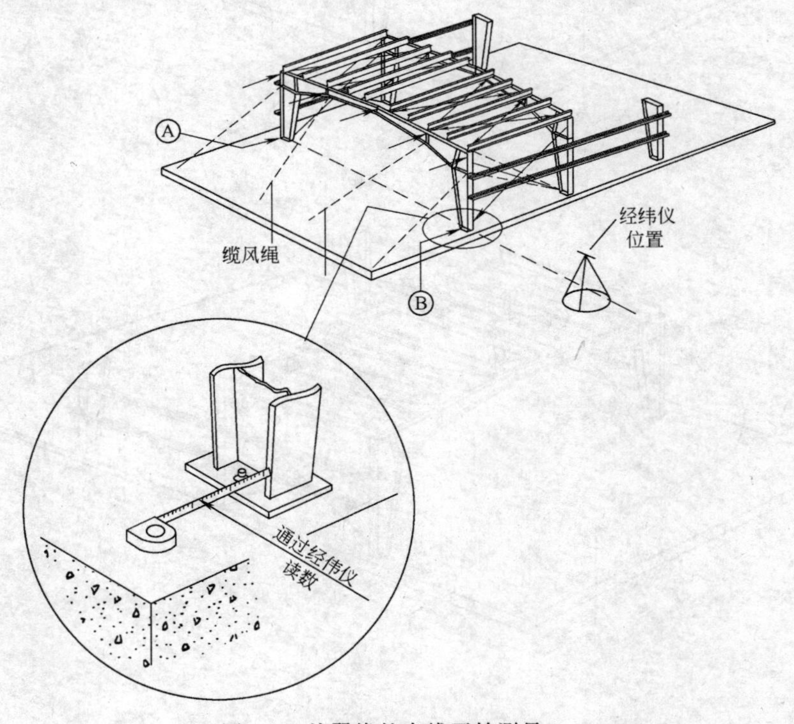

图 4-6　从翼缘的中线开始测量

榀刚架吊装完成。

9）用同样方法安装第二榀刚架，这样，第一个内开间就完成了。

（2）完成和调节第一内开间

第一个内开间的正确位置至关重要，当此开间被正确校正和设置支撑后，其余构件会在很大程度上自动调正和校直，在第一个内开间结构完成后，将所有檩条、围梁、屋檐支梁安装在装好支撑的开间，在进行下一步骤前将整个开间调正、校直并张紧支撑。再最后检测建筑调正状况时，如有必要可再做适当调整。调正方法如下：

调整结构用经纬仪从柱子的两条轴线观测。在翼缘板内侧通过经纬仪直接看出任何不垂直的地方，用调整对角斜撑的方法来调整柱的垂直度，所有的测量应从翼缘的中线开始，如图 4-6 所示。

1）以上第一个区间完成后，进行其余区间钢梁吊装，如图 4-7 所示。

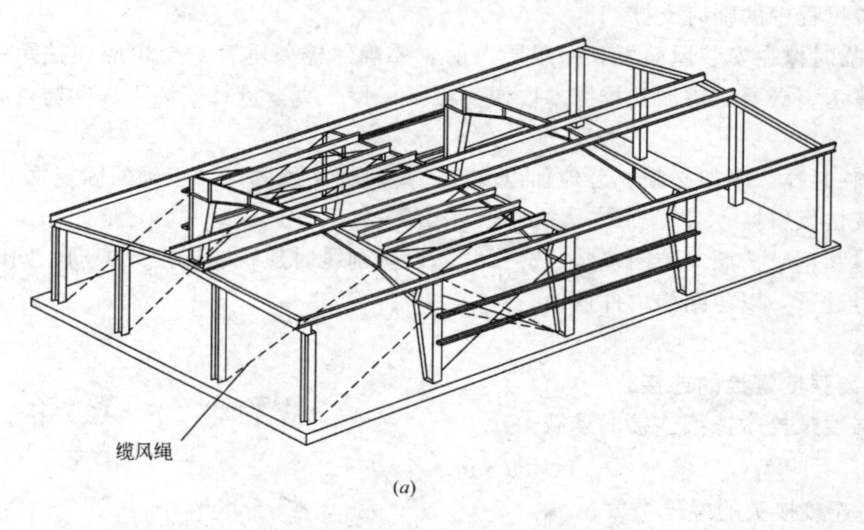

(*a*)

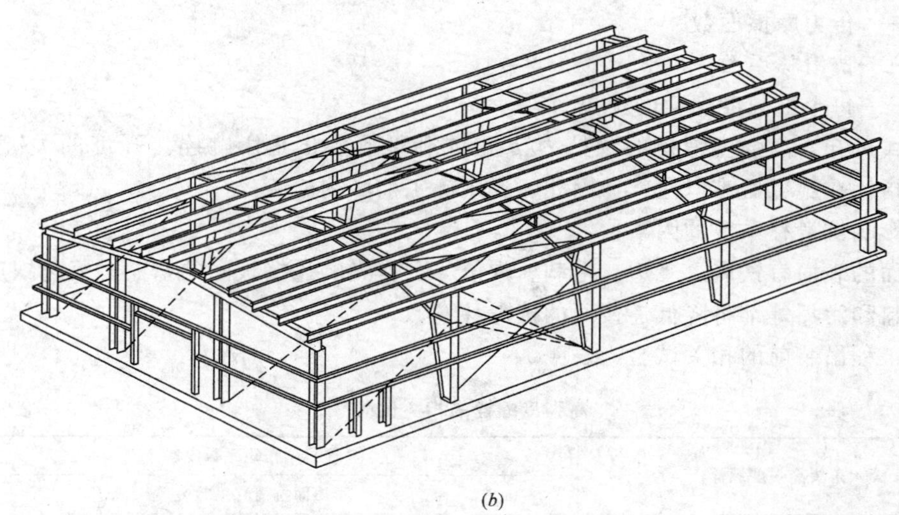

(*b*)

图 4-7　其余区间的钢梁吊装

2）钢架隅撑建议用螺栓固定到横梁上（不拧紧），随刚架梁同时吊起。

3）当天吊装完成的刚架必须用檩条连成整体，并有可靠支撑，否则，遇到台风季节，可能第二天早上会看到一堆倒塌的扭曲构件。

注意事项：

钢结构吊装前，应将构件表面的污染物清除，否则以后清除将会很困难，并影响工程美观。钢结构的吊装必须由起重工统一指挥。

4.6.4 檩条安装

钢架安装完，将檩条从建筑的一端安装至吊一端。为了有助于整个结构的刚度，将结构斜撑安装在规定位置，所有用于连接的檩条、围梁和屋檐支梁的螺栓不要拧紧，便于最后调整结构。为便于施工，将每跨间所需要的檩条成捆运至对应梁和柱的位置。

（1）安装过程中的临时支撑

1）檩条临时撑在安装屋面板和保温层以前，要确保檩条垂直。至少应在柱距一半处放一排临时撑木。必要时增加几排撑木以便使檩条保持平直，进行安装下一间时，将撑木移至下一间。

2）刚架临时撑。刚架必须充分地加以支撑。缆风绳必须固定在正确的固定物上。

（2）安装抗风斜撑

对角斜撑圆钢应按照安装图安装且应拉紧，以防刮风时建筑物摇摆或振动，同时也要防止不要拉得过紧，以防结构构件弯曲。

4.6.5 高强度螺栓的连接

（1）高强度螺栓摩擦型连接的承载力：

$$N=m \cdot n_{\mathrm{f}} \cdot p \cdot u$$

式中 m——连接接头的螺栓个数；

n_{f}——传力摩擦面数；

u——抗滑移系数；

p——每个高强度螺栓的预拉力。

由上式可知，高强度螺栓的预拉力 p 和抗滑移系数 u 是影响连接强度的关键因素，而这两项指标在施工后难以检查，因此，要求施工前必须检验。

（2）影响抗滑移系数的因素

摩擦面的表面有铁屑、飞边、毛刺、焊渣等都将影响连接板间的密贴；氧化铁皮、不应有的涂料和污垢等都将降低连接面的抗滑移系数。

（3）工程吊装前的相关试验（表 4-5）

高强度螺栓的相关试验 **表 4-5**

大六角头高强度螺栓	连接副扭矩系数复验
	摩擦面抗滑移系数复验
扭剪型高强度螺栓	连接副预拉力复验
	摩擦面抗滑移系数复验

4.6.6 大六角头高强度螺栓连接的质量控制

(1) 高强度螺栓在钢结构吊装前进行初拧，初拧值控制在终拧值的50%左右，钢结构调整后使用扭矩扳手进行终拧。施拧及检查用的扭矩扳手，扳前必须校正标定，扳后还须校验，以确定此扳手在使用过程中，扭矩未发生变化。

(2) 当扳后校验发现扭矩误差超出允许范围时，则用此扳手施拧的螺栓应视为全部不合格。扳手重新校正后，是欠拧的应实施重新施拧，是超拧的高强度螺栓应全部更换，重新按要求施拧。

(3) 施工用扳手在使用前标定，误差应控制在±3%内，使用后校验，误差不应超过±5%，检查用扭矩扳手标定误差不应超过±3%，这些都是为了确保连接的可靠性、扭矩检查的准确性。

(4) 高强度螺栓连接施工工具和标定

1) 施加和控制预拉应力的方法。目前，高强度螺栓连接常用的施加和控制预加应力的方法是扭矩控制法。即使用可以直接显示扭矩的特制扳手，并事先测定加在螺母上的紧固扭矩与导入螺栓中的预拉力之间的关系。

高强度螺栓连接副终拧扭矩值按下式计算：

$$T=K\cdot P\cdot D$$

式中 T——终拧扭矩值；

P——施工预拉力标准值（表4-6）；

D——高强度螺栓公称直径；

K——高强度螺栓扭矩系数（0.110～0.150）。

为了补偿拉力可能出现的松弛，施加力矩数值超过5%～10%，以控制扭矩来控制预拉力。

高强度螺栓连接副施工预拉力标准值 *P*（kN） **表4-6**

螺栓性能等级	螺栓公称直径(mm)					
	M16	M20	M22	M24	M27	M30
8.8s	75	120	150	170	225	275
10.9s	110	170	210	250	320	390

2) 手动扭矩扳手的标定。由于高强度螺栓连接在实际作业时，无法测定高强度螺栓的预拉力。为此，要从使用螺栓的扭矩系数关系式（$T=K\cdot P\cdot D$）中，以扭矩值推定其预拉力。所以，在螺栓紧固后的检查控制一定要确认扭矩值，以取代预拉力的测定。因此，紧固所使用的扳手一定要进行标定，以明确扭矩指示值。

3) 表盘式手动扭矩扳手的标定方法与步骤：

① 确定扭矩标定值 T。

② 测定扭矩扳手自力矩 T_1（扳手自重所产生的力矩）。将螺栓穿入固定不动的连接扳，拧上六角螺母，用扭矩扳手施加一个略大于 T 的扭矩；将扭矩扳手的套筒套在六角螺母上，使扳手悬空处于水平位置，这时扳手表盘上指示的扭矩就是扳手的自力矩（T_1）将表盘指针调到零位，消除自力矩，以后加荷砝码所产生的力矩就是扳手的实际扭矩值。

③ 求出加荷砝码所产生的力矩（T_2）。在扳手的受力中心位置挂一个砝码盘，然后在砝码盘上缓慢地加砝码，直至扳手表盘指示的扭矩值达到扭矩标定值 T，算出砝码和砝码盘的总重 G_2，测出扳手受力中心到套筒轴线的距离 L_2，则可计算出 $T_2=G_2 \cdot L_2$，T_2 即为扳手实际扭矩值。

④ 根据 T_2 修正扳手扭矩指示值。如果 $T_2=T$，说明该扳手扭矩指示值和实际扭矩值相符，扳手是合格的。如 $T_2 \neq T$，说明该扳手扭矩指示值为 T 时，实际扭矩值为 T_2，这时表盘上指示的值修正为 T_2。修正后的扳手仍可使用，但前提是扳手扭矩指示值的重复性是好的（即同样加荷标定，结果是一样的）。

（5）质量控制与验收

1）检查使用的扭矩扳手应在每班作业前后分别进行标定和校验，检查扭矩按下列公式计算：

$$T_{\mathrm{ch}}=K \cdot P \cdot D$$

2）高强度大六角头螺栓终拧结束后校验时，应采用“小锤敲击法”对螺栓（螺母处）逐个敲检，且应进行扭矩随机抽检。

①“小锤敲击法”是用手指紧按住螺母的一个边，按的位置尽量靠近螺母近垫圈外，然后宜采用 0.3～0.5kg 重的小锤敲击螺母相对应的另一个边（手按边的另一边），如手指感到轻微颤动为合格，颤动较大即为欠拧或漏拧，完全不颤动即为超拧。

② 扭矩检查采用“松扣、回扣”法，即先在螺母螺杆的相对应位置划一条细线，然后将螺母拧松约 60°，再拧到原位（即与该细直线重合）时测得的扭矩，该扭矩与检查扭矩的偏差在检查扭矩的±10%范围以内为合格。

③ 扭矩检查应在终拧 1h 以后进行，并在 24h 以内完成。

④ 扭矩检查为随机抽样，抽样数量为每个节点螺栓连接副的 10%，但不少于 1 个连接副。如发现不符合要求的，应重新抽样 10%检查，如仍为不合格，是欠拧、漏拧的，应该重新补拧，是超拧的应予更换螺栓。

4.6.7 扭剪型高强度螺栓的质量控制

（1）由于连接接头处钢板不平整，造成先拧紧与后拧紧的高强度螺栓的预拉力有很大的差异。为克服这一现象，使节点各螺栓受力均匀，扭剪型高强度螺栓的拧紧应分为初拧和终拧，对大型节点尚应增加复拧，复拧扭矩等于初拧扭矩。

（2）扭剪型高强度螺栓的终拧采用专用的电动扭断器进行。

（3）由于设计和构造的关系，对于一些无法使用扭断器终拧的高强度螺栓，可以将其扭矩值换算成相应规格的大六角头高强度螺栓的扭矩值后使用扭矩扳手终拧，但这些高强度螺栓的数量占的百分比应遵循当前规范不大于该节点螺栓数的 5%的规定。

（4）扭剪型高强度螺栓施工检验方法

观察尾部梅花头拧掉情况。尾部梅花头被拧掉可视同其终拧扭矩达到合格质量标准，尾部未被拧掉者应按照扭矩法或转角法检验。

（5）安装替换高强度螺栓的注意事项

1）螺栓穿入方向应便于操作，并力求一致，目的是使整体美观。

2）螺栓应自由穿入螺栓孔，对不能自由穿入的螺栓孔，允许在孔径四周层间无间隙后用锉刀进行修整，但扩孔后的孔径不应超过原孔径+3mm，并不得将螺栓强行敲入，不得气割扩孔。

3）螺栓连接副安装时，螺母凸出一侧应与垫圈有倒角的一面接触，大六角头螺栓的第二个垫圈有倒角的一面应朝向螺栓头。

4）安装高强度螺栓时，构件的摩擦面应保持干燥，不得在雨中作业。

5）终拧完成后，高强度螺栓丝扣外露一般控制在2～3个，允许有部分外露1扣或4扣，但其百分比应遵循当前规范不超过螺栓总数10%的规定。

4.6.8 楼层板的安装

在有夹层或多层钢结构建筑中，经常要使用楼层板，其主要的施工要点如下。

（1）材料检查

1）楼层板原材料应有生产厂家的产品质量证明书；

2）楼层板基材表面不得有裂纹，镀锌板面不能有锈点，涂层压型钢板的漆膜不应有裂纹、剥落和露出金属基材等损伤；

3）对于外观尺寸检查，其偏差应符合相关规范的规定。

（2）在楼层板铺设以前，必须认真清扫钢梁顶面的杂物，并对有弯曲和扭曲的楼层板进行矫正，板与钢梁顶面的间距应控制在1mm以下。

（3）为了防止对钢梁上的焊接连接件产生不良影响，钢梁顶部上翼缘不应涂刷油漆。

（4）安装时，先根据板的布置图确定每个排板区域，在钢梁上翼缘上弹出墨线，标明所需块数，并确定第一块板在钢梁上的起始位置，再依次将该区域的板铺设到位，同时，对切口、开洞等做补强处理。

（5）将栓钉穿透楼层板直接焊于钢梁上翼缘，栓钉的间距应按图纸的要求排列。

（6）楼层板未施工完毕前，不得在上面堆载重物，以防止板变形。

（7）对于直径小于22mm的栓钉完成后应按照比例进行30°弯曲试验检查，其焊缝和热影响区不应有肉眼可见的裂纹。

（8）栓钉根部焊脚应均匀，焊脚立面的局部未熔合或不足360°的焊脚应进行修补。

（9）为保证施工质量，提高施工效率，最好采用专用的栓焊设备施工，一般机焊在1500～2000个/班，而手工焊则在300～400个/班。另外，由于焊接时瞬间电流比较大，可达1000～2000A，因此，使用前需认真检查供电线路，以防影响其他设备正常工作或引起电线短路等安全事故。

（10）栓钉端头与圆柱头部不得有锈或污染，受潮的瓷环必须烘干后方可使用。

（11）气温在0℃以下、降雨、降雪或工件上有水分时不得施焊。

（12）如设计图纸上注明施工阶段需设置临时支撑，则在楼层板施工结束后，钢筋施工前，即应设置临时支撑，并在混凝土达到足够强度后方可拆除。

4.6.9 钢结构的现场焊接工程

在一般钢结构工程中，现场焊接工程的成功与否直接关系到整个工程的质量优劣，是整个钢结构工程中最为重要的分项工程之一。

（1）材料

焊接材料除了制造本身决定其性能优劣外，与出厂日期、保存条件和方法、烘焙有很大的关系。所以在使用前必须按照设计要求和相关规范的规定进行准备：

1）设计及规范要求选用焊条，焊条须具有出厂合格证明。如须改动焊条型号，必须征得设计部门同意；

2）焊接前将焊条进行烘焙处理并做好烘焙记录；

3）严禁使用过期、药皮脱落、焊芯生锈的焊条。

（2）施工人员条件

1）在钢结构工程施工焊接工作中，焊工是特殊工种，其操作技能和资格与工程质量直接相关，必须充分重视；

2）从事钢结构现场焊接前，必须根据焊接工程的具体类型，按照国家现行行业标准《建筑钢结构焊接技术规程》（JGJ 81）等的规定对焊工进行考试，焊工通过考试，并取得合格证后才可上岗，如停焊超过半年以上时，须重新考核后才准上岗。

（3）操作工艺

1）焊条使用前，必须按照质量证明书的规定进行烘焙后，放在保温箱内随用随取。首次采用的钢材和焊接材料，必须进行焊接工艺评定，即使是 Q235 或 Q345 等常用的钢材，若施工单位从未做过焊接工艺评定，也必须进行并通过焊接工艺评定后才能允许施工。

2）施焊前，必须对焊缝两侧钢板表面进行检查，若发现生锈，则必须先使用机械打磨除锈至露白，确保去除表面的铁锈、飞溅物等杂质。

3）多层焊接应连续施焊，其中每一层焊缝焊完后应及时清理，如发现有影响焊接质量缺陷的，必须清除后再焊。

4）要求焊成凹面贴角焊缝，可采用顺位焊接使焊缝金属与母材间平缓过渡。

5）焊缝出现裂纹时，焊工不得擅自处理，须申报焊接技术负责人查清原因，订出修补措施后才可处理。

6）严禁在焊缝区以外的母材上打火引弧，在坡口内起弧的局部面积应熔焊一次，不得留下弧坑。

7）钢构件重要焊缝接头，要在焊件两端配置引弧板，其材质和坡口形式应与构件相同。焊接完毕用气割割除并修磨平整，不得用锤击落。

8）要求等强度的对接和丁字接头焊缝，除按设计要求开坡口外，为了确保焊缝质量，焊接前采用碳弧气刨刨焊根，并清理根部氧化物后再进行焊接。

9）为了减少焊接变形与应力，常常采取如下措施：

① 焊接时尽量使焊缝能自由变形，钢构件的焊接要从中间向四周对称进行。

② 收缩量大的焊缝先焊接。

③ 对称布置的焊缝由成双数焊工同时焊接。

④ 长焊缝焊接可采用分中逐步退焊法或间断焊接。

⑤ 反变形法：在焊接前，预先将焊件在变形相反的方向加以弯曲或倾斜，以消除焊后产生的变形，从而获得正常形状的构件。

⑥ 刚性固定法：用夹具夹紧被焊零件能显著减少焊件残余变形及翘曲。

⑦ 捶击法：捶击焊缝及其周围区域，可以减少收缩应力及变形。

10）焊接结构变形的矫正。见前矫正和成型中所述。

(4) 外观检查（表 4-7）

1）焊缝表面不得有裂缝、焊瘤等缺陷。

2）一级焊缝不得有咬边、未焊满、根部收缩等缺陷。

3）二级以上焊缝表面不得有气孔、夹渣、弧坑裂纹、电弧擦伤等缺陷。

(5) 探伤检查

1）碳素结构钢应在焊缝冷却到环境温度，低合金结构钢应在完成焊接 24h 后，进行焊缝探伤检查；

2）对于设计要求全焊透的一、二级焊缝，应采用超声波探伤进行内部缺陷的检验，内部缺陷分级及探伤办法应符合现行国家标准《钢焊缝手工超声波探伤方法和探伤结果分级法》(GB 11345) 的规定（表 4-8）；

3）超声波探伤无法对缺陷做出判断时，应采用射线探伤，其指标须符合《钢熔化焊对接接头射线照相和质量分级》(GB 3323) 的规定。

二级、三级焊缝外观质量标准 **表 4-7**

项　目	允　许　偏　差(mm)	
缺陷类型	二级	三级
未焊满(指不满足设计要求)	≤0.2+0.02t,且≤1.0	≤0.2+0.04t,且≤2.0
	每 100.0 焊缝内缺陷总长≤25.0	
根部收缩	≤0.2+0.02t,且≤1.0	≤0.2+0.04t,且≤2.0
	长度不限	
咬边	≤0.05t,且≤0.5;连续长度≤100.0,且焊缝两侧咬边总长≤10%焊缝全长	≤0.1t,且≤1.0,长度不限
弧坑裂纹	—	允许存在个别长度≤5.0 的弧坑裂纹
电弧擦伤	—	允许存在个别电弧擦伤
接头不良	缺口深度 0.05t,且≤0.5	缺口深度 0.1t,且≤1.0
	每 100.0 焊缝不应超过 1 处	
表面夹渣		深≤0.2t,长≤0.5t,且≤20.0
表面气孔	—	每 50.0 焊缝长度内允许直径≤0.4t,且≤3.0 的气孔 2 个,孔距≥6 倍孔径

注：t 为连接处较薄的板厚。

一级、二级焊缝质量等级及缺陷等级 **表 4-8**

焊缝质量等级		一　级	二　级
内部缺陷超声波探伤	评定等级	Ⅱ	Ⅲ
	检验等级	B 级	B 级
	探伤比例	100%	20%
内部缺陷射线探伤	评定等级	Ⅱ	Ⅲ
	检验等级	AB 级	AB 级
	探伤比例	100%	20%

注：探伤比例的计算方法应按以下原则确定：

(1) 对工厂制作焊缝，应按照每条焊缝计算百分比，且探伤长度不小于 200mm，当焊缝长度不足 200mm 时，应对整条焊缝进行探伤。

(2) 对现场安装焊缝，应按照同一类型、同一施焊条件的焊缝条数计算百分比，探伤长度不小于 200mm，并应不小于 1 条焊缝。

4.7 围护系统的安装

在主结构和次结构安装完毕，校正工作完成并且拧紧所有螺栓，构件涂装工程完成后，将进行围护系统的安装。

4.7.1 墙面板的安装

（1）铺板可从建筑物的任意一端开始，通常，将板按照习惯视向铺设可以避免侧向搭接线过于明显。同时，在台风地区，考虑到季节大风的影响，施工时应该沿逆风的方向开始铺设，安装墙面板需要决定其正确的使用方向。通常板设计在其前沿设有一个支承肋，以便保证下一张板重叠时能够正确定位，第一块墙面板安装时必须垂直，板与板的搭接不能过松，也不能过紧。如图 4-8 所示。

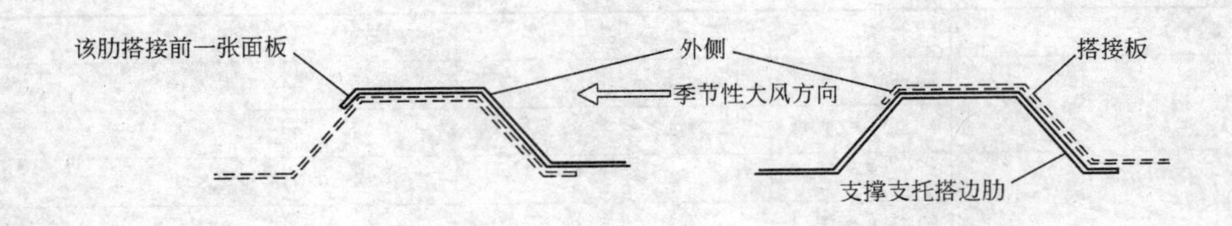

图 4-8 墙面板的铺设

（2）螺钉垂直度

正确安装紧固件是安装面板最重要的步骤之一。螺钉紧固时必须对准，每天施工结束前，清除板面的铁屑以免产生锈斑。自攻钉紧固时不可过松也不可过紧。将紧固件拧紧直至垫圈牢牢定位。但不要过分拧紧紧固件。如图 4-9 所示。

图 4-9 紧固件安装

（3）墙面保温棉的安装

轻钢建筑的保温棉有多种形式，最常用的是钢结构用玻璃纤维保温棉，其安装方法如图 4-10 所示。

1）一般保温棉的安装随外墙面板的安装进行，其侧向接缝应该严密，另外，使用时如不慎将保温棉破坏，应进行修补，以免影响保温质量；

2）保温棉安装应在天气晴好时进行，如施工过程中遇雨天，应停止施工并对已完工部分做好防雨保护。

4.7.2 屋面板的安装

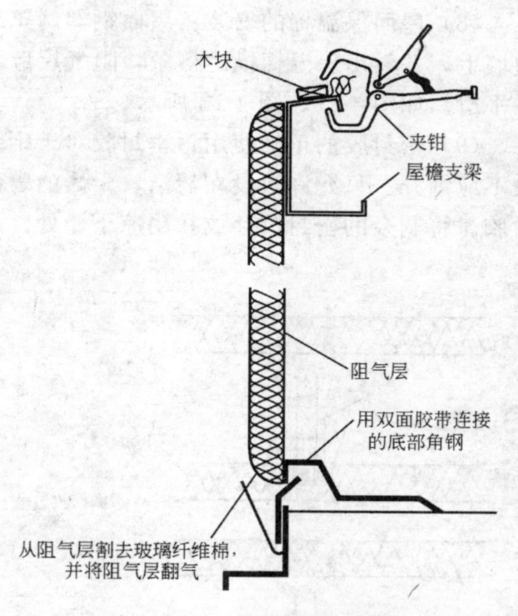

图 4-10 屋面保温棉安装

(1) 螺钉板、锁缝板和暗扣板都大量地应用在屋面系统上，为了减少漏水隐患，建议有条件的最好选用锁缝板或暗扣板屋面系统。

(2) 屋脊两边的屋面板建议同时安装，这样可以保证尽快安装隔热层，并将两边屋面板的主肋与屋脊板对齐，随时检查并纠正覆盖面的准确度。

(3) 安装屋面板的危险性相当大，必须制订相应的安全计划，采取足够的安全措施，要确保在安装开始之前抹干板并保持清洁。在可以安全行走之前屋面板必须完全连接到檩条上，且每侧均与其他屋面板连接，绝不能在部分连接或未连接的面板上行走。不得：

1) 踩在板的边肋上；

2) 踩在板边的皱折处；

3) 踩在离未固定板边缘 15cm 范围内。

(4) 根据施工当地季节性大风主导风向确定铺设的方向。

(5) 根据设计图纸确定第一张板的起始位置，以方便山墙收边安装。

(6) 为避免漏水隐患，屋面板最好不要搭接，对于单坡比较长的建筑，有条件的应在现场成型屋面板。

(7) 再次确定屋面板从檐口檩条外伸的长度。如图 4-11 所示。

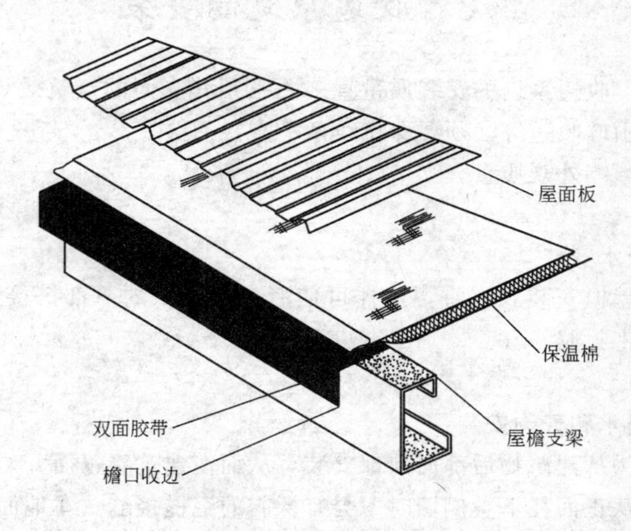

图 4-11 屋面板安装

(8) 屋面保温棉的安装：屋面钢丝网拉结适当平直但不宜过紧，将保温棉固定在一侧边墙上，并卷出保温棉横越檩条，阻气层应面向建筑物内侧，拉伸保温棉使其内表面绷紧并平滑。如图 4-12、图 4-13 所示。

(9) 密封胶的正确使用：密封胶对于钢结构建筑的防水性能至关重要。安装时，密封胶不应铺开。只允许敷设在清洁、干燥的表面上。在屋面上仅预存为期一天的施工量的密封胶。将剩余的密封胶存放在阴凉干燥处。

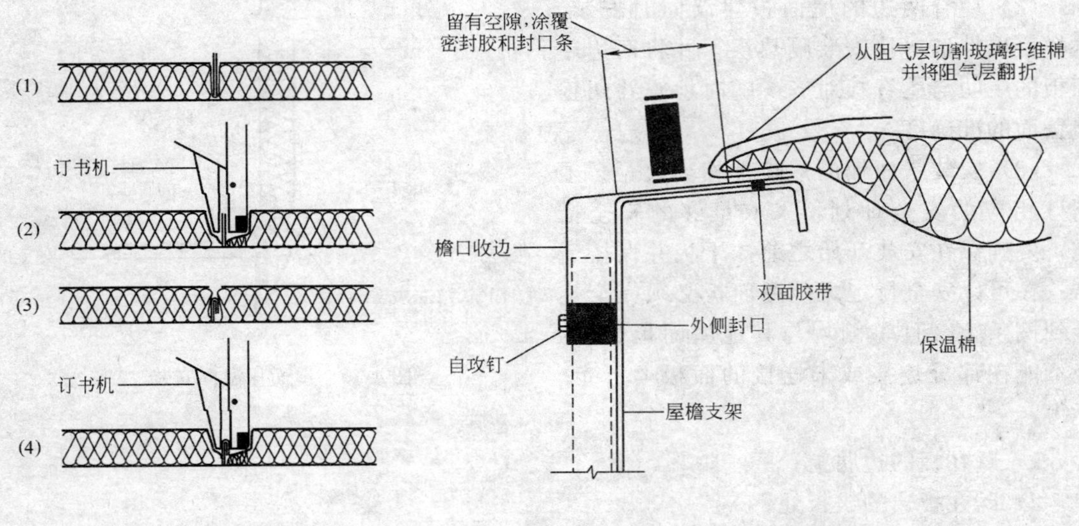

图 4-12 用订书钉连接

图 4-13 屋面保温棉安装

(10) 采光板的安装：采光板安装步骤同面板一样。在采光板上安装紧固件时，注意避免引起材料开裂。采光板安装前，请将正反两面全部擦拭干净，这样可以节省人工并达到较好效果。

4.8 收边系统的安装

对于轻钢建筑，收边系统的安装质量直接关系到其立面的建筑效果。天沟（女儿墙）收边、转角收边、山墙收边等必须要保持线条平直，不得有参差不齐，有凹槽和表面污染等，这些都将严重影响外观质量。

4.8.1 山墙泛水安装

山墙泛水要从屋檐安装到屋脊，这样可使后一块泛水的下部搭接到上一块泛水的上部，泛水搭接缝填密封胶。

4.8.2 屋檐泛水和天沟安装

屋檐泛水或天沟从建筑物后部向前部安装，从而使建筑物正面开始的泛水或天沟段总是上下一段，这样从正面往下看侧墙时不会有裸露的毛糙接缝。在地面用设备或人工尽可能多装配些天沟再吊装就位。

4.8.3 屋脊盖板的安装

（1）屋脊盖板施工时的开槽口问题

在施工屋脊盖板时，经常会碰到需要在屋脊盖板上开槽口的问题，一般有三种解决方法：

1）使用专用工具——专用于屋脊盖板和泛水板开槽口的工具，开出的槽口与屋面板的肋条形状相同，应用比较方便。

2）应用模板。专用工具不适用于边缘已下折至钢板肋条深度的泛水板或盖板，在这种情况下，可用铁皮剪刀按波峰外形剪出槽口，即已被固定好了的钢板上，再用一个模板在每个对应于波峰位置的地方作出开槽口记号，接着用铁皮剪刀将两侧剪开，并将剪出的部分向内翻折；

3）成形槽口。在某些情况下，横向泛水板和盖板的下折边可预先开出与各种屋面板肋条外形相一致的槽口。如果使用这类预先开槽的泛水板和盖板，在安装和固定钢板时，必须注意确保钢板能够覆盖整个宽度，即保证相邻两块屋脊盖板搭接时有足够的搭接长度。在安装时，可用一般已开槽的钢板作为标准尺寸。

（2）搭接处理

屋脊盖板的搭接长度一般约在100mm左右，施工时在搭接处使用密封胶来密封，并用双排防水拉铆钉固定。先将前块屋脊盖板的正面和后块屋脊盖板的背面搭接宽度范围内擦拭干净，不留污渍和水分，再使用中性屋面管道专用硅胶满涂，之后将两块板搭接上，搭接时应注意槽口的位置，最后使用拉铆钉固定，拉铆钉的间距宜控制在50mm以内。拉铆钉拉好后，为防止可能发生漏水，宜将拉铆钉的周边用硅胶满涂。

（3）固定

屋脊盖板一般使用自攻钉固定在屋面板的波峰上，每个波峰上安装一颗。安装前应注意安放堵头和胶泥。

（4）预先拼装

在实际施工中，一般可以先预量尺寸，再将两块或三块屋脊盖板预拼装好，再将其固定于屋面板上。

（5）注意点

屋脊盖板安装时，应注意波峰线的平直度，并不使搭接处有下凹现象产生，以防积水。

（6）密封胶应用

对于坡度特别小的长屋面，为进一步防止刮大风时屋面板雨水上爬，在屋脊盖板的两个侧边和屋面板中间的空隙宜用密封胶密封。如图4-14所示。

4.8.4 钢结构屋面穿透物的处理

对于大多数厂房而言，由于使用需要，都可能有穿透屋面板的穿透物。下面以管状物为例，说明处理方法。

（1）当管状穿透物很小，仅穿过屋面钢板的一个波峰或一个波谷时，只要把一个带凸缘的圆柱形套筒环绕管状物和孔隙洞固定到屋面钢板上即可，再用一个可以固定于管道上

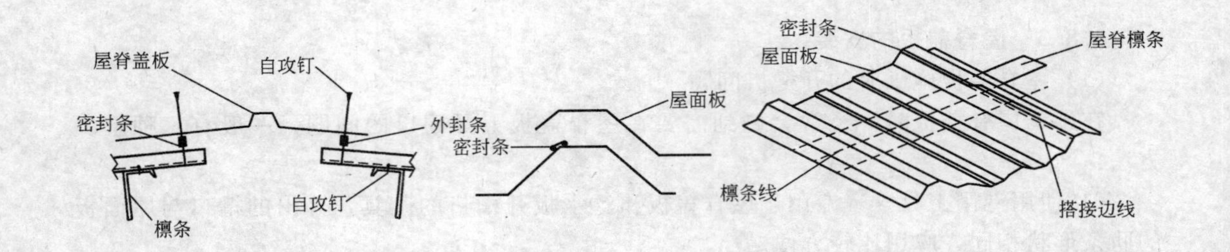

图 4-14　屋脊盖板安装

的锥形护罩封口覆盖套筒，施工时需注意在护罩和套筒之间以及套筒和管道间留伸缩缝。如图 4-14 所示。

（2）当管状穿透物较大时，宜切除足够的波峰，大小应保证套筒的凸缘被固定和密封在钢板的底盘上。对于洞口两侧屋面板端部的洞口，必须要用固定和密封在波峰和套筒凸缘处的封盖封住。另一种办法是使用柔性塑料制成的带翼缘封套。在被密封和固定到钢板上之前，用手将封套底边缘折成与屋面板外形相符的形状，以便沿穿透物形成防水带，从而保证当上部有水下冲时，可以将其排放到穿透处各边的波谷中。当使用这些塑料套筒时，必须注意不能阻断任何波谷以免雨水从屋面穿透处的高边排出。在这种情况下，驻留在这个区域中的水会对钢板涂层造成损害，很快就会产生锈蚀，缩短寿命。如图 4-15 所示。

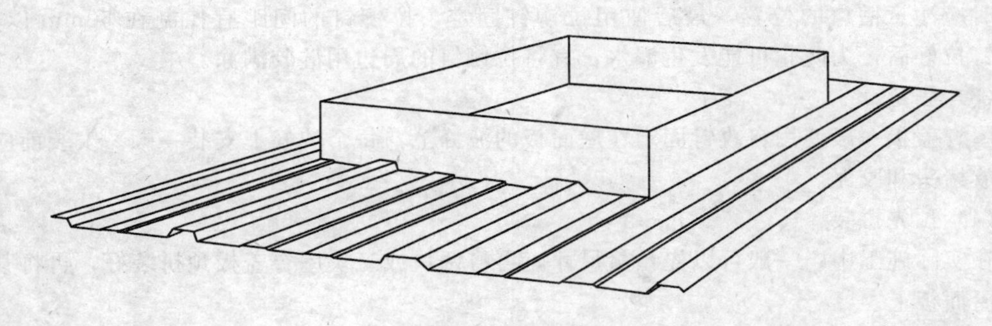

图 4-15　屋面穿透示意图

4.9　吊车梁的安装

（1）当钢柱校正垂直及柱间支撑安装完毕后，即可进行吊车梁安装。

（2）吊车梁安装一般采用两端绑扎，吊车梁吊起后应基本保持水平，因此其绑扎点应对称地设在梁的两端，吊钩应对准梁的重心，并在梁两端绑以溜绳控制梁的转动。

（3）吊车梁就位时应缓慢降钩，争取一次对准就位，在就位过程中不宜用撬棍顺纵轴方向撬动吊车梁，因钢柱纵横向的刚度较差，撬动会使柱顶产生偏移。假如横轴线未对准，应将吊车梁吊起，再重新对位。

（4）吊车梁的校正包括：标高、平面位置及垂直度。

（5）标高在柱安装时已控制好，垂直度用线坠校正即可，所以关键是平面位置的校正，平面位置的校正，主要是检查吊车梁的纵轴线是否在一通线上和两列吊车梁之间的跨距是否符合规范要求，规范规定吊车梁吊装中心线对定位轴线的偏差不得不大于5mm。

4.10 最后检查

在完成所有收边、附件之后，应该要做一次最后的检查，建议至少应包括以下内容：

(1) 所有的隅撑、拉杆、支撑都已经正确安装完毕；

(2) 所有应该安装的高强度螺栓都已经安装好并已终拧，所有的普通螺栓也已经安装到位；

(3) 检查天沟和屋面板的情况，屋面上必须没有铁屑，天沟内没有铁屑和杂物，屋面上的漏洞均采取适合措施封堵；

(4) 所有须钻自攻钉的部位均已安装自攻钉，无漏钻、错钻情况；

(5) 所有屋面穿透物都有牢固的固定，与屋面的交界处已经被适当处理；

(6) 所有的门和窗都已经完成，窗锁和门锁都可以良好使用；

(7) 补油漆的工作是否已经全部完成；

(8) 将钥匙和工程向业主移交。

4.11 质量控制

4.11.1 关键点

(1) 构件复验工作

钢结构在进入现场时，均应对重要几何尺寸和主要构件进行复验，构件是否符合安装条件，防止由于构件的缺陷而影响安装的质量和进度。

(2) 构件的防护

构件在运输、转运、堆放、起吊的过程中，往往因受外力的影响，造成构件变形、涂层损坏。因此构件卸车应小心，构件堆放应平整，确保构件不发生弯曲、扭曲。

(3) 基础复测

1) 复测基础的纵横轴线；

2) 复测基础预埋件尺寸、平整度及标高；

3) 复测预埋件螺栓组的纵横轴线及螺杆的垂直度；

4) 检查混凝土试块试验报告和养护日期。

(4) 编制吊装方案

安装时采用何种吊装方案，视施工现场条件而定，吊装前一定要编制吊装方案，明确吊装的顺序、吊点、方法和吊机的配置。在实施过程中，一定要确保吊装方案的执行，对施工中确需调整的应及时调整方案，以确保吊装方案的正确实施。

(5) 行车梁安装

1) 严格控制柱的定位轴线；

2) 预测行车梁的高度（支承处）及牛腿距柱底的高度，将其偏差放在垫块中处理；

3）认真控制立柱的位移值和垂直度。

（6）构件在吊装前应选择好吊点，特点是轻钢结构大跨度构件的吊点需经计算而定。构件起吊时应采取防止构件扭曲和损坏的措施。

（7）屋面、墙面板安装

1）压型板搭接（侧向）一般不小于半波，搭接方向与该地区主导风向一致，以减小风的影响。

2）长度方向采用搭接时，搭接端必须位于支承件（如檩条）上，并用连接件固定。搭接长度不得小于规范规定值。

4.11.2 质量通病及防止措施（见表4-9）

质量通病及防止措施 表4-9

常见通病及现象	形成原因	预防处理措施
构件实际安装轴线偏离标准轴线	①测量时控制轴线发生偏差；②构件制作时，断面尺寸外形不准确或扭曲；③轴线用错，如安装柱子误用小柱的中心线；④薄腹梁安装时，由于柱顶预埋螺栓位置不正确造成移位；⑤柱子安装不垂直，纵横轴线不准确而造成位移；⑥预埋件位置不正确，安装不精心	预埋件位置控制正确，安装前认真校核。柱子三面弹安装线，根据控制轴线定位，避免相对面中心线不在一个平面上，或用错中心线，构件就位后，应及时用经纬仪复测校正
构件安装后垂直度偏差超过允许值	①吊装前复测次数不够，出现误差或过大偏差；②安装柱间支撑和吊车梁时，由于撬动构件而使柱子产生垂直偏差；③构件支承面不平或缝隙垫得不实；④构件制作或拼装过程本身扭曲过大	安装柱子时，要用线坠初校，校正后应再检查，避免出现误差，安装柱间支撑和吊车梁时应避免用撬棍定位拨正，构件安装支承面应找平并垫实，构件制作和拼装尽可能避免扭曲或使扭曲减少到最低限度
构件安装标高偏差超过允许值	①构件制作尺寸、外形不标准；②构件安装出现偏差；③构件安装支承面不平	制作时严格控制外形尺寸。构件安装控制标高偏差在允许范围内，避免误差积累。构件安装前对支承面进行找平或垫楔形铁片使其平整

4.12 安全施工措施

安全施工措施必须贯穿于整个施工过程中，无论是施工准备阶段，还是正式施工阶段。施工现场的管理人员和作业人员都必须把安全工作放在首要位置，坚持“安全第一”，做好安全教育、安全交底、安全检查，落实安全整改措施，杜绝安全事故的发生。

4.12.1 防止起重机倾翻措施

起重机的行驶道路必须平整坚实，地下坑穴和松软土层要进行处理。如土质松软需铺设道木或路基箱。起重机不得停置在斜坡上工作，也不允许起重机两个履带一高一低。当起重机通过墙基或地梁时，应在墙基两侧铺垫道木或石子，以免起重机直接碾压在墙基或地梁上。应尽量避免超载吊装。但在某些特殊情况下难以避免时，应采取措施，如：在起重机起重臂上拉缆风绳或在尾部增加平衡重等。起重机增加平衡重后，卸载或空载时，起重臂必须落到与水平线夹角60°以内，在操作时应缓慢进行。禁止斜吊，这里讲的斜吊，是指所要起吊的重物不在起重机起重臂顶的正下方，因而当捆绑重物的吊索挂上吊钩后，吊钩滑车组不与地面垂直，而与水平线成一个夹角。斜吊会造成超负荷及钢丝绳出槽，甚至发生绳索被拉断。斜吊还会使重物在离开地面后发生快速摆动，可能碰伤人或其他物体。尽量避免满负荷行驶，如需作短距离负荷行驶，只能将构件吊离地面30cm左右，且要缓行，并将构件转至起重机的前方，拉好溜绳，控制构件摆动。双机抬吊时，要根据起重机的起重能力进行合理的负荷分配，并在操作时要统一指挥，互相密切配合。在整个抬吊过程中，两台起重机的吊钩滑车组均应基本保持垂直状态。不吊重量不明显的重大的构件设备。禁止在风力6级以上的情况下进行吊装作业。绑扎构件的吊索需经过计算，绑扎方法应正确牢靠。所有起重工具应定期检查。指挥人员应使用统一指挥信号，信号要鲜明、准确。起重机驾驶人员应听从指挥。

4.12.2 防止高空坠落措施

(1) 操作人员在进行高空作业时，必须正确使用安全带。安全带一般应高挂低用，即将安全带绳端的钩环挂于高处，而人在低处操作。

(2) 在高空使用撬杆时，人要立稳，如附近有脚手架或已安装好构件，应一手扶住，一手操作。撬杆插进深度要适宜，如果撬动距离较大，则应逐步撬动，不宜急于求成。

(3) 工人如需在高空作业时，应尽可能搭设临时操作台。操作台为工具式，拆装方便，自重轻，宽度为0.8～1.0m，临时以角钢夹板夹在柱上部，低于安装位置1～1.2m，工人在上面进行屋架的校正与焊接工作。

(4) 如需在悬空的屋架上弦行走时，应在其上设置安全栏杆。

(5) 登高用的梯子必须牢固，使用时必须用绳子与已固定构件绑牢。梯子与地面的夹角一般以65°～70°为宜。

(6) 操作人员在脚手架上通行时，应思想集中，防止踏上调头板。

(7) 安装有预留孔洞的楼板或屋面板时，应及时用木板盖严。

(8) 高空作业操作人员不得穿硬底皮鞋。

4.12.3 防止高空落物伤人措施

(1) 地面操作人员必须戴安全帽。

(2) 高空操作人员使用的工具、零配件等，应放在随身佩带的工具袋内，不可随意向下丢掷。

(3) 地面操作人员，应尽量避免在高空作业面的正下方停留或通过，也不得在起重机的起重臂或正在吊装的构件下停留或通过。

(4) 构件安装后，必须检查连接质量，只有连接确实安全可靠，才能松钩或拆除临时固定工具。

(5) 吊装现场周围应设置临时栏杆，禁止非工作人员入内。

4.12.4 防止触电、氧气瓶爆炸措施

(1) 起重机从电线下行驶时，起重机吊杆最高点与电线之间应保持的距离亦应符合有关规定。

(2) 电焊机的电源线长度不宜超过5m，并须架高。电焊机手把线的正常电压，在用交流电工作时为60～80V，要求手把线质量良好，如有破皮情况，必须及时用胶布严密包扎。电焊机的外壳应该接地。

(3) 搬运氧气瓶时，必须采取防振措施，绝不可向地上猛摔。

(4) 氧气瓶不应放在阳光下曝晒，更不可接近火源。冬期如果瓶的阀门发生冻结时，应用干净的抹布将阀门烫热，不可用火熏烤。还要防止机械油落到氧气瓶上。

4.12.5 屋面板安装安全注意事项

(1) 凡进入施工现场的人员必须戴好安全帽，高空作业扣好安全带，穿软底鞋，做好防滑措施。

(2) 每次上班施工前，进行安全交底和安全检查，发现安全隐患及时处理，特别是电源线要进行检查，发现有破损应及时处理好后再施工。

(3) 每次下班之前必须进行安全检查，屋面板收边的位置是否安全，最少要抗6级以上风的能力。

(4) 施工用电要符合规定，必须要有漏电保护装置，由专人负责，严禁用线直接插电源。

(5) 搭设脚手架做吊顶板安装，要装设防护栏杆，安全带扣在牢固部位。

(6) 屋面板安装行走时要看清落脚处是否牢固，在屋面蹲的时间过长，要定定神再走，不要盲目出脚迈步，防止踏空。

(7) 用屋面板作临时行走过道，一定要搭接在檩条上，固定牢固，防止滑移。

(8) 严禁在屋面开动作性的玩笑，搬运板时注意看清行走路线，要顾全其他施工人员的安全。

(9) 雾天施工能见度差，严禁乱扔东西和杂物，雾水未干要注意防滑，脚底保持干净，不要把烂泥带上屋面。

(10) 安装吊顶板，移动脚手架，要拉好风绳，脚手架上严禁站人。

4.13 工程实例

4.13.1 工程概况

(1) 工程简介（见表4-10）

工程简介　　表4-10

工程名称	保思乐紧固件(上海)有限公司新建厂房工程	结构类型	轻钢结构
工程地址	上海市松江出口区B区内	基础情况	柱脚锚栓，吊装后土建细石混凝土二次浇灌
建设单位	保思乐紧固件(上海)有限公司	柱梁构造	焊接H型钢，采用Q345钢，节点连接采用高强度螺栓
设计单位	上海汉丰建筑设计有限公司、上海通利设计事务所	涂装要求	钢材表面采用喷丸处理
建筑面积	21161.4m^2	耐火等级	二级
层数	1	质量评定	被评为上海市金钢奖

（2）工程概述

保思乐紧固件（上海）有限公司新建工程钢结构厂房位于上海松江出口区 B 区内，工地面积约为 74427.5m²，长约 330m，宽约 226m，南北走向。北侧为巡环北路，南侧为民康东路，西侧为民华路。本工程为单层双坡轻钢门式框架结构，柱脚采用铰接，柱梁截面为焊接变截面、等截面 H 型钢。柱梁连接、梁与梁连接采用 10.9 级摩擦型高强度螺栓连接。选用冷弯薄壁“C”钢，檐口高度 8.7m，建筑物长 189m，宽 104m，柱距 9m，建筑面积 21161.4m²，屋面坡度 1∶20，人字坡。每跨 26m 设方管柱，建筑物正立面为铝板幕墙和玻璃幕墙相结合，其他立面围护用 820 压型彩钢板，屋面板现场加工，每 9m 跨距屋面设两道透光采光带，屋面保温采用欧文斯科宁玻璃纤维产品。排水系统采用内外天沟，内天沟用 4mm 热镀锌钢板，外天沟用 0.6mm 彩钢板制作，每根柱放置一根 D160 落水管。

4.13.2　施工总体部署

（1）工程项目任务安排

按钢结构工程的先后顺序分为四个阶段：构件制作阶段──→基础地脚螺栓施工阶段──→主体钢结构安装阶段──→围护结构安装阶段。防火涂料施工随主体结构及围护结构施工进度情况配合进行。主结构采用单机分区旋转法吊装，主结构吊装时次构件安装交叉进行。采用一台汽吊，一条主吊装线，两吊装区，多条辅安装线交叉进行。

（2）原则要求

根据该钢结构工程实际施工的特点，确定如下原则：

1）安装时拟用一台汽吊，人工抬升为辅，构件就位后采用单机旋转法吊装，为提高吊装效率，在堆放柱时，尽量使柱的绑扎点、柱脚中心与基础中心三点共圆弧；

2）钢结构吊装原则上按吊机行进路线的顺序进行，同时考虑防火涂料施工，现场原则上要设气泵，涂装随结构安装交叉进行；

3）充分利用平面、空间和时间组织交叉作业，为其他各专业施工创造条件，避免出现施工高峰期，做到均衡施工，做好涂装与结构交叉；

4）围护结构板材安装时，密切注意安全，以防屋面板滑下伤人，同时压型板的安装顺序应充分考虑有利于本地区的主导风向；

5）预制主、次钢结构构件、墙面板、屋面板及配件等，均在加工厂制作完成后按计划运至工地，避免构件、板材供应过于集中。考虑到屋面板单坡长度较长，无法运输，故本工程屋面板在现场加工成型；

6）鉴于总体工程要求，经过反复核定，并针对该工程特点以及拟采用的施工机械，计划施工工期日历天数 71 天，按照总体要求即 2005 年 4 月 1 日钢结构吊装这一条件，主构件制作在 2005 年 3 月底完成，吊装争取在 2005 年 4 月中完成，争取在 2005 年 5 月 24 日基本具备钢结构完工条件。

（3）全场服务工程项目安排

1）因该钢结构工程工期短，拟在现场搭建临时生活和办公用房，同时搭建临时仓库房。

2）考虑到施工现场专业较多，本单位需做好现场材料构件保管工作。

3）鉴于工程现场施工条件，拟将投入一台汽吊，即一条主安装线。构件运到现场，服从现场安排，把构件放到指定地点。

(4) 管理组织机构及人员安排

根据该钢结构工程特点，为适应工程需要，工程按项目组织施工，组成以项目经理为首的领导班子，对该工程的质量、工期、安全、成本和现场文明施工等全面负责的组织机构。

1）项目组织机构（见图 4-16）

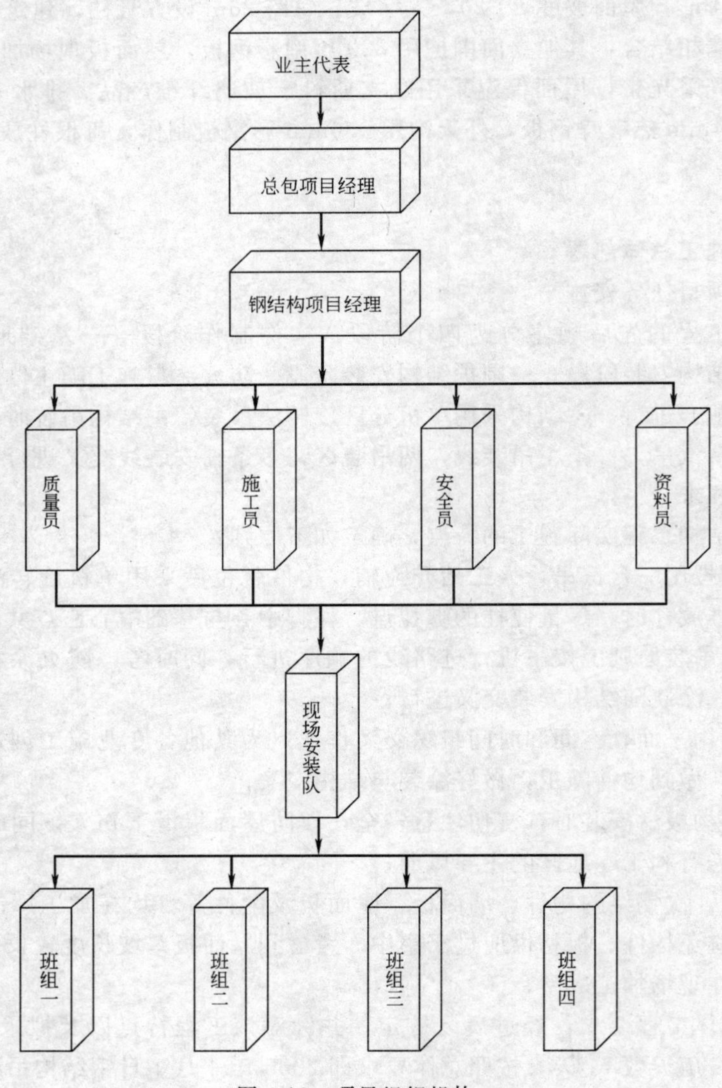

图 4-16　项目组织机构

2）主要管理人员及职责（见表 4-11）

(5) 厂内生产部署

1）技术准备

① 首先分析和审查合同内容，认真阅读施工图纸，组织图纸会审，考虑总体的加工工艺方案及重要安装方案。

主要管理人员及职责 表 4-11

	姓 名	职 责
项目经理	范东兴	全面负责本钢结构工程施工管理工作
质量员	丁涌	负责钢结构工程现场质量检查及监督
施工员	钱国强	负责现场钢结构工程安装施工协调
安全员	平志杰	负责钢结构施工现场安全
资料员	周宇林	负责钢结构施工资料整理归档

② 根据施工图纸进行图纸翻样及工艺设计，并列出图纸中的关键部位，同时考虑原材料对接和接头在构件中的位置。工艺翻样后由专人进行校对复核，并有技术、质量、生产、安装等部门的有关人员审核。

2）制作质保体系（见表 4-12）

质保体系 表 4-12

	姓 名	职 责
材料品质	李尚文	负责材料品质保证工作
进料控制	李尚文	负责进料规格数量检查
下料加工	沈炳寿	负责下料加工工艺管理
焊接质量	沈炳寿	负责焊接质量管理
无损探伤	刘勇	负责焊缝探伤
成品检验	刘勇	负责成品出厂质量

3）备料和核对

① 根据施工图纸材料表算出各种材质规格的材料净用量，再加上一定的数量损耗，初步编制材料预算单。同时根据相关部门提供的工程所需原辅材料和外购零配件的规格、品种、型号、数量、质量、时间要求及甲方指定产品的需求单，结合厂内库存情况，编制材料采购计划书，保送供应部及财务部。

② 财务部应根据工程需求情况，合理安排资金，做到专款专用，使所需材料能及时到位。

③ 供应部根据工程所需材料，合理选择供货厂方，责任落实到人，保质保量，准时供货到位，对特殊材料应及时组织对供货厂方的评定。

4）来料质控

① 根据国家行业规范和企业内部标准及工程所需材料要求，对各种原材料供应必须选择合格的供应方，并保证所用材料均为合格供应方的优质产品。

② 对每种钢材产品必须有金属元素含量分析单、检验书、出厂合格证书，并在进厂前对每种钢材进行检验，对特殊材料进行化验和复试，对彩钢板不仅要检验一单、一书、一证，还要检验彩板的颜色、划痕及碰撞情况。

③ 保证所用材料的物理、化学性能均能满足相关规定和要求。进料检验作业程序见图 4-17。

5）仓库保管

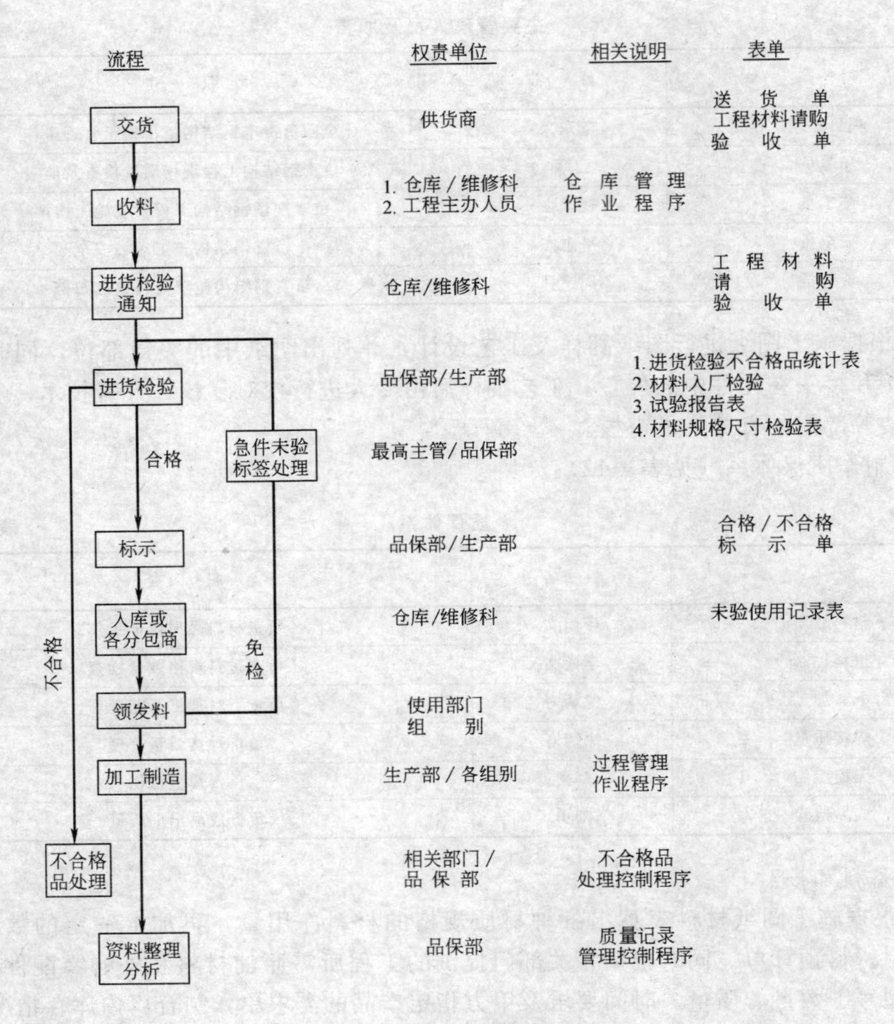

图 4-17 进料检验作业程序

对合格入库材料必须分类、分批堆放，做到按产品性能进行分类堆放标示，确保堆放合理，标示明确并做好防腐、防潮、防损坏、防混淆工作，做到先进先出，定期检查，特别是对焊条、焊丝做好防潮和烘干处理。

4.13.3 施工准备工作

(1) 技术准备

1) 组织技术工程师和制作及安装队长熟悉审核图，做好图纸会审和技术交底工作。

2) 随施工进度做好分阶段的施工组织设计和分项施工方案，并且做好审批、贯彻和交底工作。

3) 对项目管理班子人员进行岗前培训，技术安全交底。

4) 进场前查看现场，核实甲方是否完成“三通一平”工作和具备施工条件，进场后立即做好工程形象设计。

5) 根据有关资料复核控制网、基础轴线及标高。

（2）相关劳动力配备

成立现场项目部，确定项目管理班子，配备主要劳动力，劳动力配备见表 4-13

劳动力配备表 **表 4-13**

班　组	劳动力情况	备　注	班　组	劳动力情况	备　注
钢构制作组(2 组)	40 人	3 月 15 日开工	板材安装组(2 组)	2×7 人	4 月 15 日开工
钢构安装组(1 组)	15 人	4 月 1 日开工			

（3）现场施工设备的配备

该钢结构工程属新建项目，钢构件吊装采用一台汽吊，板材运输以人工拉升为主，拟投入现场的主要机械和检测设备详见表 4-14。

主要机械和检测设备 **表 4-14**

序　号	名　称	规格/型号	数　量
1	汽吊	25t	1 台
2	经纬仪	DJ2	1 台
3	水准仪	Z3	1 台
4	扭矩扳手		2 把
5	气割设备		1 套
6	电焊机	BX1-315F-2	1 台
7	钢卷尺		若干
8	扳手		若干
9	电缆线及钢丝绳		若干
10	手动葫芦	3t	4 只
11	千斤顶		1 只
12	总配电箱		1 套
13	铆钉枪		3 把
14	电钻		6 把
15	切割机	125 型	2 台
16	BS-475 锁边机		1 台
17	移动铝管架	外靠轻便式	2 副
18	钢管脚手架	扣件式或门型	若干
19	压型机	BS-475 型	1 台

（4）工程安装进度计划

1）该钢结构工程安装进度计划采用划分三级网络进行动态管理，一级网络为工程总安装进度计划，由甲方和公司共同管理，二级网络为各阶段制作及安装进度计划，由公司与项目管理部共同管理，三级网络为细化至工序节点的工作计划，由项目部和各班组具体实施，本设计书中略。

2）钢构进场日期暂定为 2005 年 4 月 1 日，具体进场开工时间以书面通知为准。鉴于甲方实际要求，经过反复核定，并针对工程结构特点以及拟采用的施工安装机械，计划钢结构工程安装总工期 71d，其完工日期暂定为 2005 年 5 月 24 日，主构件吊装应在 2005 年 4 月中旬完成，4 月中完成结构中间验收，争取在 2005 年 5 月 24 日该钢构工程钢结构基本具备完工条件。

3）具体工程安装进度计划详见表 4-15。相关工程安装进度保证措施详见 4.13.5。

保思乐紧固件（上海）有

标识号	任务名称	工期	开始时间	完成时间	2005年 12 14 16 18 20 22 24 26 28 30 1 3
1	钢结构施工总工期	71工作日	2005年3月15日	2005年5月24日	
2	一、钢结构制作及运输	40工作日	2005年3月15日	2005年4月23日	3-15
3	1.原材料采购	20工作日	2005年3月15日	2005年4月3日	20工作日 3-15
4	2.钢结构制作	20工作日	2005年3月22日	2005年4月10日	20工作日 3-22
5	3.钢结构运输（分三批）	15工作日	2005年3月29日	2005年4月12日	3-29
6	二、现场施工	71工作日	2005年3月15日	2005年5月24日	
7	1.施工准备	17工作日	2005年3月15日	2005年3月31日	17工作日 3-15 3-31
8	2.地脚螺栓预埋（土建配合）	5工作日	2005年3月15日	2005年3月19日	5工作日 3-15 3-19
9	3.地脚螺栓复测	1工作日	2005年3月31日	2005年3月31日	1工作日 3-31 3-31
10	4.车间钢结构施工	37工作日	2005年4月1日	2005年5月7日	
11	(1)钢结构安装	7工作日	2005年4月1日	2005年4月7日	7 4-1
12	(2)檩条及次构件安装	10工作日	2005年4月4日	2005年4月13日	4-4
13	(3)钢结构验收	1工作日	2005年4月14日	2005年4月14日	
14	(4)楼层板安装	2工作日	2005年4月15日	2005年4月16日	
15	(5)屋面板现场加工	3工作日	2005年4月12日	2005年4月14日	
16	(6)屋面板安装	6工作日	2005年4月15日	2005年4月20日	
17	(7)外墙面板安装	12工作日	2005年4月18日	2005年4月29日	
18	(8)收边、天沟安装	8工作日	2005年4月30日	2005年5月7日	
19	5.车间钢结构施工	42工作日	2005年4月10日	2005年5月21日	
20	(1)钢结构安装	7工作日	2005年4月10日	2005年4月16日	
21	(2)檩条及次构件安装	10工作日	2005年4月15日	2005年4月24日	
22	(3)钢结构验收	1工作日	2005年4月25日	2005年4月25日	
23	(4)屋面板现场加工	3工作日	2005年4月23日	2005年4月25日	
24	(5)屋面板安装	6工作日	2005年4月26日	2005年5月1日	
25	(6)外墙面板安装	10工作日	2005年5月2日	2005年5月11日	
26	(7)收边、天沟安装	10工作日	2005年5月12日	2005年5月21日	
27	6.收尾整改	2工作日	2005年5月22日	2005年5月23日	
28	7.验收	1工作日	2005年5月24日	2005年5月24日	

限公司新建项目施工进度表 表 4-15

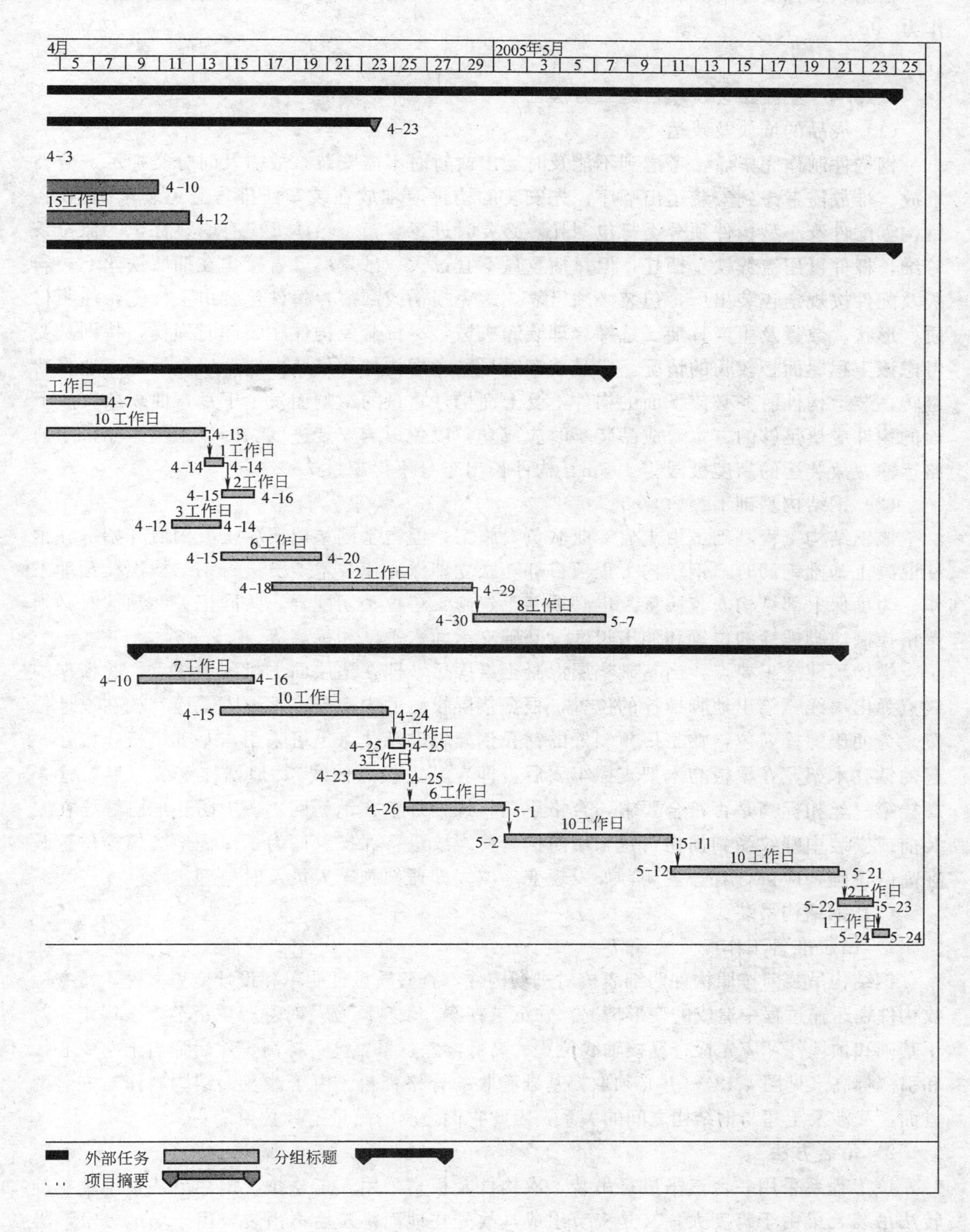

（5）构件制作与发货进度计划

根据该工程实际情况和鉴于甲方相关要求及厂内生产状况，该钢结构工程安排生产制作为20d。

4.13.4 主要工艺及项目施工方法

（1）成品的堆放及装运

钢构件制作完毕后，考虑到不能及时运出或暂时不需安装，故需及时分类标示、分类堆放。堆放需考虑到安装运出顺序，先安装的构件应堆放在装车前排，避免装车时翻动。钢构零配件及小型构件须分类打包捆扎，必要时进行装箱，箱体上应有明显标识。像拉条等细长杆件可用镀锌铁丝捆扎，但每捆重量不宜过大，吊具不要直接钩在捆所铁丝上。彩板及配件按规定包装出厂，包装必须可靠，避免损伤或刮痕，每件包装巾上标签，注明材质、形状、数量及生产日期。选择合理装卸机械，尽量避免构件在装卸时损伤，特别是要考虑该工程屋面板较长的情况。成品装车时尽量考虑构件的吊装方向，以免运抵工地重新翻转，装运构件时务必使下面的构件不受上面构件重量的影响而发生下垂弯曲现象，故下面的构件应垫足够的方木。成品装车时应成套，以免影响安装进度。因该工程运输采用公路运输，故装运的高度极限为4.5m，构件长出车身不得超过2m。

（2）钢结构基础工程

该钢结构工程基础虽由土建专业队负责施工，但当基础垫层混凝土凝固后开始绑扎钢柱混凝土基础钢筋时，钢结构工程项目部随之立即派专业技术人员进行钢结构螺栓预埋工作。为确保上部结构安装质量，也必须与土建施工单位密切配合，共同把关。预埋时必须严格控制地脚螺栓的位置和伸出长度、基础支承面水平度和标高等。

螺栓预埋施工要点：当基础垫层混凝土凝固后，即在垫层面上投测中线点，并根据中线点弹出墨线，绘出地脚螺栓的位置，根据垫层投测的中心点，把地脚螺栓安放在设计位置。为便于螺栓就位，在工厂预制好的钻孔钢模辅助就位（也可采用与基础模板连接在一起的钻孔木架，在模板与木架支撑牢固后，即在其上投点放线）。地螺栓安装以后，检查螺栓第一丝扣标高是否符合要求，合格后即将螺栓焊牢在钢筋网上。为防止地脚螺栓在安装前或安装中螺纹受到损伤，宜采用防护套将螺纹进行保护。而为了保证地脚螺栓位置及标高的正确，应讲行看守观测，如发现变动应立即通知施工人员及时处理。

（3）钢结构吊装

1）吊装准备工作

钢结构吊装前按照构件明细表核对进场构件，查验质量证明单和设计变更文件，检查验收构件在运输过程中造成的变形情况，并记录在案，发现问题及时进行矫正至合乎规定。对于基础和预埋件，应先检查复核轴线位置、高低偏差、平整度、标高、然后弹出十字中心线和引测标高（见图4-18），并必须取得基础验收的合格资料。由于涉及钢结构制作与安装两方面，又涉及土建与钢结构之间的关系，因此它们之间的测量工具必须统一。

2）吊装方法

该工程系采用一台汽吊进行吊装，次构件及板材采用人工悬拉，钢柱吊装采用单机旋转法吊装，梁由于跨度大，又是多节组成，故先在地面拼装后再吊装，由于场地较窄，必要时人工抬升辅助拼装，钢梁扶正翻身起板采用两点起板法。为确保吊装安全和避免吊机

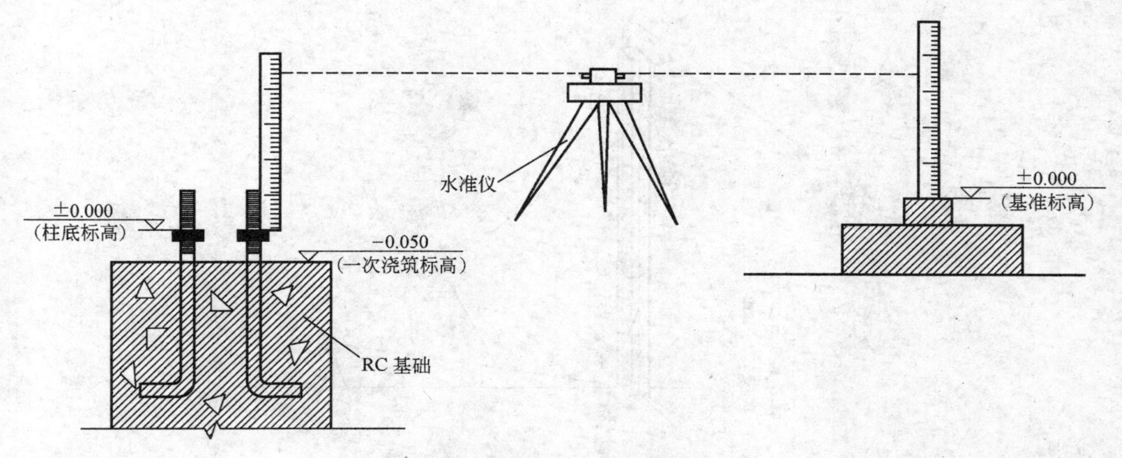

图 4-18　钢柱柱底标高引测示意图

停转次数，该工程钢结构吊装按行进路线的先后顺序吊装施工，且吊装时先吊装竖向构件，后吊装平面构件，以减少建筑物的纵向长度安装累计误差。

3）钢柱的吊装与校正

① 钢柱的吊装方法与装配式钢筋混凝土柱子相似，该工程由于结构吊装时间紧，故拟采用人工抬升辅助就位，构件就位后采用单机旋转法吊装（见图 4-19），为提高吊装效率，在堆放柱时，尽量使柱的绑扎点、柱脚中心与基础中心三点共圆弧。

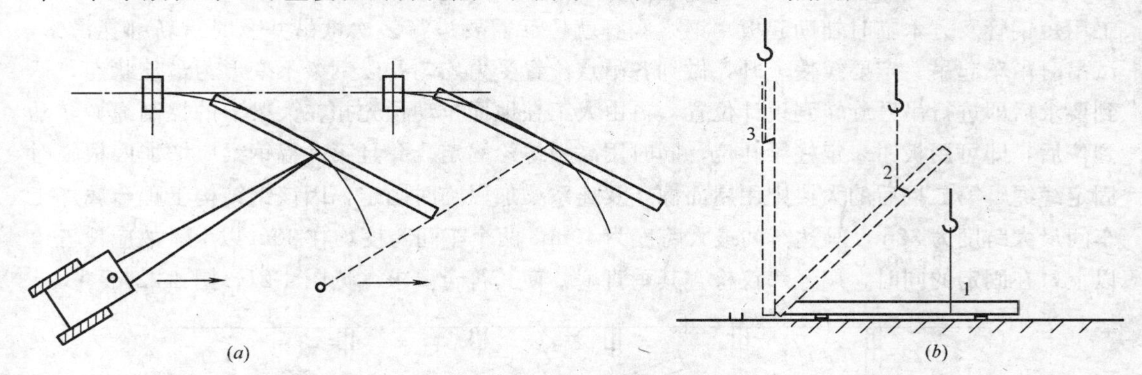

图 4-19　旋转法吊装示意简图

(a) 平面布置；(b) 旋转过程

1—柱平放时；2—起吊中途；3—直立

② 起吊时吊机将绑扎好的柱子缓缓吊起离地 20cm 后暂定，检查吊索牢固和吊车稳定，同时打开回转刹车，然后将钢柱下放到离安装面 40～100mm，对准基准线，指挥吊车下降，把柱子插入锚固螺栓临时固定，钢柱经初校正后，待垂直度偏差控制在 20mm 以内方可使起重机脱钩，钢柱的垂直度用经纬仪检验，如有偏差，立即进行校正，在校正过程中随时观察底部和标高控制块扎之间是否脱空，以防校正过程中造成水平标高误差。

③ 柱子的垂直校正，测量用两台经纬仪安置在纵横轴线上，先对准柱底垂直翼缘板或中线，再渐渐仰视到柱顶，如中线偏离视线，表示柱子不垂直，可指挥调节拉绳或支撑，可用敲打等方法使柱子垂直。在实际工作中，常把成排的柱子都竖起来，然后进行校正。这时可把两台经纬仪分别安置在纵横轴线一侧（详见图 4-20）。在吊装屋架或安装竖

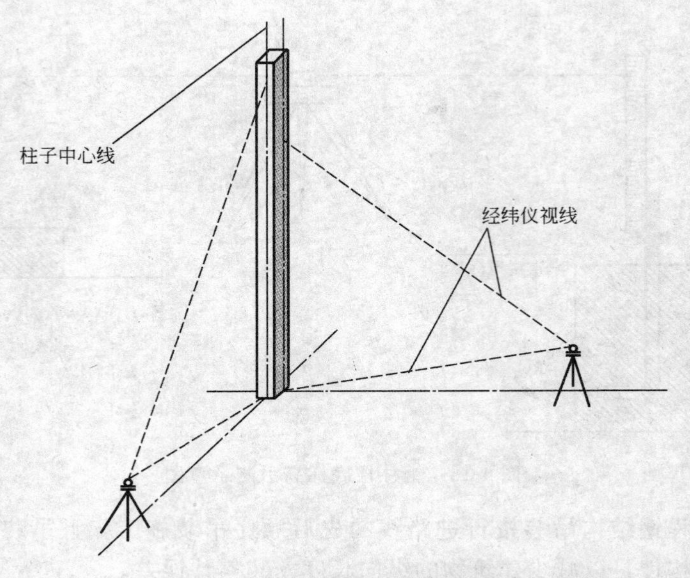

图 4-20　钢柱垂直校正测量示意图

向构件时，还须对钢柱进行复核校正。

4）钢梁的吊装与校正

① 钢梁构件运到现场，先应拼装。钢梁扶正需要翻身起板时采用两点翻身起板法，人工用短钢管及方木临时辅助起板。钢梁翻身就位后需要进行多次试吊并及时重新绑扎吊索，试吊时吊车起吊一定要缓慢上升，做到各吊点位置受力均匀并以钢梁不变形为最佳状态，达到要求后即进行吊升旋转到设计位置，再由人工在地面拉动预先扣在大梁上的控制绳，转动到位后，即可用板钳来定柱梁孔位，同时用高强螺栓固定。并且第一榀钢梁应增加四根临时固定缆绳，第二榀后的大梁则用屋面檩条及连系梁加以临时固定，因该钢结构工程金属加工车间最大跨度为32m，马达车间最大跨度为40m，两个车间跨度均在30m以上，故应设五道以上，在固定的同时，用经纬仪检查其垂直度，使其符合要求（见图 4-21，图 4-22）。

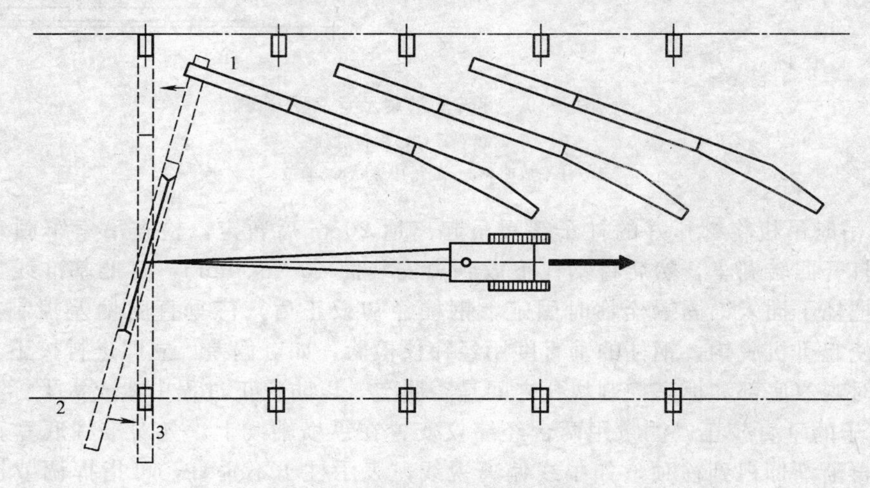

图 4-21　钢梁的起吊示意简图

1—吊升前的位置；2—吊升过程中的位置；3—对位（就位）后位置

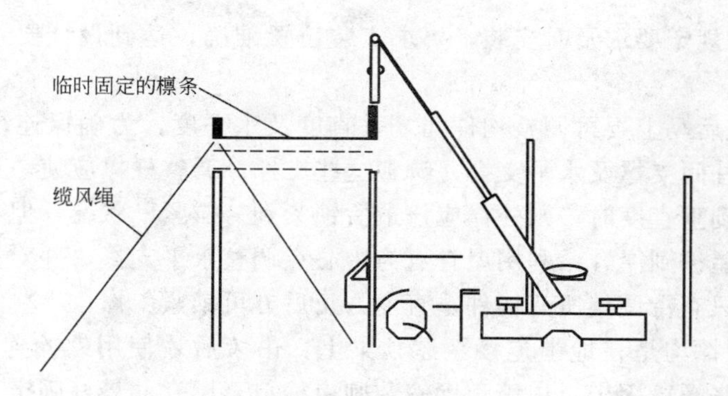

图 4-22　钢屋架临时固定示意图

② 本工程在钢结构吊装前，应在地面进行钢大梁的拼装，拼装时高强度螺栓达到初拧并做好相关施工记录。

③ 在吊装钢梁时还须对钢柱进行复核，此时一般采用葫芦拉钢丝绳缆索进行检查，待大梁安装完后方可松开缆索。对钢梁屋脊线也必须控制。使屋架与柱两端中心线等值偏差，这样各跨钢屋架均在同一中心线上。

5）柱底板垫块安装及二次灌浆

① 钢柱安装时，因需调整柱高程，通常于柱底端头板下放置垫块，而垫块的尺寸，一般只考虑承载钢架本身的重量。基础混凝土面的高程与柱底板高程间两者之差即为所需加垫块的厚度，由此可计算出所需垫块的数量。柱底垫块应包括 6mm 垫块和楔形垫铁（详见图 4-23），楔形垫铁垫到柱底板角。

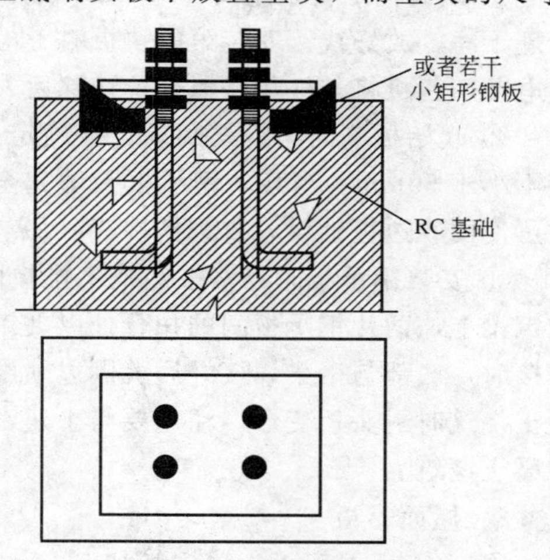

图 4-23　柱底垫铁安装示意图

② 主钢结构吊装校正完成后，才可进行灌浆。通常在校正完毕后 3d 内完成，以免因其他原因造成结构体移位，灌浆材料应采用细石混凝土，使柱底板与基础完全接触，灌浆混凝土强度等级比柱混凝土强度等级高一级。灌浆前准备工作，削除混凝土表面过高处，使灌浆厚度至少保持 4cm 以上，去除混凝土表面的细微物、油脂、泥土等不良物质，而保持适当粗糙。一端及两侧的模板亦需高出板面，且留出间隔，并稍微倾斜，以便插入木棒或钢筋。灌浆料必须以拌和机拌和，若以手拌和，则缺乏流动性，造成收缩的危险。一经灌注，必须连续不断地作业，直到灌浆从周围流出为止，灌浆料必须从一侧开始，未完成前不可中断。灌注后，保持湿润状态保养至少 7d。

（4）檩条及支撑系统的安装

1）檩条及支撑系统应配合钢结构吊装，进行交叉作业，流水施工。该钢结构工程马达车间柱距为 7.5m、5m 及 6m 三种，金属加工车间柱距为 8m 及 6m 两种，檩条安装可采用以滑轮借力法安装，安装要求螺孔位置对准，拧紧程度合理。根据檩条规格和使用部位，采用人工借力悬拉至屋面或墙立面相应位置安装。

2）支撑应按规定要求及时安装，要求安装位置准确，达到设计要求，确保钢结构整体刚度和稳定性。

3）吊装完成后马上要再调整构件间之垂直度及水平度，为确保连续构件间的正确准线，需及时安装柱间支撑及水平支撑并调整这些支撑。调整柱撑应使一边柱撑锁紧另一边放松，当柱已达到垂直度时，则柱撑应该最后锁紧到“拉紧”状况，但不要把斜撑锁太紧而损害构件。从屋檐到屋脊系利用屋脊点为中心点调整水平支撑，并对齐屋顶梁就能保持屋顶垂直。总之只有待调整所有构件垂直度方正后方可锁紧斜撑。

4）一般梁隅撑均是在地上连接至屋顶梁上，吊装后才使用螺栓连接到屋面檩条上。台度角钢采用膨胀螺栓固定，山墙角钢安装则由檐口至屋脊并最好固定于山墙檩条之下翼沿上。

5）屋面、墙面系杆及拉杆安装时要及时调整檩条的水平度，并纠正檩条因运输或堆放中造成的弯曲变形等。

（5）板材安装

该工程楼承板采用 YX-51-678 型楼承板，屋面系统采用 0.50mm 厚 BS-475 型 360°卷边板＋50mm 厚保温棉，墙面采用 0.50mm 厚 WA-850 板。

1）楼承板安装

① 该钢构工程采用 YX-51-678 型钢承板，安装前需待夹层梁吊装完成后将钢梁表面清理干净，放好线。安装第一块板时考虑在钢柱位置会与钢柱翼缘相碰撞，该板必须现场用电动切割机将与柱相碰撞部位切除后方可安装，然后依次安装第二、三块板等等。

② 起始板侧向与钢梁搁置长度确定为 50mm，最后一块钢承板侧向与钢梁的搁置长度不小于 50mm。当某一钢承板无法完全铺设时，铺设前端与未端不足宽度小于 250mm 时可使用收边板铺设，收边搭接 5mm 点焊固定。

③ 安装钢承板时严格按照施工排板图顺序逐张铺设，并按照焊接顺序将钢承板点焊在钢梁上，两片钢承板间的扣合处以夹钳加以固定。剪刀钉以焊枪固定在钢梁上，封头板焊接时，底部与钢梁焊接好后上侧边须用 $\phi10$ 圆钢做拉杆，焊接在钢承板上，以防土建混凝土浇筑时封头板变形。注意要与土建密切配合，并按照设计图纸要求绑扎钢筋网后进行混凝土浇筑。

2）屋面彩板

① 该工程屋面板为单层板加 50mm 厚保温棉。考虑到土建室内地坪施工情况，施工时须先安装保温棉，后装屋面板，安装必要时采用钢管脚手架。

② 保温棉铺设与屋面上层板安装应紧随，保温棉的下料长度主要是屋面单坡长，从檐口檩条到相应的屋脊檩条间距离。如果一卷保温棉不够长时，则需要搭接，搭接时在檩条上用双面胶带，相关方式详见图 4-24，另屋脊保温棉安装也应注意。

③ 屋面板纵向不设接头，施工现场一侧山墙端应留屋面板成品堆放场地。山墙侧拉斜钢丝，用人力沿钢丝拉到屋面上，安装顺序应考虑有利于本地区的主导风向而从厂房一端开始逐跨铺设。

④ 先靠山墙边安装第一块板，当第一块屋面板固定就位时，在屋面檐口拉一根连续的准线，这根线和第一块屋面板将成为引导基准，便于后续屋面板的快速安装和校正，然后对每一屋面区域在安装期间要定期检测，方法是测量已固定好的屋面板宽度。在屋脊线

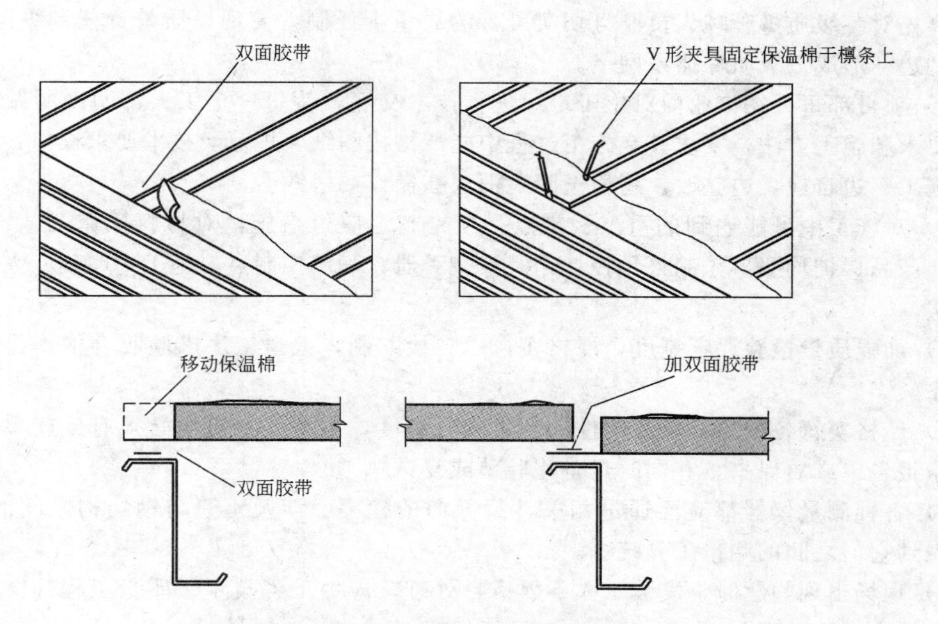

图 4-24　屋面保温棉搭接示意简图

处（或板顶部）和檐口（或板底部）各测量一次，以保证不出现移动和扇形，保证屋面板的平行和垂直度。

⑤ 该钢结构工程彩板屋面折弯件主要有屋脊收边、封口板及山脊山墙檐口收边等等（注意施工先后顺序），这些彩板折弯件与彩板连接用铝铆钉，彩钢折弯件配件应做到整齐、美观，满足防水要求，全部固定完毕后，用密封膏打完一段再轻擦使均匀，泛水板等防水点处应涂满密封膏。

3）墙板安装

① 墙板采用单层钢板，原则上采用工具式的外靠移动铝管脚手架进行安装。

② 单独安装墙面板必须是由上往下以墙角作为起点由一端逐往另一端的顺序安装，并要及时考虑常年主导风向及施工时风向。

③ 安装时应注意水平和垂直方向的操作偏差，保证横平竖直，同时安装上部墙板时对其底端墙檩采用方木在其下撑垫并复核。安装外墙板前先安装墙面系统的上口泛水、窗门侧泛水及与砖墙交接处台度收边、墙板安装好后再安装下口泛水包边及阴、阳包角板等。

4.13.5　施工保证措施

（1）现场安装质量保证措施

1）该钢结构工程实施的质量目标为合格，为实现质量方针、预定目标和对顾客的承诺，将把“以质量为中心，安全第一，按期完工顺利通过竣工验收”作为本钢结构工程的指导思想，并在现场建立公司、钢结构项目部、施工班组三级质量管理体系。公司除加强日常检查外，同时品管部向工地派员蹲点做好材料检测，协助项目经理抓好质量工作。质量管理小组由钢结构项目经理、项目技术工程师、项目质量工程师及有关技术管理人员组成，事先对各级质量管理人员制订切实可行的质量责任制，使现场质量责任制纵向到底，横向到边，形成三级质保体系网络。

2）项目部每天在作业前对施工班组进行技术交底，使每一个工人都明确所做工作的质量要求和施工方法，要求其在施工过程中能严格按图纸、规范及技术要求操作，同时做到边施工、边自检，边整改，将质量问题消灭在操作第一线。

3）对施工中可能遇到的重点、难点，预先制定应付措施，对材料操作工艺、工序、机具、产品保护均要事先制订预控计划及安装手册，确定控制点，施工中明确专人进行检查落实。

4）加强质量检验评定制度，严格实行“三检”制，上道工序未验收合格不得转入下道工序。

5）严格实行各种原材料和配件的质量验收制度，主要材料进场必须有生产单位的出厂试验报告单或质保书，并同时具备化验单或复试单。

6）各种测量仪器都应已通过相关计量部门的检测，涉及土建与钢结构之间的关系，尽量做到它们之间的测量工具统一。

7）现场出现问题时，安装工人不得擅自处理，应由工程技术、质量工程师会同有关专家和技术人员处理。

8）吊装时为了避免屋面主梁损害及变形，钢梁上下两翼及钢索之间要放木块或其他材料加以保护。钢梁吊升或与钢柱对接时必须避免过重碰撞主梁。吊装施工用不到的材料，放置要小心，不要伤害钢构件及使钢构件不受到气候影响。

9）安装彩钢板切割时，外露面应朝下以避免切割产生的锉屑粘附涂膜面引起面层氧化。打自攻螺钉必须垂直支撑面，垫圈必须完整。

（2）进度保证措施

1）制订科学合理的构件制作与工程安装进度计划及劳动力计划。

2）选派有丰富施工经验善于打硬仗的钢结构项目管理班子。

3）组织好平面和立体的交叉流水作业，合理安排各工序，各环节的施工进度。做到次构件安装、涂料施工及土建施工同步进行。

4）选择合理的吊装机械及电焊设备，做到配能所用及时到位，合理保养好各种机械设备，避免机械设备出现故障，造成施工延误。

5）根据施工计划合理安排材料构件进场计划，工程材料构件提前进场，做到材料构件不碰头、不积压。

6）采用成熟的制作与安装工艺并与新工艺新方法相结合，尽可能缩短工期。

7）因工期较紧，必要时还应加班加点，采用轮流休息制，做到劳逸结合。

8）项目管理班子人员坚持在现场第一线，落实每一天工作任务，及时检查每道工序，做到及时验收及时转序。

9）合理安排人力、财力、物力，做到及时到位，专款专用，不因资源问题或组织问题造成脱节而影响工期。

（3）雨季施工保证措施

1）该钢结构工程安装时是4月份，施工阶段要考虑雨季，从而施工时必须采取相应的施工保证措施。

2）运输堆放钢结构时，必须采取防滑措施。构件堆放场地必须平整坚实，无水坑，周围要做好排水工作，严禁构件堆放区积水、浸泡。同一型号构件叠放时，必须保证构件的水平度，垫块必须在同一垂直线上，防止构件溜滑。部分构件及油漆必须注意防雨。

3）经常与气象部门取得联系，与气象部门进行信息网，在雨天到来之前做到先知、先防，未雨绸缪，做到防患于未然。对于所进临时设施，必须考虑防风、防雨措施。

4）钢结构安装前除常规检查外，尚须根据条件对构件质量进行详细检查，凡是在制作中漏检和运输堆放中造成的构件变形偏差大于规定影响安装质量时，必须在地面进行修理、矫正，符合设计和规范要求后方能起吊安装。

5）绑扎、起吊钢构件的钢索与构件直接接触时要加防滑垫。凡是与构件同时起吊用的卡具、绳索，必须绑扎牢固。

6）构件上有雨水、结露时，安装前应擦拭干净，但不得损伤涂层。

7）高强螺栓接头安装时，构件的摩擦面必须干净，不得雨淋、接触泥土、油污。雨天严禁屋面施工，保温材料不准淋湿。

（4）安全文明技术措施

1）安全总则

① 进入施工现场必须戴好安全帽，严禁三鞋（硬底鞋、高跟鞋、拖鞋）。

② 吊装区域内，非操作人员严禁入内，对于大件起吊应设溜绳，吊装构件数量应根据实际需要，投放、叠堆物件要稳妥，支放设置合理、捆实。如需设支撑时，支撑必须牢固，堆放层不能过高，施工场地应按规定留出安全通道，并保证畅通无阻。

③ 根据本工程钢结构特点，认真做好各大重件起吊、装车、吊装各项准备工作，掌握物件形状、结构、重量、重心角度、刚性及外形尺寸，选择配备好各类吊具及捆扎专用绳索，对管件应根据理论计算出起吊重心位置，以防变形。

④ 施工人员在高空作业时，应搭设临时安装脚手及安全网，并戴好安全带，使用的工具应放入工具袋内，不准随意上、下抛掷物件。

⑤ 吊装前应对吊车、支腿及钢丝绳等进行全面检查，发现隐患及时消除，遇6级大风、大雨和大雾天，能见度不够时，不得进行吊装工作。

⑥ 持证上岗，专人指挥，统一信号。

⑦ 吊装所用的机具由专职安全人员严格检查，合格后才能进场使用。

⑧ 严格执行焊接工种的安全技术操作规程，无证人员不得操作，未穿戴防护用品不得操作，严禁擅自动火，施工场地周围应清除易燃物品。气割用的压力表、皮管、焊割矩、接头应规定检查，阀门及紧固件应可靠，不准有松漏器，利用氧乙炔矫正构件时，皮管接头处必须扎紧无漏气现象，并配备氧乙炔回火防止器。

⑨ 在计划布置、检查总结和评比生产的同时，要计划布置、检查、总结、评比安全工作，保证在安全的前提下组织生产、吊装。

⑩ 安全员对施工人员必须进行安全训练，强化“安全第一，预防为主”的思想，每天上工前必须开安全碰头会，进行安全教育，一旦发现事故苗子，即应召开安全工作会议，及时纠正。

⑪ 电动工具均配备三条导线（其中一条接地，并在每天开工前进行检查），其中电焊机要配有三级配电箱就近控制。

⑫ 作业过程中，必须十分小心并采取有效措施，防止工具或材料高处坠落。

⑬ 建立安全用电制度确保施工用电设备的完好，并设置漏电保护装置。

2）钢构吊装、钢承板安装及电焊操作安全作业流程

① 钢梁吊装安全作业流程（表 4-16）

钢梁吊装安全作业流程 **表 4-16**

作业步骤	作业内容及安全事项
起吊前准备	(1)须先将适当尺寸之水平安全母索附挂于钢梁上； (2)起吊前须用控制绳系于梁上，使梁在吊装时以利方向控制，防吊升中旋转，以利安装及安全； (3)设置隔离措施，严禁人员进入起重机旋转半径及吊物下方
钢索、扣环绕穿过吊耳上	(1)起重机之吊钩下降至钢梁堆置处； (2)地面之吊挂作业人员将扣环穿过吊耳之预留孔，再将钢索穿过扣环，确认各部紧密连接后，再将钢索挂于吊构上
起重机起吊	(1)由吊挂作业指挥人员依一定的运转指挥信号指挥起吊； (2)钢梁的吊升应在 3 枚吊以下，在效率与安全上较为合理
坠落防止措施	(1)钢结构组配作业主管须检查作业劳工的器具、工具、安全帽及安全带，并汰除不良品； (2)垂直向之移动须利用上下安全设备如钢柱的爬梯及垂直安全母索攀爬； (3)水平向之移动须利用设有安全护栏的通道，或水平安全母索并挂安全带移动至作业位置； (4)可采用预组或工作台供劳工从事吊装作业
水平安全母索安装	将原附挂于梁上之水平安全母索安装于钢柱上
解开吊挂钢锁、扣环	(1)高架工解开挂在钢梁吊或接合板位置的扣环，并避免扣环、钢索飞落； (2)钢梁于安装吊索松放前，钢梁两端腹板的接头处，应各用两个螺栓装妥

② 钢承板吊装安全作业流程（表 4-17）

钢承板吊装安全作业流程 **表 4-17**

作业步骤	作业内容及安全事项
吊挂设备检查	(1)吊钩吊具须有防滑舌片； (2)吊挂用钢索须具有足够强度，外观不得断裂或变形； (3)吊挂用扣环须具有足够强度，外观不得断裂或变形
起吊前准备	(1)确认堆置处的钢梁、钢柱安装妥当，足以承受堆置钢承板的负重； (2)起吊前须用控制绳系于扣环或适当位置，使钢承板在吊装时以利方向控制，防吊升中旋转，以利堆置及安全； (3)设置隔离措施，严禁人员进入起重机旋转半径及吊物下方
起重机起吊	由吊挂作业指挥人员依一定的运转指挥信号指挥起吊
坠落防止措施	(1)钢结构组配作业主管须检查作业劳工的器具、工具、安全帽及安全带，并汰除不良品； (2)垂直向之移动须利用上下安全设备如钢柱的爬梯及垂直安全母索攀爬； (3)水平向之移动须利用设有安全护栏的通道，或水平安全母索并挂安全带移动至作业位置
开始铺设钢承板	(1)钢构组配作业主管须检查作业劳工的器具、工具、安全帽及安全带，并汰除不良品； (2)垂直向之移动须利用安全上下设备如钢柱的爬梯及垂直安全母索攀爬； (3)水平向之移动须利用设有护栏的通道，或水平安全母索并挂安全带移动至作业位置；
焊接作业完成前禁止人员进入	(1)未完成钢承板之焊固作业前，须于周围设置禁入标识，以警示标识附于周边的安全母索上为佳； (2)因设计尺寸差异，同规格的钢承板必有部分无法完全适合铺设，常会于楼板之边缘形成残留开口，须快速安排冷作工进行钢承板的切割以便快速铺设

③ 电焊安全作业流程（表 4-18）

电焊安全作业流程 **表 4-18**

作业步骤	作业内容及安全注意事项
电焊机等设备接电	(1)考量电焊柄之电线长度，电焊机通常须先吊设于钢骨之平台上； (2)确认电焊机电源接于漏电断路器之两侧； (3)电焊机放置平台或接电人员周围有高度 2m 以上开口时，须有护栏或安全母索，且使人员配挂安全带； (4)确认电焊机的工作电流、电压充足，稳定供应，以求合理的焊接速度
电焊作业工作台设置	(1)边柱的焊接须事先吊装电焊作业工作台，装设时须预防人员发生坠落； (2)内部柱的接头或梁柱接头须事先吊装轻型电焊作业工作台； (3)须事先确认电焊作业工作台各部强度，以免人员站立工作时发生坠落； (4)电焊作业工作台须铺设防火毯，以防止火花飞落引起火灾
坠落防止措施	(1)当劳工从事钢梁、柱接头之焊接作业前，钢构组配作业主管须检查作业劳工的器具、工具、安全帽及安全带，并汰除不良品； (2)垂直向之移动须利用上下安全设备如钢柱的爬梯及垂直安全母索攀爬； (3)水平向之移动须利用设有安全护栏的通道，或水平安全母索并挂安全带移动至作业位置
预热	为防止电焊产生裂纹或变形，电焊前及电焊层间必须使母材保有适当温度，依母材种类及焊接方法采用规定之预热及电焊层间最低温度

3）几个主要相关工序安全控制图示

① 人员上柱顶解吊钩作业程序

（A）地面人员准备吊装钢柱时，先行安装竹梯及安全母索。

（B）钢柱开始吊装，于钢柱对接完成且固定螺栓皆已穿满锁紧时，高架吊挂作业人员将垂直防坠器钩挂于自身之安全带挂环及垂直安全母索后，从地面人员准备的竹梯爬至柱顶。

（C）解开柱顶吊钩后，高架吊挂作业人员一面搬移垂直防坠器之防坠挂环，另一方面人员随即缓缓爬下，具体措施可根据现场情况进行调整。

② 钢梁安装时母索准备

（A）钢梁放置地面，并以枕木或适合的垫材垫高，此时吊钩的上钢缆已用 U 形环[一般称为卸扣（shackle）]及高张力螺栓使之与钢梁上之吊耳锁合。

（B）参考钢结构施工图，将钢梁高架安装位置之柱净距加上预留 45～60cm 的长度，作为所需的安全母索长度，母索一端为自由端，另一端则缚上以钢筋弯制的索钩。

（C）将安全索平放在钢梁上（或下）翼板上并以现场材料自行弯制的夹具固定后，随即等候吊装。

螺栓暂存袋于钢梁起吊前，缚绑于钢缆上近卸扣之处，其功能仅为地面人员暂时置放螺栓及钢梁吊起后，供高架吊挂人员由此袋取出螺栓或手工工具，以便穿锁高张力螺栓，具体措施可根据现场情况进行调整。

③ 钢梁安装时母索高架作业安装程序

（A）钢梁临时固定后，作业人员先将安全母索索钩部分与钢柱上的锚定挂环钩合后，另一人员持母索自由端以人力｛缚绑如为钢索，则由另一待命人员以 U 形夹[一般称为可立配（U-CLIPPER）]｝锁合螺栓固定之。

（B）高架作业人员于安装母索前，需将带钩挂在钢柱操作架上。

④ 屋面板铺设注意事项

(A) 结构外围应先装置安全母索;

(B) 屋面板铺设前安装人员应把安全带钩挂在安全母索上。

4) 安全文明保证措施

钢结构施工存在着显著特点，从而其安全管理网络与安全生产制度就特为重要，故钢结构项目部以“安全第一，预防为主”的方针采取如下安全文明施工措施:

① 成立安全文明施工领导小组，现场设专职安全员，并负责对施工安装人员进行三级安全教育。安全施工管理人员挂牌上岗。进入施工现场人员一律要戴安全帽，高空作业系好安全带。及时对施工过程中未固定牢固的构件加以临时固定，施工过程中严禁乱扔乱抛严禁向上或向下丢抛螺钉、螺帽及其他物品;

② 根据本钢结构工程特点，提前认真做好各大重件起吊、装车、吊装各项准备工作，掌握物件形状、结构、重量、重心角度、刚性及外形尺寸，选择并配备好各类型吊具及捆扎专用绳索，对构件及早根据理论计算出起吊重心位置，以防变形;

③ 施工用电采用“三相五线制”三级配电，三级保护，机具设备的接地接零必须安全可靠，设备专人操作，持证上岗，严禁私接乱拉电线，配电箱要加锁，有专人保管，并设置防雨措施，各种机具设备要安装漏电保护装置，按规定做好一机一闸一保护;

④ 使用吊车需专人指挥，散装材料须装箱或包扎牢固后方可起吊。吊车司机坚持“十不吊”原则。起吊物品时，升降吊钩要平稳，避免紧急制动和冲击。现场机械的安全限制装置应定期检查，保证灵敏有效。所有钢丝绳，事先必须认真检查，表面磨损腐蚀达钢丝绳直径的10%时，不得使用。吊钩卡环如有永久变形或裂纹时，不能使用。

4.13.6 工程技术档案资料管理

(1) 认真贯彻执行国家和当地计委、档案局及建设局关于工程档案资料管理的通知及相关规定，对工程从开工到竣工的全过程，严格按档案资料的具体内容、整理方法、填写程序及纸张规格等做到规范化和标准化。

(2) 公司主管生产安装的经理和总工程师负责领导和督促公司有关部门和工程项目经理认真履行各自的职责，定期进行检查、督促，确保档案资料的完整与准确。

(3) 工程施工的各类资料均应同建设单位、设计院、监理、质监站、建材生产厂家等单位密切配合，使各类资料能及时、准确、完整地按规定完善归档。

(4) 项目技术工程师负责指导业内资料人员做好工程施工各类资料的办理、收集、整理、汇编工作，并按归档资料的规定，必须字迹清楚、图样清晰。施工中，对隐蔽、技术核定、材料代换、通知等应及时办理和签证，分部（子分部）、分项、检验批以及单位（子单位）工程质量检查评定，由专职质量工程师逐项填写，并有质量评定人员和项目技术工程师签字。质量保证资料由质量工程师检查填表后，经工程负责人签字。做到工程竣工验收与竣工资料验收同步进行，并按当地档案管理的规定整理备卷，交有关部门审核。

4.13.7 工程保修及服务

公司把本钢结构工程作为窗口工程，在施工中和圆满完成工程任务的同时，将提供良好的服务。

(1) 公司将有专职部门接受客户投诉并及时处理投诉事宜。客户投诉处理作业程序如图 4-25。

(2) 自工程完工经验收合格后 1 年为工程质量保修期。

(3) 作为窗口工程，对本钢结构工程实行终生维修，质保期外维修费用按成本费计算。

(4) 保修期间，原则上在接到业主有关制作或安装质量问题的通知书 3 个有效工作日内到达现场进行保修工作。

(5) 建立定期用户回访制度，对用户进行定期服务回访，确保提供良好的服务。

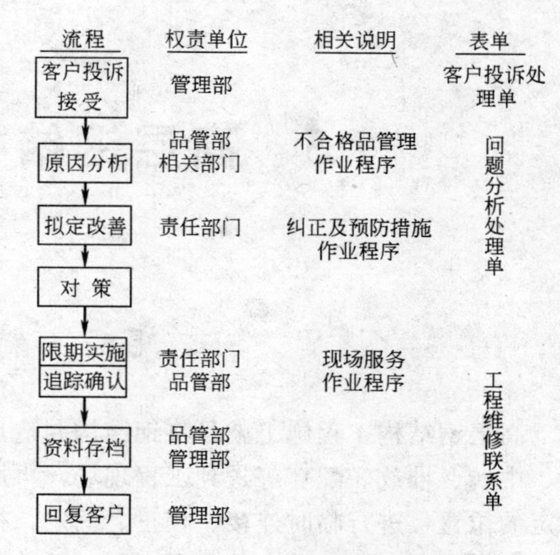

图 4-25　客户投诉处理作业程序

5 高层钢结构工程的安装

5.1 特　　点

高层钢结构工程施工就是将钢结构制造厂生产的结构单元件（一般称钢构件），经运输、中转、堆放、配套等送到工程现场，再用建筑起重机等设备将钢构件逐件安装到设计预定的位置，进行临时连接、校正、固定，构成空间钢结构。结构形式不同，其构件的组合和要求不同，施工程序也有所不同。同单层钢结构工业厂房工程施工截然不同，高层钢结构工程施工有其本身的施工特点。在组织高层钢结构工程施工时，应充分认识这些特点，结合具体工程对象，制定方案措施，组织力量精心施工，以确保施工质量，完成结构安装任务。高层钢结构工程主要的施工特点是：

（1）高层钢结构建筑物主要用于办公、旅馆、贸易等，一般都建于大城市的繁华地区，工程现场用地面积小，钢结构工程量大，构件多，现场没有较多的场地用于堆放构件。大多采用随吊随运的供应方法，当天供应的构件当天安装上去。根据我国高层钢结构工程的施工现状、制造厂供货条件、加工构件的分批供货、市区货运规定和交通条件，难以做到随吊随运，现场没有场地进行临时堆放时，必须设置钢构件的中转堆场。

（2）立体交叉施工是高层钢结构施工的一大特点。高层钢结构建筑占地面积比较小，在施工中不可能等一种专业施工结束再进下一种专业施工，往往在一个垂直面内有许多工种或专业在同时施工，所以采用立体交叉施工是不可避免的。施工过程中的安全措施相当复杂，必须予以高度的重视。

（3）高层钢结构建筑安装标准比较高，这主要是由两方面的原因造成的。首先高层建筑在一个地区甚至一个城市里耸立着，非常显眼，有的可能成为标志性建筑。人们对它的期望值很高。其次由于是高耸结构，任何主要构件的安装对立柱的垂直度都会产生影响，建筑的高度高，立柱的校正方法就成为高层钢结构建筑施工中的重大课题。使用高强度螺栓或焊接时，除保证单项工艺外，更多地需要考虑整体的施工流程，才能使整个建筑的安装质量得到保证。

（4）影响施工的因素多。如高空作业受到风、雨、雪、雷电、冰冻与酷暑的自然条件影响，施工过程中产生的沉降，材料压缩变形，混凝土的收缩变形（徐变），焊接变形，另外还有同土建之间的衔接，构件制作质量等。这些影响因素在高层钢结构工程施工中表现得尤为突出。

（5）高层钢结构安装，一般都选用一台或多台塔式起重机施工，这种起重机械吊得高，工作半径大，且必须安装或依附在施工中的结构上。采用内爬式塔式起重机，需增加爬升支架支承构件，塔式起重机的安装、爬升、拆除技术要求高，结构要能支承起重机荷载。采用附着式塔式起重机，需要占用一定的场地，也要计算结构是否能承受塔式起重机的附着力。

5.2 起重主机的选用与装拆

5.2.1 主机的类型

超高层钢结构的吊装高度一般超过 100m，所以国内外在选用吊装施工机械主机时，几乎全部采用自升式塔式起重机，自升式塔式起重机可分为内爬式和外附着式两种。

(1) 内爬式塔式起重机

内爬式塔式起重机可分为平衡式与起重臂可起伏式（以下简称起伏式）两种（见图 5-1）。

(*a*)

(*b*)

图 5-1　内爬式塔式起重机

(*a*) 平衡式；(*b*) 起伏式

对于平衡式塔吊，我国目前用得较为普遍，但是在日本和欧美发达国家几乎都采用起伏式塔吊，因为起伏式塔吊的起重臂可上下起伏，尾部半径仅 8m 左右，大大短于平衡式的尾部半径（20m 以上），因此它可以在高层建筑群内照常使用长起重臂施工，那怕在同一建筑上同时布置数台这样的塔吊，也不会受到任何限制。

(2) 外附着式塔式起重机

外附着式塔式起重机与内爬式塔式起重机相比，存在以下问题：

1) 必须配备相当数量的标准塔身，现场要有一个存贮标准塔身的堆放场。

2) 所需起重臂比内爬式塔式起重机长，起重力矩大，塔式起重机的规格大，显然经济性较差。

3) 除了塔身与钢结构框架要有附着构造外，对塔式起重机底部的地基必须进行技术处理。

4）拆除塔式起重机时，由高塔逐次降到标准塔，塔式起重机的起重臂和平衡臂会受到周围建筑物的限制，但拆除的技术难度较内爬式塔式起重机低。

5）起重高度会受到标准塔身的限制。

5.2.2 自升式塔式起重机对高层钢结构框架的要求

（1）内爬式塔式起重机

由于塔式起重机安装在钢结构框架上，框架大梁须增设搁置爬升架用的牛腿，对钢结构框架而言，由于增设了塔式起重机的荷载（自重荷载、施工荷载、风荷载等），应对相应处的框架（单根框架梁和整体框架）进行强度和稳定性的验算，由此采取必要的补强措施，并需征得建筑设计单位的许可。在施工阶段，对塔式爬升区框架的施工流水和工艺，应优先确保形成刚架。

（2）外附着式塔式起重机

外附着式塔式起重机仅水平荷载传递到钢结构框架上，所以在附着处的相应结构上除了要增设附着构造外，同样要对塔式起重机对结构的施工荷载和风荷载进行强度和稳定的验算。在施工阶段，同样对附着处的框架应优先形成。

5.2.3 塔式起重机的选择

（1）塔式起重机的起重性能要满足工程要求，其中包括吊机最大起重量、最大起重力矩、最大半径与最小半径。特别要注意随着起重高度的增大，吊机的实际起重量会减小，首先，因为要扣除不断增多的起重钢丝绳自重，其次，受卷扬机容绳量的限制，到一定高度时经过吊钩滑轮的钢丝绳走数要减少。

（2）对内爬式塔式起重机要注意起重卷扬机滚筒内的钢丝绳的容绳量，它将决定起重的极限高度。

（3）对外附着式塔式起重机要了解其标准塔身的高度，以判断是否适用工程需要。

（4）要了解塔式起重机吊钩的升降速度，通过计算或测定，掌握塔吊的安装速度，选择符合进度要求的吊机与吊机台数。

（5）踏勘现场，了解周围环境与使用塔式起重机将会受到的限制。

5.2.4 自升式塔式起重机布置位置

（1）便于现场组织施工，对下道工序影响最少的部位；

（2）施工阶段结构刚度相对较大的部位（例如混凝土核心筒等）；

（3）吊装构件最有利的位置，避免产生吊装死角；

（4）兼顾两台或多台塔式起重机的操作面；

（5）装拆塔式起重机最为方便和可行之处。

5.2.5 塔式起重机的安装与拆除

（1）起重机的安装

塔式起重机一般由汽车吊或履带吊在地面安装。多台塔吊作业时，一般先选一台比较方便安装的，用汽车吊或履带吊安装，其余塔吊可用已安装好的塔吊安装。

(2) 起重机的拆除

1) 外附着式塔式起重机的拆除

这类塔吊的拆除比较方便，因为它可以自行升降，吊装工程完成后，它可以自行下降到基础高度，然后用汽车吊或履带吊很方便地将其拆除。

2) 内爬式塔式起重机的拆除

① 基本思路

在超高层建筑的钢结构安装工程中，由于工程的施工需要，使用了大型塔式起重机。大型塔吊在工程上的应用大大降低了劳动强度，也使工程的进度、质量等得到了必要的保证。但在结构封顶之后，塔吊的拆除却成了极为头痛的一大难题，其中最难的是内爬式塔式起重机的拆除。

超高层建筑高度普遍超过100m，有的甚至达几百米（如金茂大厦高420.5m），在如此高的地方要将内爬于其中的大型塔式起重机拆除，比较可行的方法是采用逐渐置换法，即用一台中型吊机拆除大型塔式起重机，再用一台小型吊机来拆中型吊机，最后人工拆除小型吊机。围绕这一思路，若要真正实施，还有许多难点要解决，如选用何种机械来拆除，机械如何布置；塔吊的起重臂如何拆除；小半径情况下，如何避免损坏外墙装饰。

② 拆除的难题与解决

(A) 中型吊机的选用原则

A) 它的最大起重量必须大于下面三项的重量之和：

(a) 大型塔式起重机中的最重单件的自重；

(b) 中型吊机起重臂顶到地面的所有起重钢丝绳的重量；

(c) 中型吊机的吊钩自重。

B) 起重卷扬机的容绳量必须满足起重高度。

C) 吊机的单件自重不能超过小型吊机的最大起重量与附加重量（如起重钢丝绳、吊钩等）的差。

D) 必须考虑结构补缺构件的安装。

(B) 小型吊机的选用原则

A) 它的最大起重量必须大于下面三项的重量之和：

(a) 中型吊机最重单件的自重；

(b) 小型吊机起重臂顶到地面的所有起重钢丝绳的重量；

(c) 小型吊机的吊钩自重。

B) 起重卷扬机的容绳量必须满足起重高度。

C) 吊机解体后单件的自重必须限制在人力能搬移的范围内，单件的体积必须在施工电梯所能容纳的范围内。

D) 必须考虑结构补缺构件的安装。

(C) 中、小型吊机的布置位置

高层钢结构建筑的屋顶空间一般都非常有限，特别是塔型建筑，有时为了拆塔，往往有部分构件暂时不安装，留出空间供拆塔吊使用，待塔吊（或中型吊机）拆除后再行补缺。中、小型吊机布置必须考虑以下原则：

A）尽可能选择结构稳定、牢靠，刚度相对较大的区域，这样加固工作量可以减少，甚至可以不加固；

B）在满足吊机拆除起重半径时，必须兼顾对产品（如幕墙等）的保护和地面的临时堆放及运输。

（D）起重臂的拆除

用于高层钢结构工程的塔式起重机，其起重臂一般都比较长，30～40m 是常见的，长达 70m 的也有不少。如此长的起重臂在高空非常有限的空间内拆除，其难度是不言而喻的，可以说利用中型吊机来拆是不可能的，唯一的办法是利用塔式起重机自身的结构再配以辅助装置来解决。下面介绍的是两种塔式起重机主臂的拆除方法。

（a）对于平衡式塔式起重机可采用空中逐段解体作业法

在塔式起重机主臂上安装专用小车吊，卸去最外面一节起重臂上连接销后，松主卷扬机钢丝绳，使该节起重臂缓缓下降至与起重臂成垂直状态，再将主卷扬机钢丝绳系在起重臂节点吊点位置上，拆去下连接销，松开主卷扬机钢丝绳，将该节从起重臂上解体并拆下（如图 5-2 所示）。移动专用小车吊，重复上述动作，则依次可将其余起重臂逐段解体并拆下。世界金融大厦与商品交易大厦的塔吊起重臂就是使用该法，经济效益明显，使用效果很好。

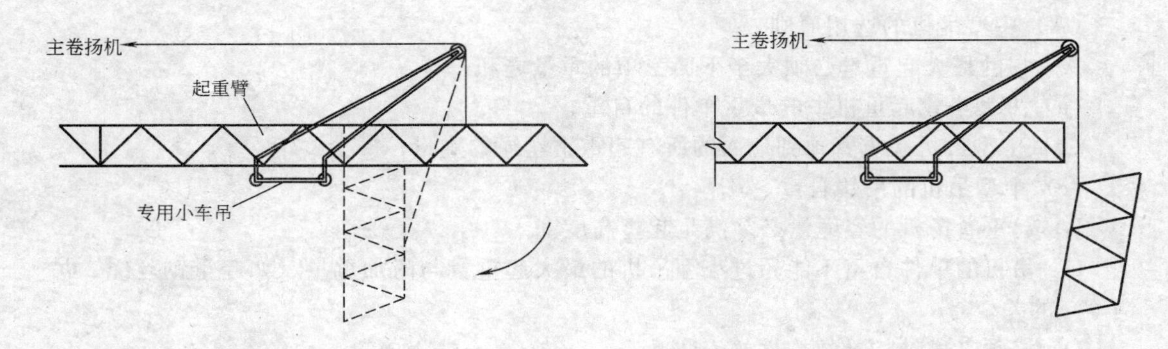

图 5-2　空中逐段解体作业法

（b）对于主臂起伏式的塔式起重机可采用起重臂自拆卸作业法

在起重臂根部安装一根辅助拔杆，利用辅助拔杆将起重臂的前部缓缓下降至与地面垂直状态，然后利用塔吊自身的起重钢丝绳将前段拔杆吊至地面，起重臂的后部主臂与辅助拔杆可由中型吊机拆除。中型吊机的起重臂也可以采用同样的方法拆除前部，后部可用小型吊机拆除（如图 5-3 所示）。金茂大厦 M440D 塔吊的起重臂就是采用这种方法拆除的，该方法安全可靠、实际应用效果很好、经济效益明显。

（E）产品保护

高层钢结构建筑一般为立体交叉施工，在大型塔式起重机拆除时，高层建筑外立面上的幕墙施工可能已有一半已完成，而为了拆除工作的可行，一般选择中型与小型吊机时其起重性能不会很富裕，这样起重半径肯定相当小，特别是在小型吊机施工时，有时吊物离开幕墙面的距离只有 1～2m，在如此小的半径下，吊物的转动，高空风荷载的影响，使吊物在下降过程中极难控制，极易碰撞外墙装饰等建筑物外表面。因此必须使用“导向滑

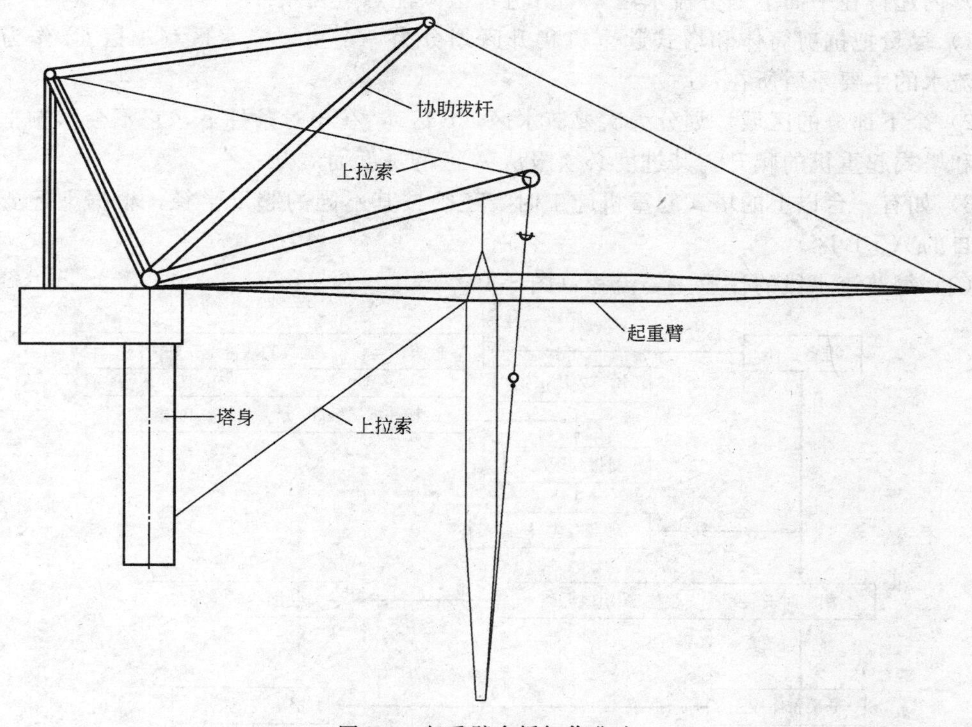

图 5-3　起重臂自拆卸作业法

索”将吊物安全引至地面。这样一来，吊物会顺着导向滑索到达地面，吊物不会转动，也不会损坏外墙装饰。

5.3　吊装顺序

5.3.1　概述

（1）高层钢结构，由于制作和吊装的需要，对整个建筑从高度方向须划分若干节，它既具有总体设计的各项结构上的要求，又有其固有的单体特征。在吊装时，除须保证单节框架本身的刚度外，还须保证自升式塔式起重机（特别是内爬式塔式起重机）在爬升过程中的框架稳定性。这些被分成若干节的框架，就是将现场施工划分流水段的主要依据。划分流水段必须注意下列条件：

1）塔式起重机的起重性能（起重量、起重半径、起吊高度）能满足流水段内的最重物件的吊装要求；

2）塔式起重机爬升高度能满足下一节流水段的构件起吊高度；

3）每一节流水段内柱的长度应能满足构件制造厂的制作条件和运输堆放条件。

（2）高层钢结构在高度上已进行了各节流水段的划分，为了缩短主要部位（抗剪筒体、塔式起重机爬升区）的吊装进度，尽可能快地交付施工作业面，使施工力量充分发挥作用，以期达到多工种、多工序的立体交叉施工和提前交付的目的，对每节流水段（每节框架）内还得在平面上划分流水区。划分流水区须注意下列条件：

1）尽量把抗剪筒体和塔式起重机爬升区划分为一个主要流水区（A区），作为每节框架流水的主要矛盾所在；

2）余下部分的区域，划分为次要流水区（B区），在相对条件下，它不会影响框架的稳定和塔式起重机的爬升，其进度必须服从A区的进度而展开；

3）如有一台以上的塔式起重机施工时，还须按其不同的起重半径，根据上述要求划分各自的A、B区。

（3）每节流水段的作业主要流程（图5-4）

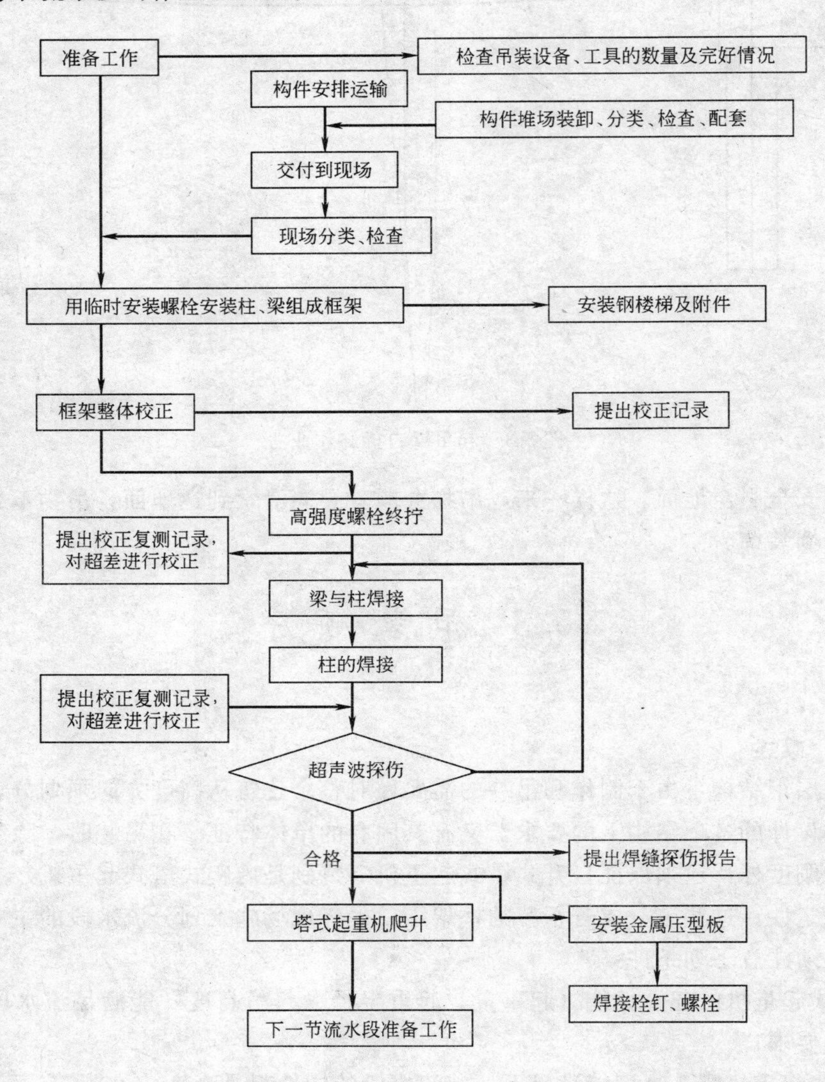

图5-4 流水段作业主要流程

此流水段作业流程的特点是为了克服框架在安装阶段时高空的风荷载、塔式起重机的动荷载、安装误差、日照温差、焊接对框架整体稳定性和垂直度的影响，为此一定要把柱、梁支撑等主要构件先组成框架，然后对框架进行整体校正。这种施工方法明显优于一般钢结构框架中对单体柱、梁、桁架进行校正的传统施工习惯，是减少日照温差和焊接变形对框架垂直度影响的有效措施。

5.3.2 标准节框架与特殊节框架的划分

高层钢结构框架，在总体上可划分为若干节框架（一般以 3～4 层为 1 节），在这些若干节框架中，存在着多数节框架具有结构类型大致相同的情况，把这类节框架归纳为标准节框架。对标准节框架进行分析和研究，并为之制定相应的施工技术方案和实施细则，即能达到事半功倍的效果。只有抓住标准节框架的施工，也就基本上取得高层钢结构框架施工的主动权。

特殊节框架，是指不同于标准节框架的框架。由于其建筑和结构上的要求特殊，其施工有着不同的要求，如底层大厅（大厅网架）、旋转餐厅层、旋转平台、曲梁、结构的水平加强层、屋顶花园层、观光电梯框架等，为此应制定特殊构件吊装的施工技术方案，方能全面完成高层钢结构框架的安装。

5.3.3 标准节框架的安装方法

（1）节间综合安装法

此法是在标准节框架中，先选择一个节间作为标准间。安装 4 根钢柱后立即安装框架梁、次梁和支撑等，由下而上逐间构成空间标准间，并进行校正和固定。然后以此标准间为基础，按规定方向进行安装，逐步扩大框架，每立 2 根钢柱，就安装 1 个节间，直至该施工层完成。国外一般采用节间综合安装法，随吊随运，现场不设堆场，每天提出供货清单，每天安装完毕。这种安装方法对现场管理要求严格，供货交通必须确保畅通，在构件运输保证的条件下能获得最佳的效果。

（2）按构件分类大流水安装法

此法是在标准节框架中先安装钢柱，再安装框架梁，然后安装其他构件，按层进行，从下到上，最终形成框架。国内目前多数采用此法，主要原因是：①影响钢构件供应的因素多，不能按照综合安装供应钢构件；②在构件不能按计划供应的情况下尚可继续进行安装，有机动的余地；③管理和生产工人容易适应。

两种不同的安装方法，各有利弊，但是，只要构件供应能够确保，构件质量又合格，其生产工效的差异不大，可根据实际情况进行选择。

（3）标准节框架安装注意事项

1）每节框架吊装时，必须先组成整体框架，即次要构件可后安装，尽量避免单柱长时间处于悬臂状态，使框架尽早形成并增加吊装阶段的稳定性。

2）每节框架在高强度螺栓和焊接施工时，一般按先顶层梁，其次底层梁，最后中间层梁的操作顺序，使框架的安装质量得到相对的控制。每节框架梁焊接时，应先分析框架柱子的垂直度偏差情况，有目的地选择偏差较大的柱子部位的梁先进行焊接，以使焊接后产生的收缩变形，有助于减少柱子的垂直度偏差。

3）每节框架内的钢楼板及金属压型板，应及时随框架吊装进展而进行安装，这样既可解决局部垂直登高和水平通道问题，又可起到安全隔离层的作用，给施工现场操作带来许多方便，这是不容忽视的。

5.4 安装工艺

5.4.1 钢柱吊装（图 5-5）

（1）钢柱安装前应对下一节柱的标高与轴线进行复验，发现误差超出规范，应立即修正。

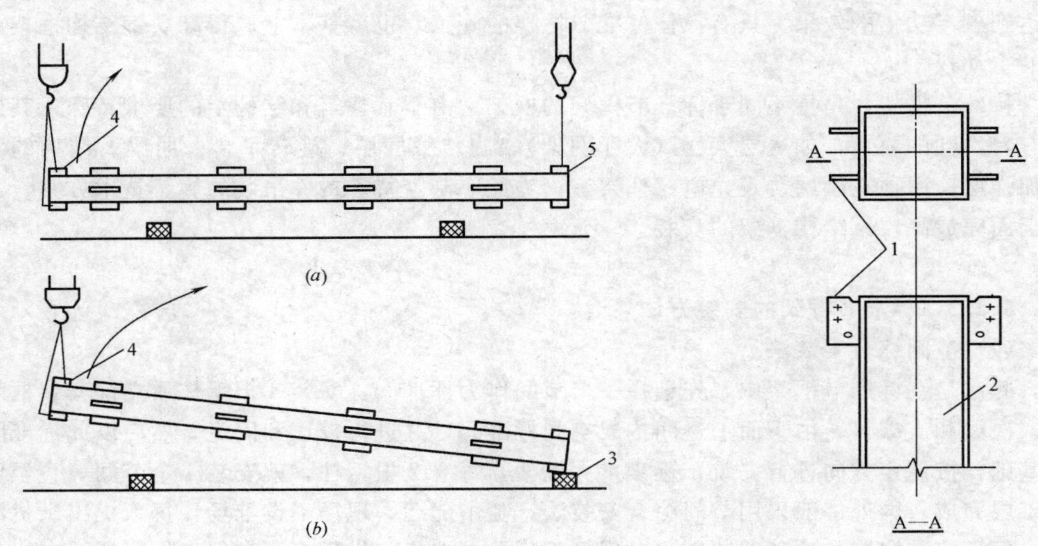

图 5-5 钢柱吊装工艺

（a）双机抬吊；（b）单机吊装

1—钢柱吊耳（接柱连接板）；2—钢柱；3—垫木；4—上吊点；5—下吊点

（2）安装前，应在地面把钢爬梯等装在钢柱上，供登高作业用。

（3）钢柱加工厂应按要求在柱两端设置临时固定用的连接耳板，上节钢柱对准下节钢柱柱顶中心线后，即用螺栓与连接板作临时固定。待钢柱对接（指电焊）完成，且验收合格后，再将耳板割除。

（4）钢柱一般采用二点就位，一点起吊。起吊的方法有两种：

1）双机抬吊法。特点是用两台起重机悬空起吊，柱子根部不着地摩擦，一般钢柱较重，或带有比较大的挑翼时，采用此种方法。

2）单机旋转回直法。特点是钢柱根部必须垫实，做到回转扶直，根部不拖拉。

（5）钢柱起吊时，必须垂直。吊点一般设在柱顶，可以利用临时固定连接耳板上的螺孔。

（6）钢柱安装到位后，马上进行初校（垂直度、位移）。底节柱用地脚螺栓固定，上层接柱用夹板与螺栓（一般用高强螺栓）拧紧，作临时固定，然后才能拆除索具。

5.4.2 钢梁及钢桁架吊装

（1）安装前必须对钢柱上的连接件或混凝土核芯筒壁上的埋件进行预检。预检内容：

对连接件检查平整度、摩擦面、螺栓孔，对埋件检查位置、平整度、清洁度。

(2) 起吊前，在梁面装好扶手杆和扶手绳或扶手管，特别对钢主梁与钢桁架一定要装，对次梁或小梁可以根据需要安装，扶手高 1m，沿梁长通长设置，供高空作业人员作通道用。

(3) 钢梁、钢桁架安装采用二点吊。吊点的位置可按表 5-1 取表中 L 为梁长，A 为吊点至梁中心的距离。

吊点位置　　表 5-1

L(m)	A(m)	L(m)	A(m)
>15	2.5	$5<L\leqslant10$	1.5
$10<L\leqslant15$	2.0	$\leqslant5$	1.0

(4) 吊装方法

1) 捆扎法。此法简便，仅适用于自重较轻的钢梁。因梁越重，捆扎千斤就越粗，一般超过 $\phi32$ 的千斤就不太容易捆了。另外在千斤与钢梁的棱角处，须用护角器作保护，以防止千斤割伤。

2) 工具式吊具。此法劳动强度低，装拆方便，能提高工效，对构件与索具的磨损较小。但是用此吊具时需有防止吊具松脱的保险装置。否则，在构件到位但还未有效固定前，吊具极易松脱，这样是非常危险的。

3) 在梁上设钢吊耳。此法适用于大而重的钢梁，施工相对安全可靠，但是比较费工费料，吊耳必须经过计算设计。

(5) 次梁与小梁的安装，可采用多头千斤或多副千斤，即根据梁的重量和起重机允许的起重量，控制一次起吊的根数，对加快安装速度有利。

(6) 钢梁与钢桁架安装到位后，先用与螺孔同直径的冲钉定位，然后用与永久螺栓同直径的普通螺栓作临时固定，普通螺栓的数量不少于节点螺栓总数的 1/3，且不少于 2 只。临时固定按上述要求完成后，方可拆除吊梁索具。

5.5 压型板安装

5.5.1 应用

压型钢板是一种薄板型钢，高层钢结构工程中用作现浇钢筋混凝土楼板的底模，用后仍留在原处，免除了模板的装拆操作过程。压型钢板质轻、安装方便，在施工时可少用支撑。压型钢板的诸多优点，使得它在高层钢结构工程中被广泛应用，有的每个楼层都用，有的隔几个楼层设置一层。

5.5.2 铺设图

施工前应绘制压型钢板平面布置图。在图中，不仅要明确标出柱、梁以及压型钢板的相互关系，而且要注明压型钢板的尺寸、块数、搁置长度及板与柱相交处切口尺寸，板与梁的连接方法，以减少在现场切割的工作量。

5.5.3 材料

(1) 压型钢板原材料及其配件应有生产厂的质量证明书。

(2) 压型钢板在出厂前应对几何尺寸进行抽检。对用平板压制的板，在每卷平板中抽检不少于3块；对用卷板压制的板，每卷抽检不少于5块。

(3) 压型钢板基材不得有裂纹，镀锌板面不能有锈点，涂层压型钢板的漆膜不应有裂纹、剥落及露出金属基材等损伤。

(4) 压型钢板应按订货合同文件的要求包装出厂，包装必须可靠，避免损伤压型钢板，每个包装箱应有标签，标明压型钢板材质、板型、板号（板长）、数量和净重，且必须有出厂产品合格证书。

5.5.4 运输及堆放

(1) 装卸无外包装的金属压型钢板时，应采用专用吊具起吊，严禁直接用钢丝绳起吊。

(2) 长途运输宜采用集装箱，若无外包装时，应在车辆内设置有橡胶衬垫的枕木，其间距不应使构件产生塑性变形。

(3) 压型钢板应按材质，板型规格分别叠置堆放，工地堆放时，板型规格的堆放顺序应与安装顺序相配合。

(4) 压型钢板在工地可采用衬有橡胶垫的架空枕木（架空枕木保持约5%的倾斜度）堆放，压型钢板堆放时应不妨碍交通，且不能过高，以防止产生变形。

(5) 不得在压型钢板上堆放重物。

(6) 压型钢板长期存放时，应设置雨棚，且应保持良好的通风环境以防潮、防锈。

5.5.5 施工前准备

(1) 压型钢板在施工安装前，必须有施工排版图，并对施工人员进行技术培训和安全生产交底。

(2) 施工前应根据设计要求详细核对各类材料的规格和数量，对有弯曲和扭曲的压型钢板进行矫正。

(3) 各类施工机具应齐全，并能正常运转。

(4) 压型钢板铺设之前，必须认真清扫钢梁顶面的杂物，压型钢板与钢梁顶面的间隙应控制在1mm以下。

(5) 施工安装前应在安装压型钢板的主、次梁上按排版图尺寸，弹出搁置线，以便正确安装。

5.5.6 起吊

(1) 吊料前需先核对捆号及吊料的位置及包装是否稳固。

(2) 每捆压型钢板应有两条缆索，分别捆于两端1/4处。

(3) 若需倾斜吊料，缆索捆绑方式除与一般方式相同外，尚需于长向另加一条缆索以防滑落。

(4) 起吊前应先试吊，以检查重心是否稳定，缆索是否滑动，待安全可靠时方可正式吊料。

(5) 吊运以由下往上楼层顺序吊料为原则，避免因先行吊放上层材料后阻碍下层材料。

(6) 依现场吊放孔位置，以吊车为中心由近到远顺序吊置为原则，并应避免材料堆叠过高。

5.5.7 铺设

(1) 除非为配合钢结构安装进度或业主要求等因素，金属压型钢板的铺设应由下层楼面往上层楼面顺序施工。

(2) 需确认钢结构已完成校正、焊接、检测后方可施工。

(3) 开孔处，各式补强构件已完工后方可施工。

(4) 铺设时以压型钢板母扣件为基准起始边，依次铺设。

(5) 柱边或梁柱接头所需压型钢板切口需在收尾施工前，用电动切割具（或业主同意的切割工具）完成切割作业，且切口平直。

(6) 收边、边模等收尾工程应依浇捣混凝土进度要求及时完成。

5.5.8 焊接固定

(1) 铺设的压型钢板，既可作为浇注混凝土的模板又可作为工作台，在板上直接绑扎钢筋、浇注混凝土，为了保证工作台的安全，必须保证板与板、板与钢梁焊牢固定。

(2) 压型钢板、边模、收边板、封口板焊接依施工详图要求标准施工。

5.5.9 开孔作业

(1) 为避免破坏压型钢板表面镀锌，保持切割面平整，压型钢板的开孔应使用电离气切割器或空心钻。

(2) 压型钢板的开孔应尽量施作于波谷平板处，以不破坏波肋为原则。

(3) 单一开孔未切到压型钢板波峰者，无需补强。

(4) 严格按施工详图要求进行补强作业。

5.5.10 支撑设置

如设计图纸上注明施工阶段需设置临时支撑，则压型钢板安装以后即应设置临时支撑，当浇注的混凝土达到足够强度时，方可拆除。

临时支撑做法应适合工地条件，一般可在压型钢板底部设临时支撑或临时梁，或由上方悬吊支撑。上海信息枢纽大楼工程，压型钢板临时支撑就采用了临时工具式钢梁形式。可以一次浇注多层混凝土，待混凝土达到一定强度后，这种临时钢梁可以翻拆重复使用。

5.5.11 竣工验收

(1) 压型钢板围护结构的竣工验收应按设计规定的要求进行。

（2）压型钢板围护结构的外观检查应符合下列要求：

1）目测压型钢板长向搭接缝成一直线；

2）压型钢板上应无折裂和未经处理的孔洞等缺陷；

3）验收前的压型钢板上应无施工残留物或污物。

（3）压型钢板竣工验收时应提交下列资料：

1）压型钢板及其配件的产品合格证书；

2）与施工安装有关的函件、会议记要；

3）与施工安装相应的技术文件（包括原设计对压型钢板的确认）；

4）施工安装阶段有关的质量事故处理文件；

5）压型钢板的竣工（隐蔽工程）验收记录。

5.6 特殊钢结构的安装

在高层钢结构中，柱与梁是最普遍、最基本的构件，但是由于结构上或使用功能上的需要，经常会出现一些特殊的结构与组合件。例如上海证券大厦的钢天桥、营业厅桁架与天线杆，金茂大厦的转换柱、外伸桁架与塔尖，万象国际广场的大斜撑等等。

特殊钢结构只是一个统称，它有各种各样的表现形式，但是它们有下列的共性：

（1）它们往往以组合体的形式出现，体积大、重量重；

（2）组合体的连接形式复杂多样，连接要求高；

（3）在整个建筑外形或结构中，它往往起到关键的、特定的作用。

特殊钢结构不是在每个高层建筑中都有，有的可能没有，有的可能有好几种。但是随着建筑高度的不断升高，建筑造型的不断创新，这类结构也越来越多。尽管这类结构在不同的建筑中有相似的名称（例如巨型桁架、塔尖等），但是在不同的建筑中它们一般不会相同或相似。因此特殊钢结构的安装不可能有一个统一的或相对固定的、类似的安装模式与工艺。这就体现了它在高层钢结构安装施工中的难度。在很大程度上，它左右了吊装主机的选择与布局，以及施工的总体流程。它的安装工艺必须根据结构的特点、吊装设备的能力等，因地制宜地加以分析、研究。下面举几个施工实例，对巨型桁架与塔尖的施工方法进行介绍，供同类结构施工参考。

5.6.1 巨型桁架的安装

（1）上海证券大厦钢天桥的吊装

上海证券大厦是一幢巨型的门式结构建筑，在南、北塔楼之间的19～27层处，有一个跨度63m、高度31m、重量约1500t的钢天桥，安装面标高达105m。超高空加大跨度的桁架安装，在国内尚属首创，在国外也罕见。

施工工艺是：利用南、北两塔楼作为天桥整体提升的支架，将组装在裙房地下室顶板上的自重达1240t的巨型钢天桥整体提升到位，与二侧的塔楼进行高空对接（见图5-6）。

提升设备选用了钢索式液压提升装置，对长距离、大吨位的建筑物的提升，采用这种设备与工艺是非常理想的，与传统的卷扬机滑轮组施工工艺相比，在安全性、可操作性以及精度控制上明显占优势。

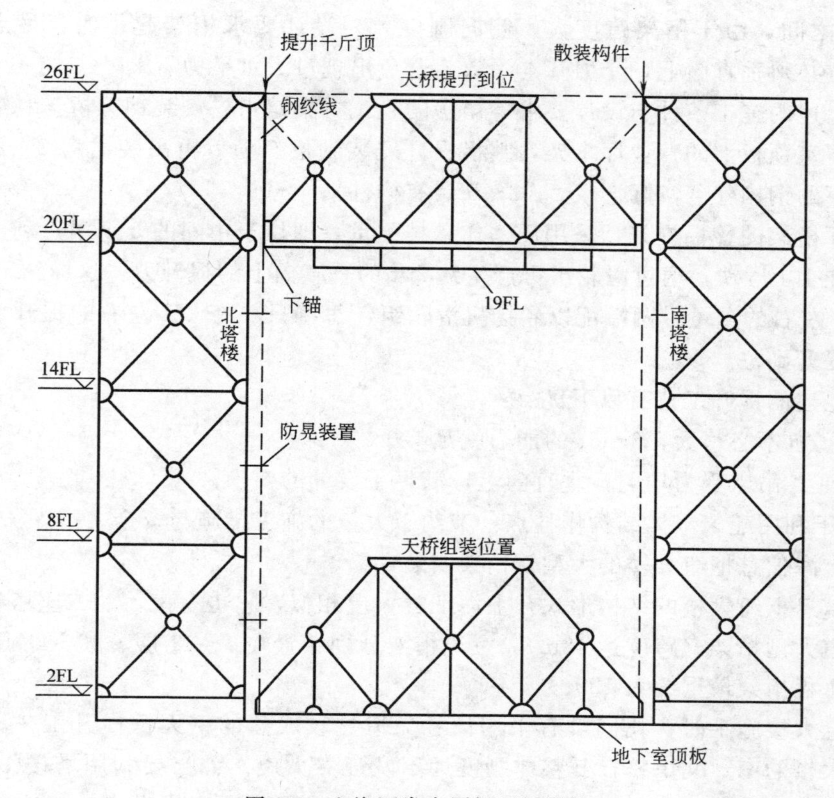

图 5-6　上海证券大厦钢天桥吊装

天桥提升历时 6d，其中累计提升的实际时间仅 20h。

(2) 上海证券大厦营业厅桁架的安装

营业厅桁架位于南、北塔楼之间，上有钢天桥，下有地下室，它是裙房的屋盖（见图 5-7)。桁架长 63m，高有 4.6m 与 8.6m 两种，安装标高达 30.05m。每榀桁架的自重在

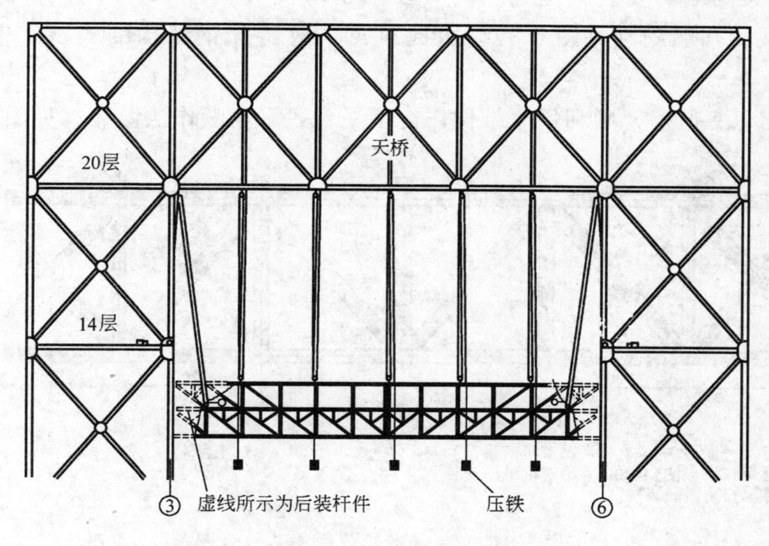

图 5-7　营业厅桁架

150～180t 之间，由于桁架跨度大，侧向刚度差。设计要求桁架起吊时，吊点不少于 5 点，且每点必须垂直向上，受力基本一致，避免出现过大水平力。

面对上述的施工条件与设计要求，裙房的施工方案是：先安装钢天桥，利用钢天桥将组装在地下室顶板上的营业厅桁架，整榀提升安装到位。随后再吊装裙房 2～8 层，即营业厅桁架下的钢构件（实际上仅 2、3、5 层有构件）。

营业厅桁架的整榀提升，采用压铁作悬挂配重，即位于中间的 5 个吊点利用钢天桥作挂点，各挂 10t 压铁，通过滑轮组可产生约 20t 的垂直向上的提升力，这样约 150t 重的桁架仅剩 50t 左右的重量，两端配以卷扬机滑轮组，每端只要有 25t 左右的提升力，桁架就可稳稳地提升到位。

采用上述的提升工艺有以下优点：

① 卷扬机不必很大，3～5t 的能力就足够了。

② 保证各吊点受力均匀，垂直向上，满足了设计的要求。

③ 由于利用建筑本体结构作挂点，节约了大量的施工措施与资金。

（3）上海信息枢纽大楼的大型钢桁架安装

上海信息枢纽大楼的结构形式与上海证券大厦相似，它也有南、北二座塔楼。塔楼之间设了三道大型桁架（跨度达 43m），三道桁架分别布置在 7～11 层、26～28 层与 40～屋顶一层，每榀桁架最重约为 120t。

在信息大楼施工时，我们没有采用证券大厦比较成熟的钢天桥提升工艺。主要原因是：信息大楼的南、北塔楼，其整体刚度远不及证券大厦。如果要利用塔楼作提升支架，那么加固工作量比较大，从经济上看不太合适。如果硬要采用提升工艺，充其量只能提 7～11 层的第一道桁架，而后两道只能采用其他工艺，与其后两道要采用其他工艺，还不如三道桁架一起考虑。

为此，第一道桁架采用如下安装工艺：选用两台 M440D 主臂起伏式塔式起重机（起重能力达 600t·m），将 43m 的大桁架分为三段，采用分段安装的工艺，先将重约 30t 左右的桁架两端头安装就位，中间一段采用双机（两台 M440D）抬吊的形式安装，安装工作进展相当顺利（见图 5-8）。由此可见，对特殊钢结构的安装工艺，千万不能生搬硬套。

对于第二、三道桁架则利用原结构作支承平台，采用顺作法散装（见图 5-9）。

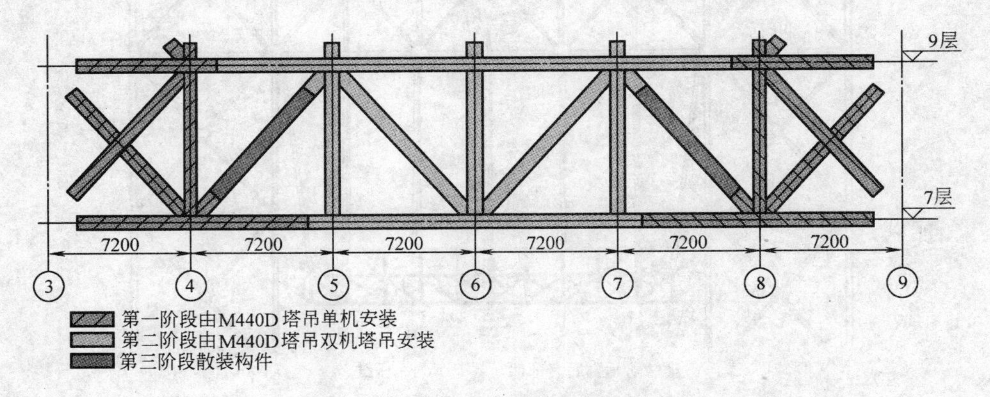

图 5-8　第一道桁架分块安装示意图

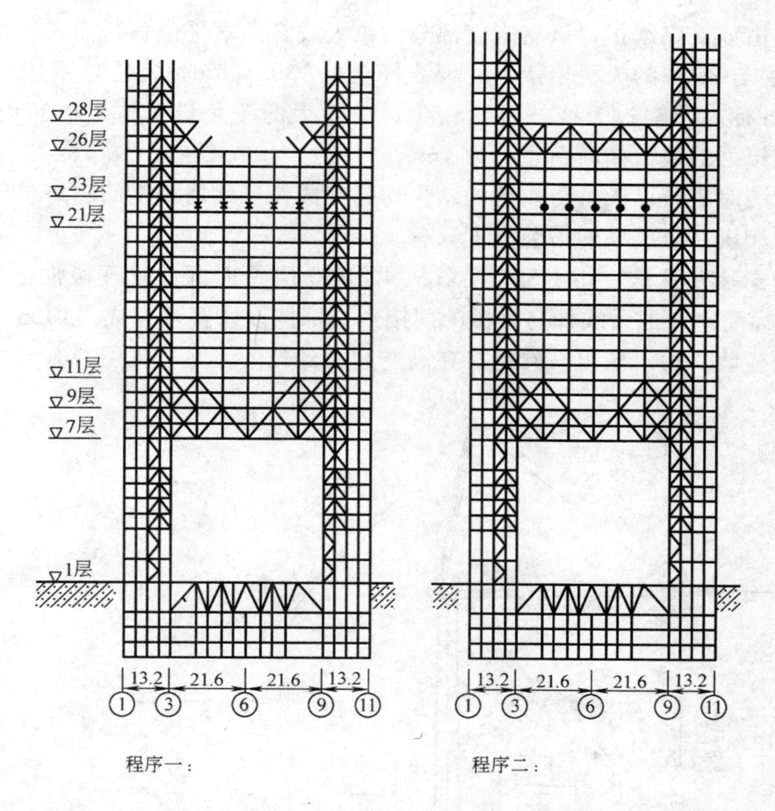

图 5-9 第二道桁架安装示意图

5.6.2 塔尖（或称标志杆）的安装

塔尖施工是高层钢结构施工中的一个难点。它的难度主要由下列因素造成：

① 塔尖位于建筑物的制高点，吊装主机往往达不到这个高度。

② 塔尖安装区域（指高空）一般都很狭窄，有的甚至没有一点多余的空地。

③ 塔尖施工时受气候影响（风、雷电等）是最厉害的。

为此，在选择施工工艺时，必须了解结构情况、现场（指高空）环境条件，并充分利用各种有利因素。

总结以往的施工经验，塔尖安装有提升法、扳装法、散装法、多机抬吊法等若干种可供参考的施工方法。提升法（特别是液压提升法）比较适于长距离、吨位较大的塔尖施工；扳装法施工，屋顶需有较大的施工用地，它对中型吨位（20～30t）的空间桁架式塔尖较为适用；散装法适用于重量在2～3t，长度在5m之内，或可以分割成相近重量与长度的塔尖；多机抬吊法是充分发挥大型施工机械的优势，该机械以主臂可起伏式的塔吊最为有利。

（1）上海证券大厦天线杆安装

天线杆竖立于天桥的B、C轴中间的7轴线上，其根部坐在裙房屋面上，但天线杆的垂直荷载并非由该支座承担，该支座仅部分约束天线杆的水平位移，而天线杆的固定点分别在天桥20层与26层的天桥桁架上。天线杆全长139.403m，安装总重达140t，顶端耸于+177.628m标高。整根天线杆呈两头尖、中间大的三角锥形体，横断面呈等边三角形，与天桥连接处的最大横断面边长为4m。

天线杆安装时塔楼、天桥与裙房的结构均已完成，且北塔楼上的爬塔也已拆除，仅留南塔楼上一台爬塔，该爬塔的吊装高度只有137m。

天线杆的安装方案是：用K550爬塔从裙房10层屋面开始，逐段向上安装天线杆，一直到132m标高，并把天线杆与天桥的固接点全部按设计要求完成。132m到177.628m的天线杆采用横装，用滑轮组、卷扬机在高空起扳到位的方案（见图5-10）。

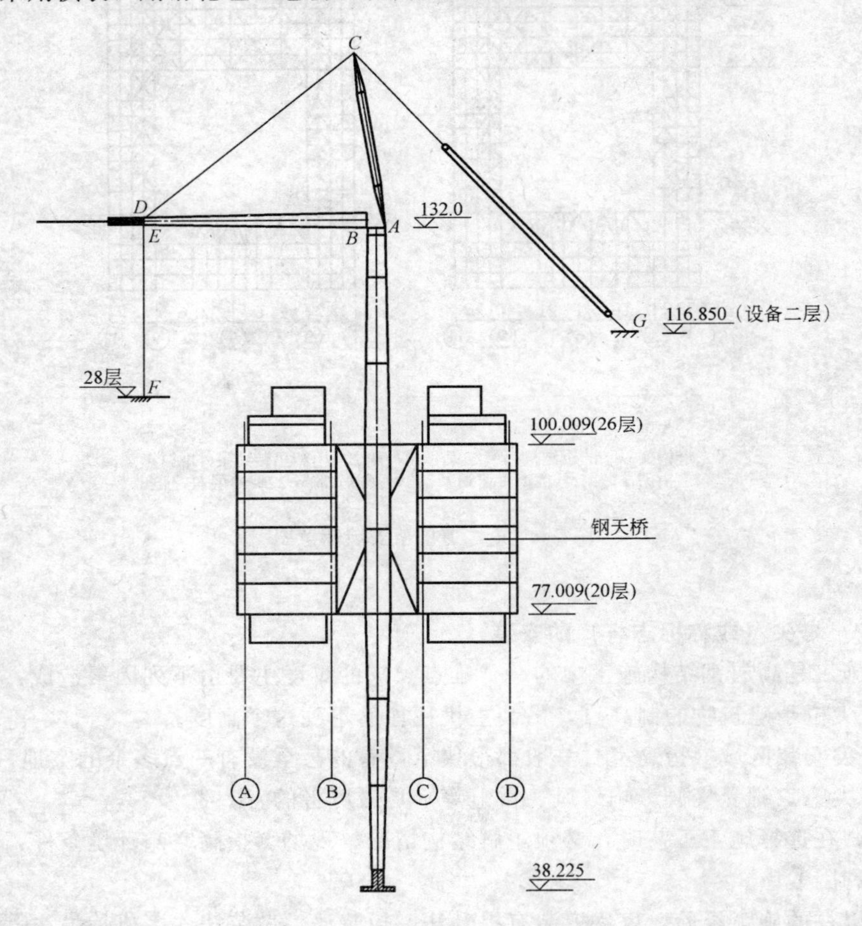

图5-10　高空扳吊

经计算，高空扳吊的施工方案完全成立，且不需要花费大的投资，其中辅助撑杆AC（受力达40多吨），我们用现有的W1001吊机的拔杆。准备工作做好后，高空扳吊仅用了40min。整个施工过程安全可靠，质量也达到设计要求。

(2) 中保大厦桅杆施工

中保大厦由两幢塔楼（相距28m）组成，各有一座桅杆，为塔楼的最高构筑物。基座标高为163.37m，顶端标高为196.6m，桅杆总长33.23m，重93.7t。整座桅杆断面均为圆形，分别由 8 根约 13m 的立柱和悬挑长度为 11.37m 的侧翼组成的基座，插入基座中直径为 1.5m、高为 11.8m 的中筒结构（带四层外挑平台、属装饰结构）以及插入上述圆筒 3m、直径为 0.3m、高 15m 的天线组成。上述三部分各重 82t、10.4t、1.3t。建设过程中只有 88HC 塔吊一台，拔杆长 45m，附着于南塔，最大安装高度为 180m，距南塔中心 18.5m。由此可知，88HC 塔吊是无法达到北塔桅杆施工半径的（见图 5-11）。

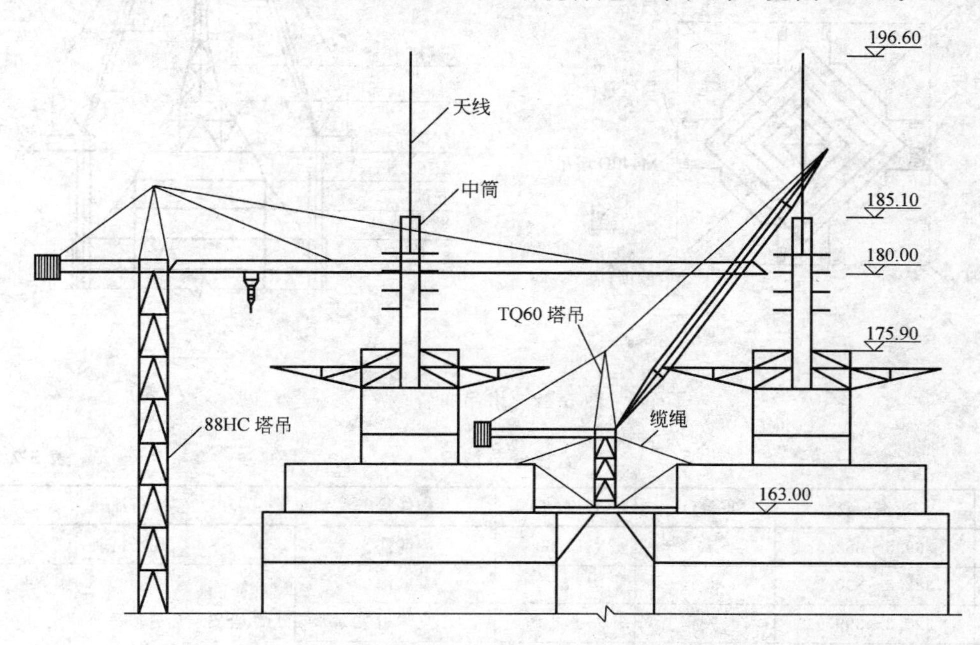

图 5-11　88HC 塔吊无法达到北塔桅杆施工半径

为此在两座塔楼之间另设一台 TQ60（起重能力为 80t·m）塔吊，该塔吊架于 163m 的高度，选用 25m 臂，有效起重高度达 185m，使用该塔吊将 185m 以下的桅杆结构全部安装完毕，并把直径 300mm，长 15m，自重达 1.3t 的最高处的一段桅杆就位于 1500mm 直径的中筒内。然后以 176m 的侧翼平台为基座，搭设高约 20m 的扣件式钢管井架，以此井架为依托，将重 1.3t 天线杆由倒链提升至相应标高。经验算井架本体是能承受此荷载的，且又设了四根缆风绳，因此是偏于安全的。

从实施的过程看，整个操作简便易行，采用搭设井架的方法增加起重高度也是一种较为理想方法。它对于起重高度在 20m 范围内，起重量约 2t 的吊重特别合适。

（3）金茂大厦塔尖施工

金茂大厦桅杆总长 50.4m，总重量为 40.7t，基座位于 369.5m，顶端达 419.9m。现场有两台 M440D 塔吊（起重性能 600t·m），最大安装高度只能达到 406.5m，安装到位时的半径达 27m，每台塔吊的起重量可以达到 16t（见图 5-12）。

经计算，桅杆分为 4 节，其情况见表 5-2。

其中，第 2、3、4 节桅杆组装后重 26.7t，重心位于 398.5m。这样重量、重心均符合双机抬吊的要求。为此，考虑用分段安装、双机抬吊到位的方法予以解决。具体工艺是：第 1 节的散件在地面拼装成整体，用单机直接安装到位，其余的 3 节组装于塔楼屋顶 2 层的楼面平台上（标高 352m），然后用两台 M440D 塔吊将其抬吊到位。但由此也引出了同

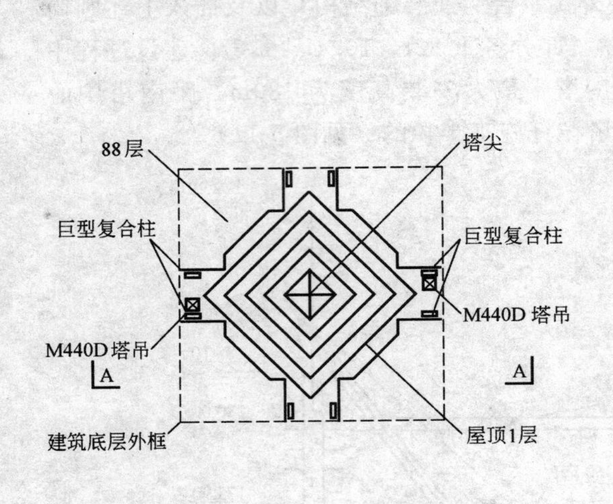

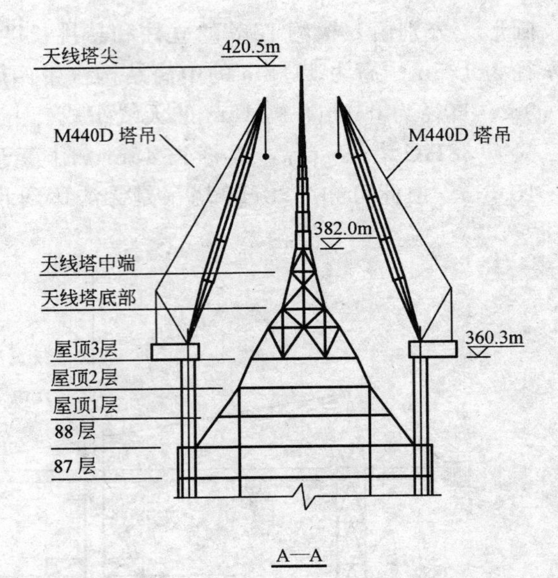

图 5-12　塔吊布置

桅杆分节情况　　　　表 5-2

节数	标高(m)	重量(t)	长度(m)	构件状态	备注
1	369.5～382.3	14	12.8	散件	现场拼装
2	382.3～390.3	8.4	8	散件	组合安装后分段吊至高空
3	390.3～399.9	9.4	9.6	立体桁架	
4	399.9～419.9	8.9	20	立体桁架	

步的问题，即双机抬吊狭长构件一定要同步，否则将引起整个桅杆倾斜，会与其中的一台塔吊顶部碰撞，这是极其危险的。为此我们设计了一套“扯铃”式的吊具（见图 5-13），

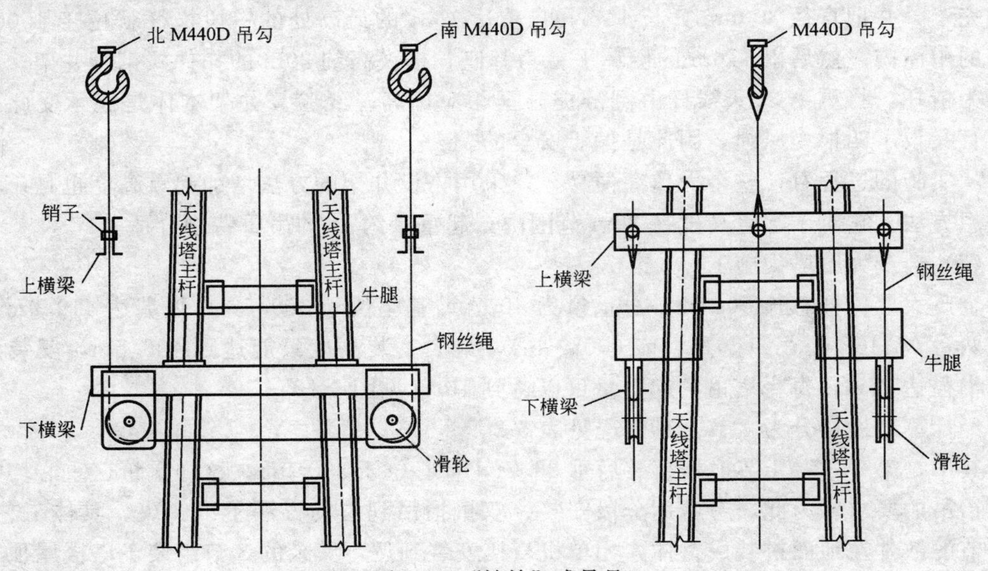

图 5-13　“扯铃”式吊具

即使两台塔吊在操作时不同步，引起上横吊杆一高一低时，塔尖本体也能保持垂直。

经上述方案的优化，确立分段组装、双机抬吊的施工路线，该方案最大限度地采用了机械作业，降低了施工强度，施工安全性大大提高。

5.7 测量与校正

5.7.1 校正的基本路线

（1）高层钢结构建筑的校正是按流水段进行的，而流水段又是按柱子的分段划分的。一般一个流水段（或称一节柱）为三层，高 12m 左右。校正是在一个流水段安装完成后进行的。而下一个流水段的开吊，又必须以前一个流水段校正结束为前提。这里指的校正结束，必须包括资料完整，现场监理复测认可。待几个流水段施工完成（具体几个应在开工前由设计、监理、施工单位讨论决定），可安排阶段性验收，最后进行施工总验收。

（2）标准流水段的校正流程（图 5-14）

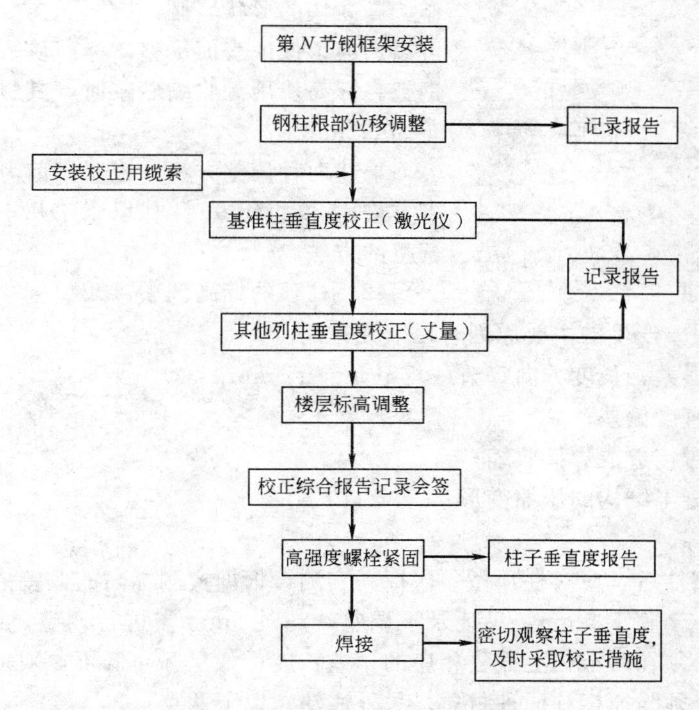

图 5-14 标准流水段的校正流程

（3）基准柱

高层钢结构建筑一般都有许多柱子，其中总可以挑选出几根主要的、关键的柱子，用它可以来控制框架结构的安装质量，这少数的几根柱子，我们称它为“基准柱”，以点控制面、以主要控制次要，这对加快施工进度，提高施工质量是极为有利的。

基准柱的选择必须满足以下条件：

① 能控制建筑的平面轮廓，一般选择角柱为基准柱。

② 便于标准间的施工，一般采用节间综合安装法施工时，标准间的角柱即为基准柱。

③ 便于其他柱的校正，其他柱是通过基准柱来控制的，如果离得过远或视线受到障碍，那么基准柱的作用就不够明显了。

5.7.2 校正方法

(1) 底层钢柱的标高调整

第一节钢柱是安装在混凝土基础上的，钢柱安装前先在每根地脚螺栓上拧上螺母，螺母的面标高应为钢柱底板的底标高，然后将钢柱或钢柱底板安装就位，再复测底板或钢柱的平整度与垂直度，如有误差，可用扳手微调底板下的螺母，直到符合要求为止。然后拧上底板面上的螺母，钢柱临时固定完成（见图 5-15）。

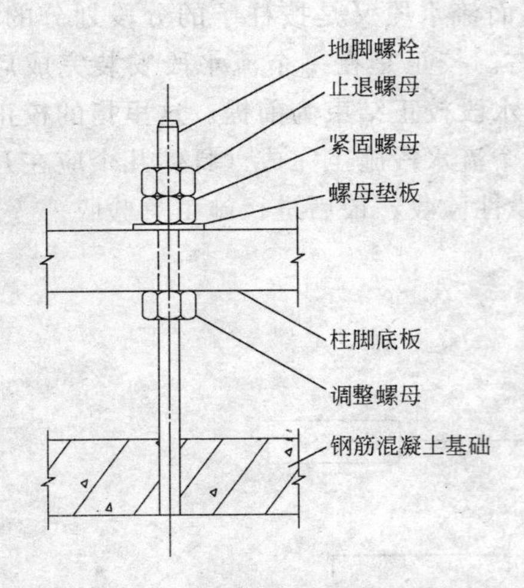

图 5-15　底层钢柱的标高调整（螺母调整）

另一种方法是设置标高块调整的方法。先根据荷载大小和标高块材料强度来计算标高块的支承面积。标高块一般用砂浆、钢垫板和无收缩砂浆制作。标高块的形状，圆、方、长方、“十”字形都可以。为了保证表面平整，标高块表面可增设预埋钢板。标高块用无收缩砂浆时，其材料强度应不小于 30N/mm^2。

上述两种调整方法，很明显前者比后者方便得多，进入 20 世纪 90 年代以来，几乎全部采用螺母调整的方法。

(2) 柱顶的标高调整

柱顶的标高误差产生的主要原因有以下几方面：

① 钢柱制作误差，长度方向每节柱规范允许±3mm；

② 吊装后垂直度偏差；

③ 钢柱电焊对接造成焊接收缩；

④ 钢柱与混凝土结构的压缩变形；

⑤ 基础的沉降。

每安装一节钢柱后，应对柱顶做一次标高实测，根据实测标高的偏差值来确定是否调整。标高偏差值小于等于 5mm，只记录不调整，超过 5mm 需进行调整。调整的方法是：如果标高高了，必须在后节柱上截去相应的误差长度；如果标高低了，须采用填塞相应厚度的钢板，钢板必须与原钢柱同种材质，另外需注意以下两点：

① 一次调整不宜过大，一般以 5mm 为限，因为过大的调整会带来其他构件节点连接的复杂化和安装难度。

② 无论是钢柱的截短还是填板的制作，都要求在加工厂加工，现场处理会造成钢柱电焊对接时质量难以控制，由于钢柱截短相对比较麻烦，因此施工时柱顶标高应尽可能控制在负公差内。

(3) 垂直度校正

1) 基准柱的校正

基准柱的校正一般有两种方法。

① 用激光经纬仪校正

(A) 在基准柱的基础轴线上，以 X 轴和 Y 轴分别引出距离为 e 的补偿线，其交点作为基准柱的测量基准点，见图 5-16。

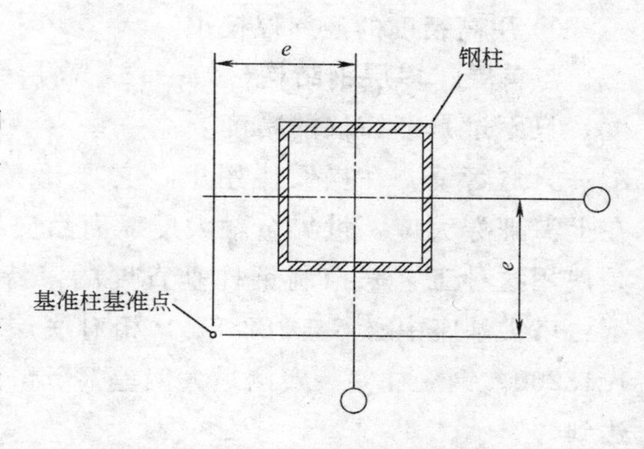

图 5-16 基准柱的基准点

(B) 在待校正的基准柱顶部，设置半透明的校正靶标（上有靶心和靶环），靶标供垂直激光仪光点投射用，靶心的位置与基础的基准点位置重合（见图 5-17）。

(C) 将精度为 1/200000 的垂直激光仪安置在底层第一节基准柱的操作平台上，使垂直激光仪与基础基准点保持在同一铅垂线上，然后把激光垂直向上投射到柱顶靶标上。

为了消除仪器和操作等因素造成的误差，应依次把垂直激光仪旋转 90°，并在靶标上分别测出四个光点，连接四点得出它的交点，该交点即为消除误差后的测点，见图 5-18。把垂直激光仪光束调整到消除误差的测点位置，接着即可校正基准柱，使柱顶的靶心与测点吻合，则此根基准柱校正即告完成。

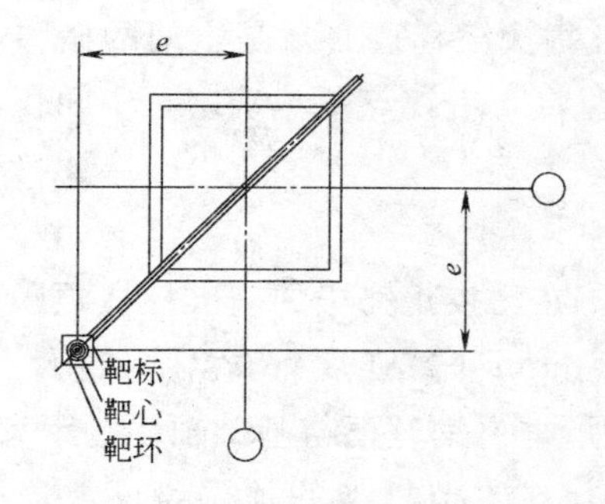

图 5-17 校正基准柱时靶标的设置

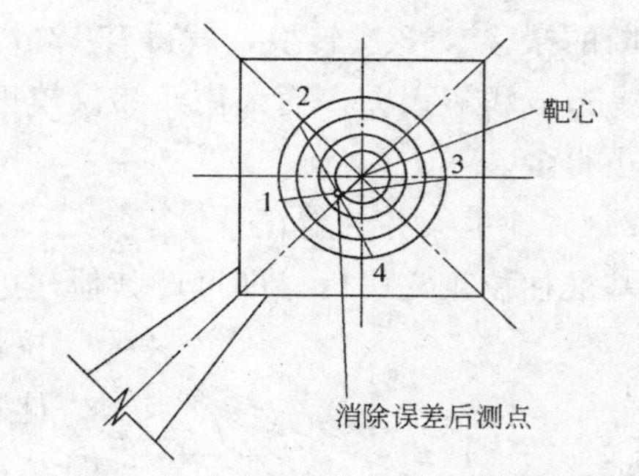

图 5-18 靶标上消除误差后的测点

(D) 基准柱的垂直度校正一般可采用钢丝绳缆索（只适宜向跨内柱）、千斤顶、钢楔和手拉葫芦进行，具体见图 5-19 所示。

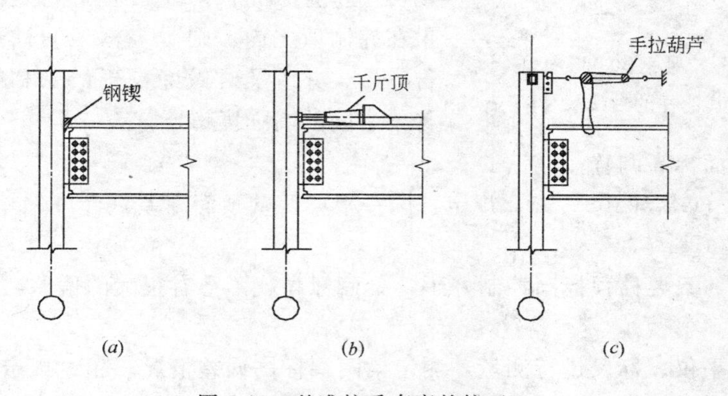

图 5-19 基准柱垂直度的校正

② 用高精度的经纬仪校正

与单层、多层钢结构建筑一样，高层钢结构施工也可以用经纬仪来控制建筑的垂直度，只不过是经纬仪的精度要高一些（一般使用瑞士进口的 T2 型经纬仪），另外还需配一只弯管镜。在操作使用上，它要比激光仪方便，在使用效果上也不比激光仪差，在上海证券大厦、世界金融大厦、商品交易大厦以及 88 层高的金茂大厦等工程中，都是使用这种工艺来控制钢柱垂直度的，特别在金茂大厦施工中，主体结构测量成果如下：塔尖基座中心（＋382.5m）相对底层中心（±0.00m）垂直偏差 21mm，相对精度 1/18200。钢立柱安装实测最大偏差 28mm。这样的高精度，就是用激光仪来测也未必能达到。

当然采用经纬仪测量高层钢结构的垂直度会受到某些限制。首先建筑物的四周（或者是有基准柱的外侧）必须有一定的开阔地，具体需多少距离，要视建筑的高度与外形而定。其次处于周边的基准柱可以用经纬仪测量，位于建筑中心或内部的基准柱由于视线受阻，还是要用激光仪。

其实激光仪的使用也同样受到限制，一般来讲它不太适用于塔形建筑，以金茂大厦为例：88 个楼层中总共发生 13 次转换，所谓转换就是周边柱子一次向内收紧 1.06m，也就是说每根钢柱从下到上呈阶梯形上升。对于这种柱子，如果用激光仪校正，那么基准点就得不断的搬移，13 次转换，就得有 12 次搬移，而且每次搬移还必须是空间的搬移，这样就容易造成积累误差。而采用经纬仪校正，由于定位点与后视点基本确定，中间积累误差就会小得多。

2）其他框架柱的校正

基准柱校正完毕后，即可对其他柱进行校正。①在已校正完毕的基准柱柱顶距 e 值处拉紧直径为 1.6mm（高强度钢丝，小于 ϕ1.6 则更佳）的钢丝矩形框。钢丝框与基础轴线的距离亦为 e 值。②用标准尺在本节框架的顶层梁面上逐个丈量其他柱子与钢丝框 x 和 y 两个方向的距离，使之校正到与设计轴线尺寸的误差控制在允许范围之内，见图 5-20。③待所有其他柱丈量和校正完毕后，还须再用垂直激光仪对基准柱进行复测，如复测的结果在控制值之内，则本节框架的柱子垂直度校正已告完毕，并应及时做好校正记录和终拧柱与柱和柱与梁之间的高强度螺栓。

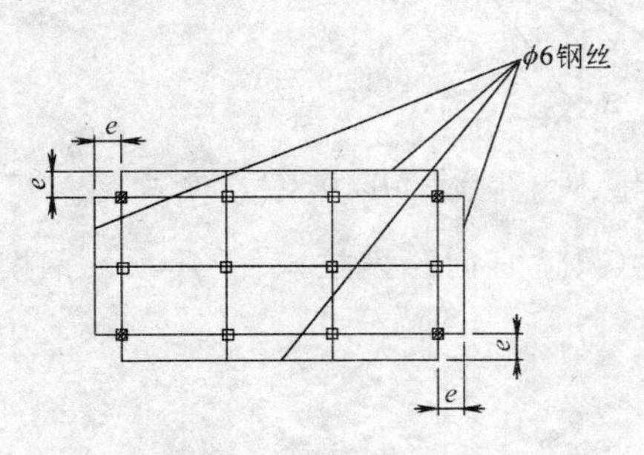

图 5-20 拉紧钢丝矩形框，以校正其他柱的轴线尺寸

（4）钢梁面标高调整

国家标准（GB 50205—95）规定：同一根梁两端顶面高差（允许偏差）为 L/1000 且不大于 10.0mm。

一般来讲，只要柱顶标高控制好了，梁面标高就不会有很大的偏差，除非构件制作上出现问题。

可以用水平仪、标尺进行测量，测定梁两端标高误差情况。超过规定时应作校正，方法是先从螺栓孔中借，如果还不够的话，那只有采用扩孔的办法了。

5.8 施工协调

5.8.1 问题的由来

高层建筑是在向空间要面积，它的占地面积一般不会很大，而要获得较多的建筑面积，那就只能增加楼层。然而随着楼层的增加，施工过程中各专业、各工种之间相互影响、相互制约的现象也就随之增加。层数越多，矛盾就越突出。由于施工过程中，任何一个专业、一个工种的工作都是不可缺少的，我们不可能采取以牺牲某些专业或工种为代价来确保施工安全、质量与进度。因此，就产生了施工协调这种在高层建筑施工中必不可少的管理方法。所谓“施工协调”，实质上是对各专业、各工种的轻重缓急进行分析、划分，然后确定它们在施工各阶段或各时段的主次和先后顺序，最终达到施工总进度的目标。在高层钢结构建筑施工中这项工作尤为重要。

5.8.2 施工中需要协调的主要内容

(1) 垂直运输机械的使用

高层建筑施工时主要的垂直运输机械有：塔式起重机与人货两用电梯。高层建筑占地面积小，施工单位不可能各自配备自己专用的设备，在现场各施工单位只能共同使用统一布置的塔式起重机与人货两用电梯。高峰期间，现场施工企业多达几十家，作业人员多达几千人，几十层高的建筑，每层都有不同专业的人员在工作，现场仅有的几台垂直运输设备可以说成了工程的咽喉，这个环节协调不好，工程将陷入瘫痪。

(2) 施工平面协调

高层建筑的施工现场几乎全是非常狭窄的，工地中堆场几乎没有，而大量材料的进出，给施工平面布局带来一定的困难，要求施工平面图根据施工的不同阶段进行变化，而且每天要对仅有的堆场进行协调，要组织一定的力量进行协调与监督管理，以确保施工工地场容文明，施工有序。

地面上是如此，每个楼层上也同样要协调，施工材料、设备的堆放场地要协调，工作人员的生活设施（如休息、厕所、吸烟区等）也要协调管理，绝对不允许个别单位或作业人员随心所欲，从而损坏整体的进度和形象。

(3) 塔吊的爬升与混凝土的浇捣

工地如果使用外附着式塔式起重机，或者建筑结构为全钢结构框架体系，这种矛盾相对较小，而对于框筒混合结构又使用内爬式塔式起重机的工程，这种矛盾是不可避免的。

塔式起重机一般是依靠混凝土核芯筒或劲性钢结构框架而爬升的，塔吊要爬升，混凝土必须先施工，且要达到足够的强度；而混凝土施工又必须依赖于塔吊，特别是核芯筒混凝土内有劲性钢结构的建筑，钢结构上不去，混凝土就无法浇捣。这种一环扣一环的施工，如果没有人协调，工程就上不去。

(4) 钢结构加工与钢结构安装

钢结构加工在工厂进行，工厂有它自身的生产规律，它不可能与现场安装的规律一致，如果钢结构加工的单位不止一家，那么矛盾会更特出。要想使工厂的制作不影响现场的安装，只有通过协调。

(5) 钢结构安装与混凝土楼板的浇捣

高层钢结构建筑，一般框架是钢结构，而楼板是现浇混凝土。框架吊装后要经过高强度螺栓施工、电焊、铺压型钢板等许多道工序，才能交付土建，而土建又需经过几道工序才能浇捣混凝土。规范规定：钢构件安装和楼板混凝土的施工，应相继进行，两项作业相距不宜超过五层。要做到这一规定，是非常困难的。这里需要严密的作业计划安排，而要保证计划的正常实施，必须进行施工协调。

(6) 安全生产协调

高层建筑施工，立体交叉作业是一大特点，往往在同一个立面里有几十个工作点，每层都有人在施工，而且又来自不同的单位或不同的专业，这里不光是上下左右的安全设施搭拆需要协调，还有用电、消防等安全工作也必须有专人负责。比如某个单位要在某楼层、某区域进行焊接施工，必须先提出用电计划与动火申请，交总包协调，确认后，方能进行作业。

5.8.3 具体协调办法

需要协调的事情，在施工时远远不止上述六点，因此施工协调的工作量是非常大的，具体操作时可参考下述办法：

(1) 组织一个专门的部室（一般称工程部）操办协调工作。

(2) 总包除建立每周一次各承包商的工程例会，还应组织每月一次月计划会议和每季度一次季计划会议。

(3) 钢结构施工高峰期，与钢结构施工密切相关的有关承包商还应进行每日碰头会制度，用以协调当天或第二天的垂直运输、场地占用等矛盾。

(4) 钢结构制作与安装的承包商，至少每周协调一次。

5.9 施工安全措施

高层钢结构施工是一项技术复杂、施工难度很大的工程，它具有工期短的明显特征，但也带来了高空操作极其危险的因素。它需要在较狭小的场地内将大量构件安装到位，操作人员不仅在同一水平面上工作，更多的是在不同水平面上立体交叉作业。除此之外，还有土建和设备安装工程穿插施工，构成了多层次的立体交叉作业，这是高层钢结构安装施工阶段的又一特点。目前，我国高层钢结构安装施工阶段所采用的安全措施通常采用钢管脚手搭设而成，搭设方法简单易于操作，其一次性投入相对较少，但搭设工作本身量大，高空操作更加危险。结合国外高层钢结构施工情况，目前的这些安全措施正朝着工厂化、地面化、省力化等方向发展。

5.9.1 垂直登高措施

垂直登高设施是用来解决安装人员在生产活动中上下的问题，通过对施工人员的活动规律分析，登高主要有三种方式，一般采用的设施有：

（1）人货两用电梯

施工人员从地面到操作楼层，通常采用人货两用电梯来解决登高问题，所以它是解决问题的主要手段。其数量和规格应根据工程规模和结构特点而定，一般设置在钢结构框架外侧或附着于结构上。由于电梯不能一次独立安装到需要的高度，因而它是随钢结构安装进展而相应逐步提高的。

（2）永久性扶梯

施工人员的安装活动并不是在一个楼层内进行，而是在许多楼层内同时展开，这就要求在电梯达不到的高度应尽可能安装永久性扶梯（钢扶梯或混凝土扶梯）。在施工阶段永久性扶梯安装的高度是衡量总体施工管理与协调水平的重要标志之一。

（3）临时性钢扶梯

永久性扶梯不可能在钢结构施工过程中达到楼层施工的高度，此时一般依靠钢管脚手架或由钢筋制作的临时性扶梯解决楼层的登高问题。

对于钢柱安装必须到柱顶拆除吊索的问题，一般解决的方向有两种：①设计钢结构时充分考虑安装施工的需要，事先设计钢制垂直踏步，在钢柱制作时一并加工于柱侧，安装完成后再行割除，其唯一缺点是增加钢材用量；②安装单位制造工具式钢扶梯，分段制作，安装前在地面将钢扶梯临时固定在钢柱侧面，采用捆扎固定方法，使用完毕再行拆除，可重复利用，以节约钢材。一般工程上大都采用工具式扶梯，为了登高过程中确保工人安全，尽量配备使用配有保险绳的安全葫芦。

5.9.2 水平通道

在钢结构安装过程中楼层钢梁是施工人员通向安装连接操作部位的水平行走构件，钢梁上翼缘板的宽度不大。一般情况下施工人员在没有安全措施情况下行走是极不安全的，必须采用适当的安全设施加以解决。通常是在楼层的适当部位设置安全通道与在钢梁上安装扶手绳两者结合使用。作为钢结构安装施工的措施之一，安全通道是相当重要的。作为钢结构楼层施工通道，起着形成施工道路的作用。它不仅要求纵向之间、横向之间形成通道，也要求纵、横向之间也能形成通道，由此使施工人员能顺利到达施工层面的各个节点。安全通道通常采用工具式脚手通道、钢管脚手通道、装配式通道板、扶手绳等形式。

（1）工具式脚手通道

此类通道在国外施工中经常采用，它由架构悬挂于钢梁下翼缘，单片重量约16kg，上铺走道板（由铝合金组成）。它的安装方法为在地面将钢梁搁空，由人工将此工具式脚手安装到位。此工具式脚手与其他钢梁上的工具式脚手一起组成水平通道。此类脚手在地面搭拆时轻便，无危险性，但一次性投入较大（见图5-21）。

（2）钢管脚手通道

钢管脚手通道通常架设在钢梁上，由架子工站在钢梁上搭设而成，上铺竹篱笆，两旁设扶手杆形成通道。此类脚手装拆方便，虽一次性消耗较少，但搭拆工作量大，而且搭设本身也存在一定的危险性。

（3）装配式通道板

采用装配式通道板铺设，通道板的规格长度等根据楼层钢梁平面布置和使用需要确定，尽量在钢结构安装施工时用起重机进行安装铺设，搁置在钢梁上并临时固定，安装使

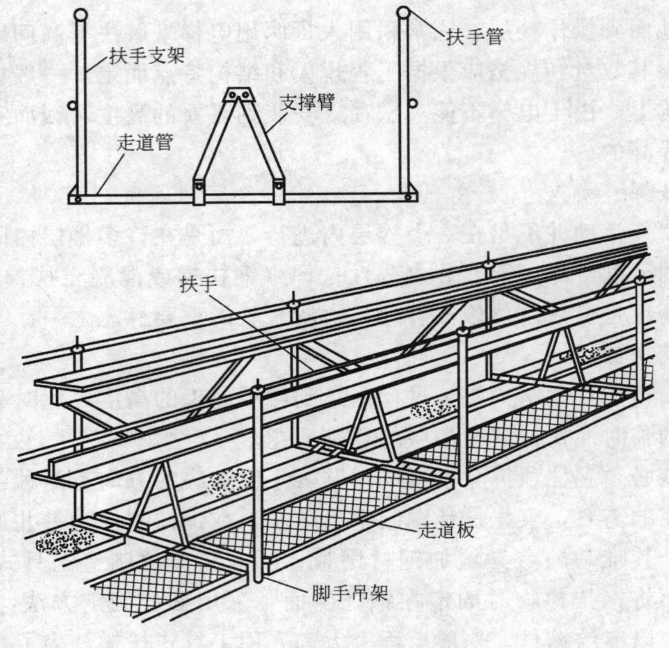

图 5-21　工具式脚手通道

用完毕再用起重机转移安装到新的楼层，重复使用。它虽能起到通道作用，但由于通道板平面尺寸和自重较大，只能用起重机才能转移到新的楼层，占用起重机的时间较多，影响钢结构安装进度；同时通道板使用周期较长，上层钢结构已经安装，再从楼层下部起吊转移，实际工作难度很大，因此采用这种装配式通道效果不够理想（见图 5-22）。

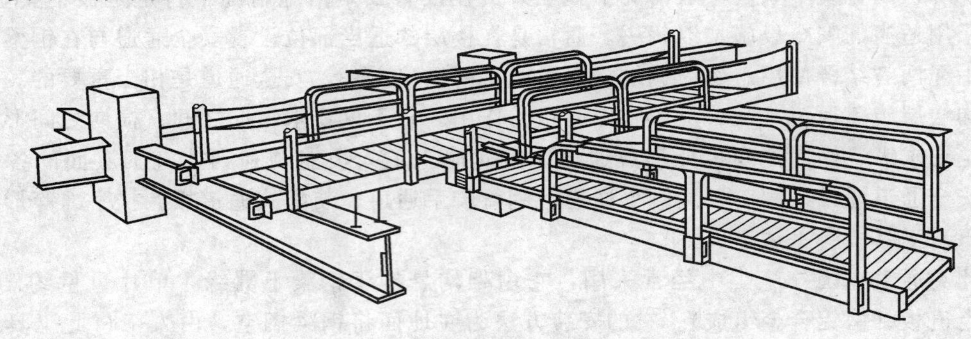
图 5-22　装配式通道板

（4）扶手绳

扶手绳是安全通道的辅助设施。施工人员在有些情况或无安全通道的情况下，采用在距钢梁一定高度的钢柱表面焊接连接件，以便使用钢丝绳或维纶绳穿过，由此形成扶手绳。由此施工人员在钢梁上行走时可系安全带挂钩，扶绳缓行，确保安全。

5.9.3　操作平台

（1）钢柱之间连接基本采用焊接紧固的方法。由于钢柱焊接量较大，时间较长，必须设置操作平台供焊工使用。它的设计应充分考虑操作人员、工具、材料等各种重量因素。

实际施工中一般采用工具式平台或用钢管脚手搭设平台。

1）钢管脚手搭设平台

钢管固定架设在钢梁上并悬挑，上铺竹篱笆和栏杆，由此在钢柱四周形成一固定的平台（见图 5-23）。

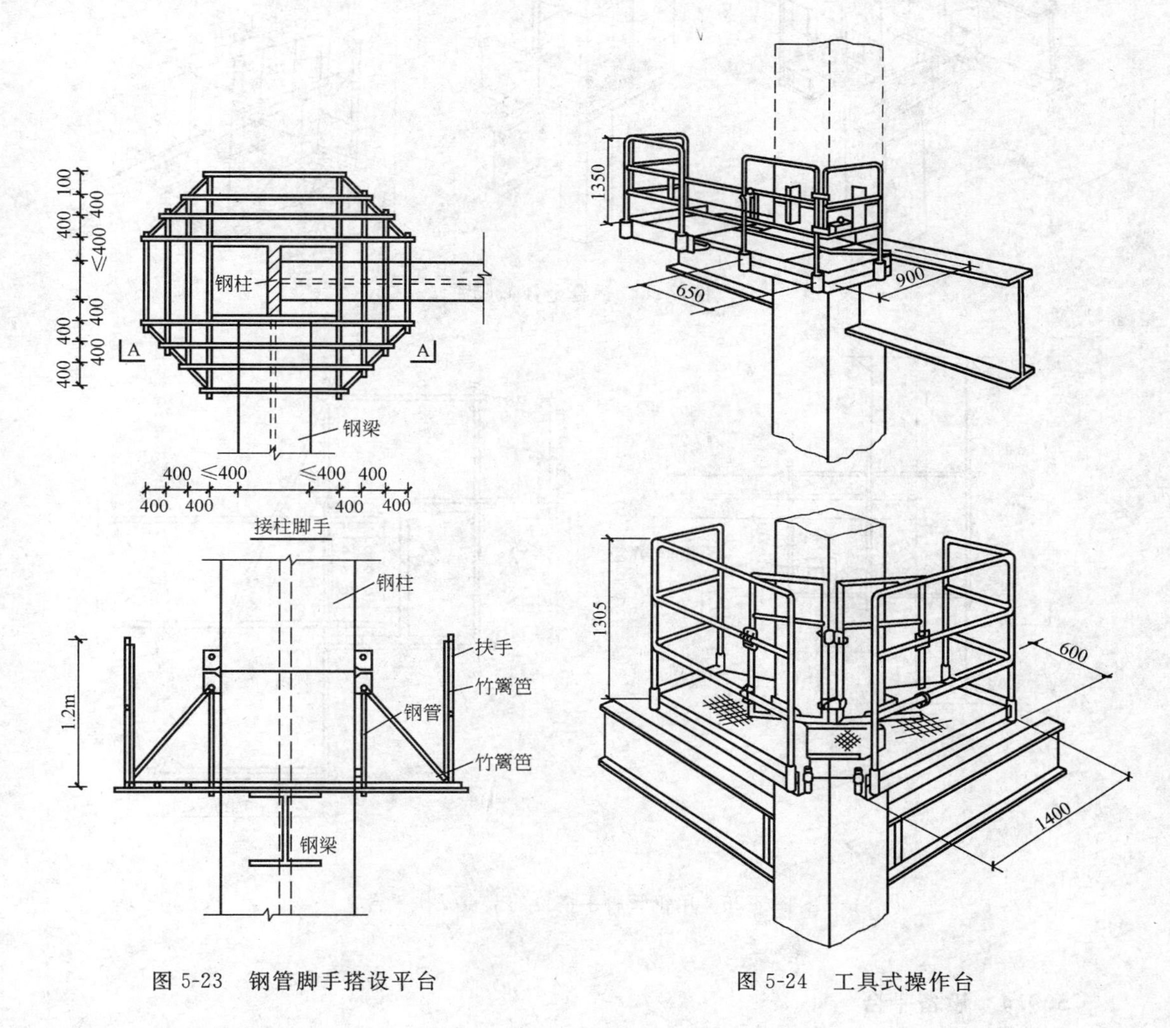

图 5-23　钢管脚手搭设平台

图 5-24　工具式操作台

2）工具式操作台

工具式操作台安装前首先要求在钢柱的指定位置预先在工厂焊接连接件，在施工现场将回转轴销插入连接件的孔内并安装构架，然后将踏板安装于构架上并设置扶手从而形成操作台。由于安装钢柱的位置不同，因此分为角柱操作平台和边柱操作平台及中柱操作平台（见图 5-24）。

(2) 梁—柱与梁—梁之间作业设施

梁与柱以及梁与梁之间的节点通常采用高强螺栓或焊接的节点形式。这些节点的操作设施一般选用铝合金挂篮脚手，自重 10kg 左右，不用时可折叠。它可悬挂在钢梁上，使用灵活，移动方便（见图 5-25）。

若没有工具式挂脚手也可采用钢管脚手搭设而成（见图 5-26）。

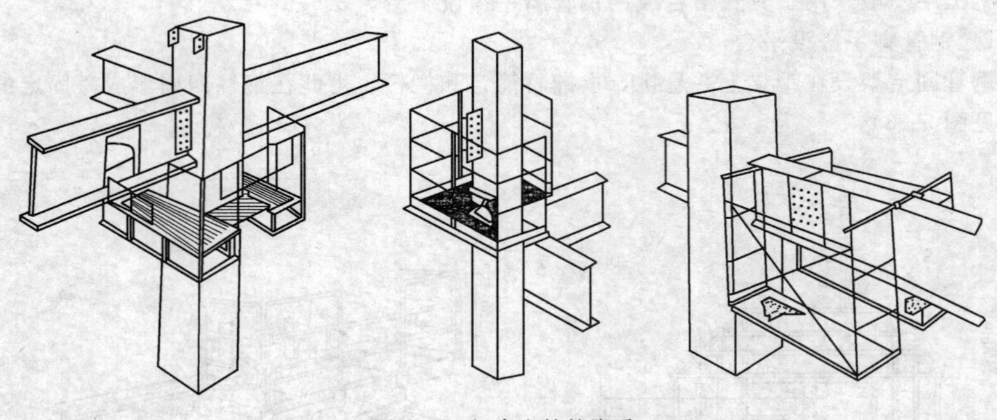

图 5-25 铝合金挂篮脚手

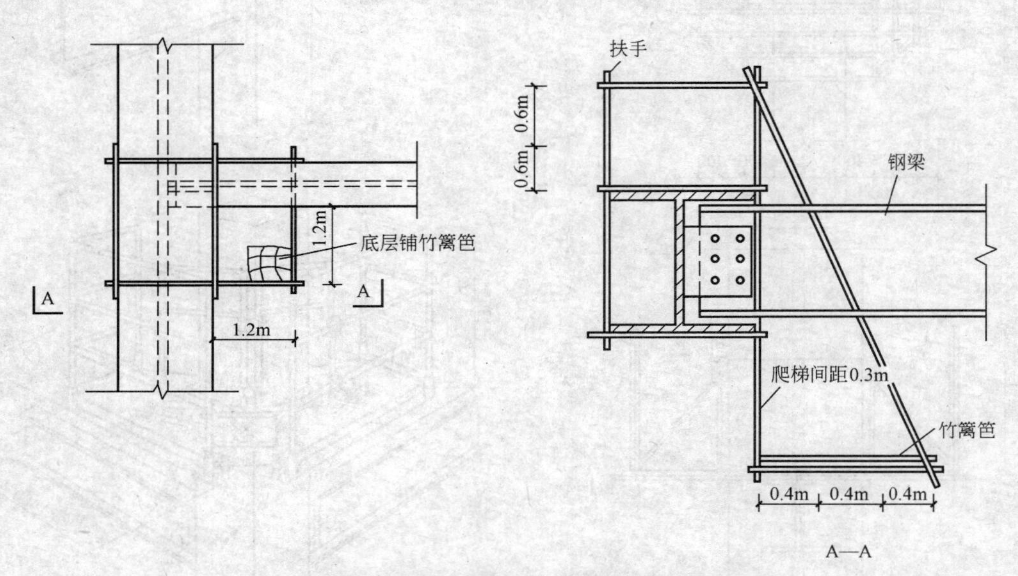

图 5-26 用钢管脚手搭设的节点操作平台

5.9.4 设备平台

钢结构安装阶段须使用电焊机、碳弧气刨机、空压机、柱状栓钉焊机、焊条烘箱、工具箱、氧气瓶和乙炔瓶等大量设备和工具，由于高层钢结构安装高度高，这些设备和工具安装施工中不可能一次定位就能满足需要，根据目前高层钢结构安装施工的实际情况，上述设备和工具定位一次只能满足安装高度 24～30m 左右，因此通常使用设备平台解决上述设备和工具的转移问题。设备平台的安放楼层和翻搭次数要根据钢结构框架安装方案进行选择。设备平台（包括设备在内）直接用起重机吊到定位楼层搁置固定。

5.9.5 安全网

安全网是建筑工地常用的安全防护设施，用以防止施工人员和物体从高空坠落，高层钢结构安装施工中常用的安全网有楼层水平网、竖向防护网和挑网三种。根据使用部位不同安全网的规格要求也不同，水平网强度要求必须符合安全规程，具有质保书。楼层水平网可放置于钢梁面上，也可放在钢梁下翼缘的挂钩上或者脚手通道的下面。

竖向防护网从施工层钢柱顶部起，悬挂于扶手绳上下放，连接下部扶手绳处，防护网之间不得有间隙。

挑网的安装要求是，外挑距离不小于 3m，上下挑网的间距在 10m 左右，原则上是三层一挑。

5.9.6 隔离层

在钢结构安装施工阶段，工地现场处在立体交叉作业，单靠安全网防护，低层施工人员很不安全，有些物体例如高强螺栓尾部、焊条、螺栓螺帽、垫铁和扳手小工具等，都可能通过安全网的网眼漏下，因此尚须设置隔离层。

如果原设计在楼层上要求铺设压型钢板的，通常在钢结构安装施工中，将金属压型板的铺设工作提前插入施工，以起到安全隔离的作用。对没有压型钢板的高层建筑，或者在楼板空缺的区域，需用细眼的平网（即网格孔隙在 1cm 左右）作隔离层，也可以在一般的安全网上加铺油布或彩条布。

5.9.7 安全带的使用

（1）在钢柱上登高时可预先在钢柱顶部安装安全葫芦，安全带种根于其上。当施工人员突然坠落时，安全葫芦可紧急收紧。

（2）钢柱安装时，操作人员可站在接柱平台或站在钢梁上（安全带种根）进行施工。

（3）大梁安装时可将安全带种根于各层悬挂扶手绳钢柱连接件上或站在钢梁上进行。

（4）小梁安装，可将安全带种根于大梁上的扶手绳上。

5.9.8 防火措施

（1）钢结构安装时必须严格遵守施工现场的防火制度，以预防为主，杜绝险情。

（2）凡在施工区域内明火作业（气割和电焊）必须开动火许可证，经有关部门批准，在防火措施落实的情况下方可动火，并落实监护人。

（3）高空焊接切割时应使用托盘或垫石棉布，以防止熔融金属四溅引起火灾。同时在此附近配置灭火器。

（4）现场氧气瓶、乙炔瓶须入库存放，油类等易燃物品，存放必须符合安全防火规定。库房处应配置一定数量的灭火器。

（5）施工期间配专职或兼职消防员巡回检查。每天工作完毕后做好“落手清”（工完、料尽、场地清）工作，检查所有施工区域，消除隐患。

5.9.9 防风措施

（1）塔吊的防风措施

高层钢结构施工用塔吊在风力 6 级以上不能施工，风力 4 级以上不能爬升。夜间不施工时，塔吊回转机构装置应打开，使其能任意回转。若拔杆遇到周围建筑物影响不能自由回转，此时正值台风季节或大风天气，塔吊拔杆应通过塔吊拔杆种根使其固定。

(2) 压型板防风安全措施

施工过程中，压型板极易被风乱走，因此需采取一定的安全措施。已经铺在钢梁上的压型板应按标准点焊牢固或使用自攻螺栓固定。铺设剩余的零碎边角料，应做好“落手清”（工完、料尽、场地清）工作，及时回收。对于尚未铺设的压型板应重新归理整齐、捆扎固定。

5.9.10 用电安全

高层钢结构施工由于工作面大、用电量多，呈立体交叉施工，按建设部颁发的技术规范，应单独编制临时用电的施工组织设计，以规范用电措施，保证用电安全。

(1) 临时用电施工组织设计应在现场勘探、确定用电设备数量的基础上，进行负荷计算并绘制电气平面图、立面图和接线系统图，同时制定用电技术措施和电气防火措施，将由此形成的施工组织设计报技术负责人审核，批准后方可实施。

(2) 考虑到高层钢结构施工的特殊性，应将各类用电设备放入设备平台内，随楼层吊装的进度一起运至高空，这样便于各类设备的集中管理和使用安全。

(3) 应选派与工程难易程度和技术复杂性相适应的电工进驻现场进行用电操作。此类专业人员应熟练掌握用电基本知识和技能，做好各项本职工作。施工现场应建议安全用电管理制度，各类人员认真执行。

(4) 选用符合相应的国家标准、行业标准，并且有产品合格证和使用说明书的各类电动工具和设备，此类工具和设备以及用电线路应按规范规定做好保护接零接地工作，其接地电阻亦应符合规范。所有用电设备必须在设备负荷线的首端处设置漏电保护装置。

(5) 施工现场的塔式起重机应设置防雷装置。它除了做保护接零外，还必须做重复接地。对于施工塔吊还应在现场做接地电阻值的数据测试，超出标准应立即采取措施纠正。

5.10 质量控制

5.10.1 关键点

关键点是指对工程质量起决定性作用，或对工程质量可能造成重大影响的以及经常容易出不合格品和质量通病的地方。高层钢结构质量控制的关键点大致可以归纳为以下几点。必须说明的是，不是每一个高层钢结构施工都有这些关键点，一般只有其中的一部分。所以必须针对不同的建筑，确定其适用的关键点。

(1) 现场焊接

1) 钢材质保书验证；

2) 钢材的材料复测；

3) 焊接工艺评定和焊接工艺的控制；

4) 焊工培训和焊接设备的选用与控制；

5) 焊接用材料的进货检验；

③ 单件构件大而重：最大构件重达22.4t。

④ 核心筒体沿高度变化比较大：同样外形的核心筒，53层以下筒内存在井字型钢筋混凝土腹部剪力墙，而53层以上井字型钢筋混凝土腹部剪力墙取消。

⑤ 复合巨型柱在垂直方向断面变化比较大：下部断面为5000mm×1500mm，62层以上不仅断面变为3500mm×1000mm，而且复合巨型柱的两侧也失去了楼层钢梁，使复合巨型柱基本处于悬臂状态。

⑥ 工期紧：钢结构工程必须在18个月以内安装完成。

根据上述工程特点，所选塔吊必须有以下几点要求：

① 塔吊必须具有较强的吊装能力，能够在不到1年半的时间内完成16500t钢结构和185000m^2 压型钢板的吊装任务；

② 塔吊必须具有较大的吊装半径，能够覆盖整个塔楼结构平面；

③ 塔吊卷扬机必须具有足够的容绳量，以便塔吊吊装塔楼整个高度范围的钢结构；

④ 塔吊必须具有较大的起吊能力，能在构件堆放允许的工作半径内将重达22.4t的构件吊装就位。

具有以上性能的塔吊必定具有体积大、重量大、荷载大的特点，塔吊在工作和非工作期间对主体结构的影响非常大，这给塔吊的安装及爬升提出了很高的要求。在金茂大厦塔楼钢结构安装的塔吊选型及制定塔吊安装和爬升方案时，必须首先解决以下问题：

① 塔吊的选型问题：选择的塔吊必须具备上述4个特点；

② 塔吊的布置问题：塔吊布置必须充分考虑主体结构的特点（主体结构的平面布置及沿高度变化的情况）；

③ 塔吊的安装及爬升方式问题：选择塔吊的安装及爬升方式必须是安全的、经济的和合理的；

④ 塔吊对主体结构的影响问题：了解在不同安装及爬升方式的状态下，塔吊对主体结构的影响是确保塔吊安全及主体结构不受损坏的前提条件，也是制定正确的塔吊安装及爬升方案的前提条件。

(1) 塔吊的布置

一般情况，人们会把塔吊安装在刚度极大的混凝土核心筒体内，那是非常安全与节约的选择。但是金茂大厦核心筒体在56层以上其结构发生了变化，变成了27m×27m的空心筒体，筒内没有了井字形钢筋混凝土剪力墙，也没有楼层梁板。两台塔吊如果布置在核心筒体内，那么塔吊到达53层以后，就很难再往上爬升了。而复合巨型柱是整个大厦中刚度仅次于核心筒体的结构。5m×1.5m的钢筋混凝土复合巨型柱，里面还有二根上下通长的H型钢柱，每层都有钢梁，作为劲性钢结构浇捣在复合巨型柱内，且纵横向的楼层钢结构将巨型柱与塔楼结构连成整体，因此塔吊布置在这个位置上是比较理想的。

这样布置的优点是两台塔吊隔施工先行的核心筒而立，互不干扰，相互合作可覆盖全部钢结构施工安装范围。此外，还有受力及传力路径明确的特点，即塔吊附加的垂直荷载全部由两对复合巨型柱直接传至基础，而附加的水平荷载则由复合巨型柱周围的钢梁、钢桁架等分散后传给核心筒，再由核心筒传至基础。

(2) 塔吊的选型

目前，在高层建筑施工中，塔吊有附着和内爬两种形式。采用附着式，塔吊对建筑结构的作用力比较小，要求也低，但是需要大量的塔身标准节。像金茂大厦这样的超高层建筑施工，需要配置近 100 节 4m 的塔身标准节，这显然是不经济和不合理的。采用内爬式，塔吊可以省去大量的塔身标准节，而且爬升的程序也比较简单，所需时间短，有利于缩短工期，经济效益明显，但是它对建筑结构的影响比较大。

根据金茂大厦的结构特点，二台塔吊分别安装在南、北两对复合巨型柱之间。由于位于中间的核心筒必须先行，塔吊要全回转，那么塔吊的拔杆必须可以起伏，尾部的平衡臂长度必须小于10m。查阅有关塔吊的资料，只有抬臂式塔吊的性能可以满足上述要求。为此金茂大厦的施工选用了二台 M440D 抬臂式内爬塔吊，其起重能力达 600t・m，臂长55m，塔身高度 40m，最大工作半径 52.5m，最小工作半径 4.4m，最大起吊重量达 32t，而它的尾部半径仅为 8.5m。

之所以选用 M440D 塔吊，还有以下原因，位于塔楼中间的核心筒体，虽说是钢筋混凝土结构，但是在 20～30 层、49～55 层、83～87 层的筒壁内（包括内部井字形剪力墙内），有劲性钢结构。这部分钢结构量大、单件最大重量达 18t。由于核心筒施工必须先行（至少高出外围钢结构 5 层左右）。因此只有选用抬臂式的 M440D 塔吊，才有可能安装核心筒体内的外伸桁架构件。

（3）塔吊的支附方式

M440D 塔吊个大力大，塔吊的许多性能特点方便了施工，能极大地提高施工速度。但是，相应地塔吊对建筑结构的作用力也很大。为了确保整个大厦施工过程中的安全，早在钢结构安装开工前，我们就设计了一套针对金茂大厦特点的塔吊施工方法，即将复合巨型柱间作为 M440D 塔吊内爬的垂直通道，并将 M440D 塔吊附着于核心筒体上。当时我们称其为“一撑、二板、二柱”的方法，即一道附墙支撑，二层楼板传递水平荷载，二根复合巨型柱传递垂直荷载。塔吊 173t 垂直荷载，由塔吊底部的下道爬升系统传递到二根复合巨型柱（此时复合巨型柱的混凝土强度已达到 100％的设计强度）。塔吊的二道爬升系统距离为 12m 时，其最大的水平荷载是 78t，塔身底部的水平荷载由下道爬升系统通过二根复合巨型柱传递到由与混凝土核心筒连接的钢梁和二层强度已达 100％的钢筋混凝土楼板承受。塔身中道的水平荷载由中道爬升系统连接混凝土核心筒的附墙支撑承受。通过计算，附墙支撑由三根支撑杆组成一个附墙体系。

上述塔吊施工方法，通过计算是可行的，同时也得到了业主与美国 SOM 设计事务所的认可。因为这一施工方法受力路线明确，能最大限度地减少复合巨型柱的受力与变形，确保复合巨型柱与塔楼结构的安全，是比较可靠的方案。但是，这一方案也有很大的缺陷，给 M440D 塔吊的安装与爬升带来许多困难。首先是“一撑”。复合巨型柱距核心筒剪力墙达 9.475m，塔吊附墙杆长达 10m 以上。附墙杆过长、过重，安装与拆除极为不便，上部楼板施工后尤其如此，这将延长塔吊的安装和爬升时间，进而影响施工进度。其次是“二板”。原方案规定塔吊底部的水平荷载由二层强度已达到 100％的混凝土楼板传递到混凝土核心筒体，要做到这一点是非常困难的。塔身高 40m，金茂大厦的塔楼层高绝大多数是 4m，塔身部分占了十层。根据施工流水，这十层中最上面的四层在安装钢结构，中间的三层（占一节柱）在铺设压型板，而土建需绑扎巨型柱与楼板的钢筋、安装模板与浇捣混凝土，最下面的三层是二道塔吊爬升系统的固定节。如果施工周期以五天一层计算，那么一节柱（三层）的施工期仅为 15d，在 15d 时间巨型柱的混凝土强度要达到 80％

以上（特别是上道爬升系统部位）是有困难的，更何况金茂大厦的施工周期不是五天一层，而是要求三天一层，因此“二板”的要求显然是阻碍施工进度的一大障碍。

在这种情况下，我们不得不另想方案，以满足三天一层的工期要求。分析原方案，它仅利用了结构体中的二柱、二板，而没有利用柱与核心筒体之间的钢梁以及由八根复合巨型柱与八根钢结构巨型柱构成的外框架的整体刚度。塔楼如此坚固的内筒与外框架，如果能承受塔吊的水平荷载，那么塔吊就可以采用纯内爬方式（即不附墙）施工，这样就大大简化了塔吊的固定和爬升作业量，也减轻了土建与安装单位的协调难度，最终达到缩短工期的目的。

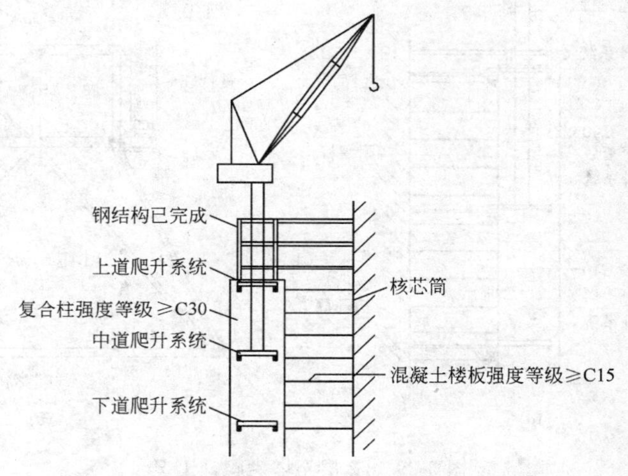

图 5-27　地下 3 层至 40 层爬升工况

根据 M440D 塔吊对塔楼结构影响的力学分析结果，我们把塔吊爬升的过程分为以下三个阶段，分别采用不同的支附方式：

第一阶段：地下 3 层～40 层，共 13 个爬次。施工期约在 1996 年 4 月～1996 年 10 月，可能遭遇台风，且塔吊刚竖起，在使用初期有一个走合过程。计算上考虑该段楼层层高为 4m。我们提出上下爬升梁间距（即爬距）为 12m、无附墙支撑杆的纯内爬式方法，但混凝土楼板要打到上道爬升梁的下一层（见图 5-27）。

第二阶段：41 层～61 层，共 5 个爬次。从施工期着想，为完成上海市重大办提出的节点要求，计算上设定 16m 爬距（塔吊水平荷载可减少 20％左右），不设附墙杆的纯内爬式方法，混凝土楼板最大可以距下道爬升梁达 12 层（见图 5-28）。

第三阶段：62 层～塔尖，共 6 个爬次，施工工期约在 1997 年 4 月～1997 年 11 月，会遭

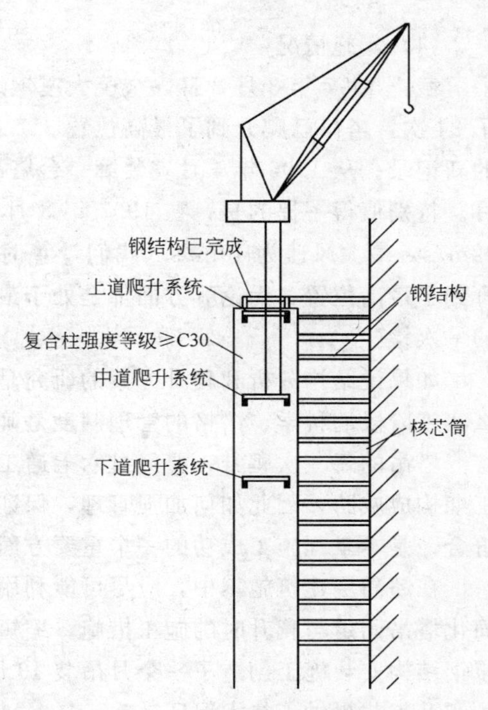

图 5-28　40 层至 62 层爬升工况

遇台风或暴风影响，塔吊所处位置极高，且塔楼结构体系骤然减小等因素，计算上对该工况提出了16m爬距，加设经简化的附墙杆系统的方法，将大部分水平荷载传递给核心筒，混凝土楼板最大可距下道爬升梁12层的要求（见图5-29）。

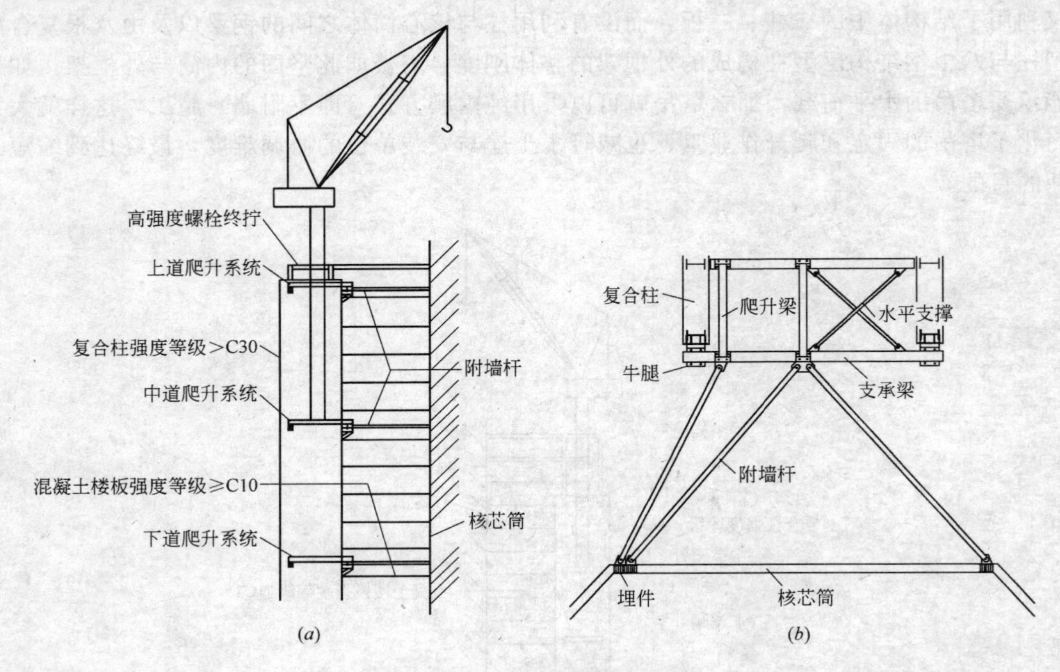

图5-29　62层至塔尖爬升工况
(*a*) 62层至87层爬升工况；(*b*) 62层以上爬升系统

（4）实施情况

截止1997年8月2日，金茂大厦钢结构安装施工用的两台173t重的塔吊已顺利爬升了24次，塔吊已爬升到了最高位置317.2m标高（塔底标高），创下了中国大型塔吊爬升的新记录。从1996年4月安装第一台塔吊开始，到第24次爬升到位，总共经历了16个月。特别值得一提的是，在1997年8月的11号强台风袭击上海，当时的平均风速达到32m/s，最大风速为40m/s（我们计算时非工作状态的风速是42m/s），那时塔吊已经爬升到了最高位置，无论哪方面都是处于最不利状态，这次强台风的袭击是对我们研究工作的一次检验。

如果说结构分析和爬升方案的研究是为M440D塔吊的爬升工况奠定了理论依据，那么实施阶段的科学、严格的管理制度是确保24次爬升成功的保证。

塔吊的每一次爬升，要经过六七道工序，这里的每一道工序都会对塔吊的施工安全与工期构成威胁，因此如何加强管理，保证每一个爬升工况能够做到与结构分析力学模型相符合，是本工程施工成功的一个重要方面。

在超高层建筑施工中，应尽可能利用建筑结构作为塔吊安全与稳定的依靠，这样可以简化塔吊固定与爬升时的施工措施，缩短塔吊固定与爬升的时间，加快施工进度。金茂大厦钢结构安装施工创造了一个月吊装13层的一流速度，很大程度上是由于科学合理的塔吊爬升工艺提供了技术保证。

5.11.3 金茂大厦外伸桁架的安装

由于塔楼底部宽度仅为 52.7m，大厦高跨比约为 8，使得塔楼在结构设计上的布置和处理显得尤为关键。大厦设计单位美国 SOM 设计事务所在塔楼核心筒与巨型柱之间设计了三道高约 8m 的钢结构外伸桁架（见图 5-30），从而成功地解决了这个问题。但是外伸桁架的安装却成了大厦施工的关键与技术难题。

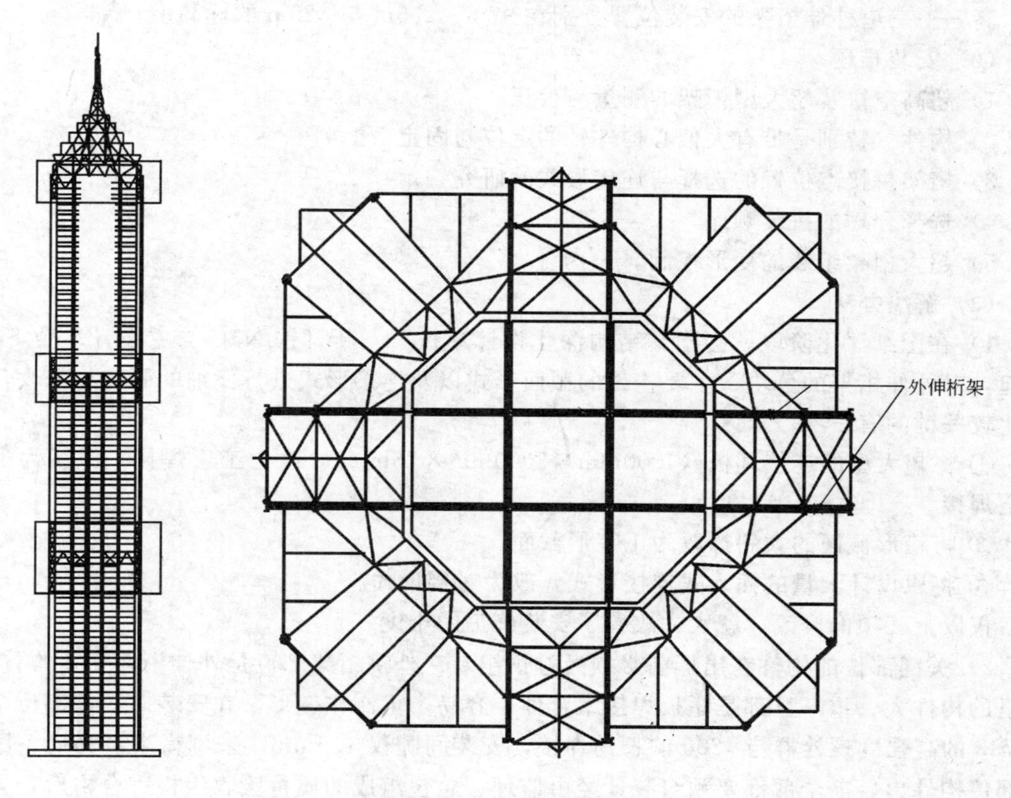

图 5-30 钢结构外伸桁架

(1) 外伸桁架的特点

新——在 420.5m 高的大厦上设计采用多方位的外伸桁架结构形式，这是一种国际上新颖的结构形式。为了克服变形造成的内应力，设计要求外伸桁架安装时必须分初装与终固两个阶段。初装时，外挑区域的构件连接采用销接，使桁架处于可动状态，等上道外伸桁架初装完成，才可进行下道外伸桁架的终固，把所有可动的节点固定。一般从初装到终固，少说也需要 3～4 个月的时间，在这段时间里，结构处于可动状态，这种动态安装施工，在超高层钢结构施工中是首次碰到。

大——由于外伸桁架传递了巨大的内力，因此该桁架体系设计为完全穿过核心筒并深入组合巨型柱，每道外伸桁架由四榀桁架组成，呈井字形布置。每榀桁架的长度为 52.7m，高度最大达 10 层，最小处为 2 层。

三道外伸桁架的钢结构数量在 1000 件以上，吨位分别为 1427t、1088t 和 708t。外伸桁架的大还体现在使用的连接件上，在这部分结构上使用的高强度螺栓是非常规的，它的直径为38mm，长度达450mm，在国内的建筑工程中还是首次使用。使用的销子也是特大型的，其直径为200mm，长为1130mm，一根销子的重量达279kg。

精——在人们的传统观念里，结构安装施工属于粗活。可是对金茂大厦的外伸桁架来说完全是另一回事。体量庞大的外伸桁架设有直径为38mm的高强度螺栓达29856套，特大型的长销安装间隙仅1.5mm，由于是75mm厚的钢板，现场无法扩孔，高强度螺栓与销子的穿孔率要求达到100%。

高——三道外伸桁架的安装位置分别在97m、205m与325m的标高上。

(2) 安装难题

1) 超高空拼装超大型桁架的测量与校正。

2) 构件（特别是带有大偏心构件）的定位与固定。

3) 桁架拼接点位置的选择与连接形式的研究。

4) 选择合理的拼装顺序。

5) 超大桁架组装的变形控制。

(3) 解决办法

1) 在图纸深化阶段就会同钢结构深化设计单位——新日铁NSC与主设计单位SOM一起，对外伸桁架的分块、主要构件的截面形式以及连接形式进行仔细的研究与修改，其中比较关键的有三项：

① 将超大型的连接耳板（4000mm×3000mm×75mm），改为工厂焊接，原图为现场高空焊接。

② 将箱形截面的大斜撑改为工字形截面。

③ 将原设计大量的插入式连接形式，改为对接形式。

仅以上三项的修改，就大大改善了安装施工的难度。

2) 关键部位的构件在出厂前必须经过预组装。外挑桁架部位是外伸桁架安装的关键。这里的构件大、重，且都是厚板焊接组合件，容易产生制作变形，在安装时，该部位全部是$\phi38$的高强度螺栓群与$\phi200$的长销连接，安装间隙仅1.5mm，来不得半点马虎。因此该部位构件出厂前全部都要预组装，经由监理、总包组成的质量验收组检查合格后，方可交付现场安装。

3) 严格安装精度要求，确保安装质量。

一榀52.7m长的外伸桁架，共有8个支承点。呈井字形布置的一道外伸桁架，共有28个支承点。外伸桁架安装质量的优劣，首先取决于这28个点的标高与轴线位移的正确性。要求这28个点的标高差小于3mm，轴线位移不大于2mm，只有这样才能保证外伸桁架的安装质量。为了达到上述的目标值，必须提前四层开始调整。例如第一道外伸桁架的底在24层，调整工作从20层就开始了。

在测量内容上，除了测标高、轴线、垂直度外，对带有大型连接件的钢柱，还要求测偏转值。因为连接件的宽度达3m，而钢柱宽仅为30～40cm，柱子如有1～2mm的偏转，一般不容易被发觉，但反映到连接件宽度方向的两侧，就会出现5～10mm的偏转，如果在连接件上发生3mm以上的偏转，就会影响外挑部分桁架的安装，特别是高强度螺栓的施工，它会造成摩擦面的密贴度超规范。测量偏转值的方法是：在连接件同一水平位置上的最宽处两端，各设一把标尺，用经纬仪控制，扭转偏差值不得大于宽度的1/1000。

测量标准比对一般构件的要求提高一倍，并要求在初校、复校的基础上，每完成一道工序后，都要进行复测，特别是在高强度螺栓完成后与电焊结束后，因为它们多会造成偏差。

4）制定合理的安装顺序。

以第一、二道外伸桁架为例，先安装核心筒体内的外伸桁架构件（包括环箍圈梁），在确保该部分框架结构稳定后，逐层交付完成核心筒混凝土的浇捣；核心筒外，先用安装螺栓临时固定巨型复合柱部分的桁架，再安装外挑部分的桁架，在外挑桁架按设计要求初完成后，再终固巨型复合柱内的桁架，测量合格后交付土建浇捣巨型复合柱的混凝土。

上述安装顺序有许多优点。首先，先安装核心筒内的外伸桁架是加快施工进度的需要，因为只有让核心筒往上冲，才有后道工序（如钢结构安装、幕墙安装等）的施工空间。其次核心筒体内的外伸桁架安装，可以形成独立稳定的框架体系。在混凝土浇捣后，装有外伸桁架的那段核心筒简直成了“铜墙铁壁”，它是核心筒外桁架安装的坚强依靠。

在安装核心筒内的外伸桁架时，先安装中心区域的四根立柱与它们之间的连梁（这些构件不带偏心，容易固定），适当配些钢丝绳与型钢撑杆（这些东西以后浇在混凝土内），使中心区域的框架形成稳定体系，然后用它作“靠山”，固定外围的大偏心钢柱，这样既增强了吊装的稳定性，又容易保证安装质量。

5）编制相应的焊接工艺，减少焊接变形。

焊接是外伸桁架安装的最后一道工序，也是容易造成变形的一大关口。如果焊接工艺掌握不好，那么在前面各道工序上所作的努力，就会在这道工序上毁了。为此必须针对外伸桁架的结构特点以及每条焊缝的位置与形式，制定焊接工艺。其中包括：焊接前的临时固定措施，焊接开始的条件，焊条品种，焊条与被焊杆件的预热温度与时间，保温措施等等。

（4）实施结果

到 1997 年 7 月 18 日三道外伸桁架全部安装到位，为提前两个月实现塔楼结构封顶的目标奠定了基础。经工程监理与总承包验收，各项质量指标都符合要求。所有焊缝经第三方探伤检查全部合格。数以万计的高强度螺栓穿孔率达到 100%，没有在现场扩一个孔。由于外伸桁架这种结构形式，为世界超高层建筑结构所罕见，在经济效益上缺少可比性，但它的社会影响却是比较大的，所有来现场看过外伸桁架安装的中外专家都会称赞我们的安装水平，美国 SOM 设计事务所的结构工程师甚至认为我们创造了奇迹。

5.11.4 质量控制

（1）安装质量控制

1）对制作加工厂的监督

为保证构件自身的正确性，符合设计要求，项目经理部特意委派专职人员深入制作现场，对每道加工工序进行监督、复验，为施工的安装质量把好第一关，并加强两地的信息反馈，减少质量隐患，尽量把问题解决在制作现场。由于加强了对制作加工厂的监督，从而保证了施工现场安装的质量和精度。

2）中转场设置

受到施工现场条件的限制，必须设置一个宽敞的中转场，便于卸车、整理、预检、返修。根据施工现场吊装区域及进度要求，分门别类地按量驳运至施工现场。

加强中转场的预检工作，对于一些由于装卸车造成的构件损坏，及时安排修理人员进行处理。对于节点复杂的构件，按图复查，做好几何尺寸起拱度、连接板、构件的方向等等实测记录，并弹好控制线。

3）质量控制分类

现场安装的质量控制分两种，一种是按时间因素形成的质量控制（图 5-31），另一种是按质量因素形成的全面控制（图 5-32）。

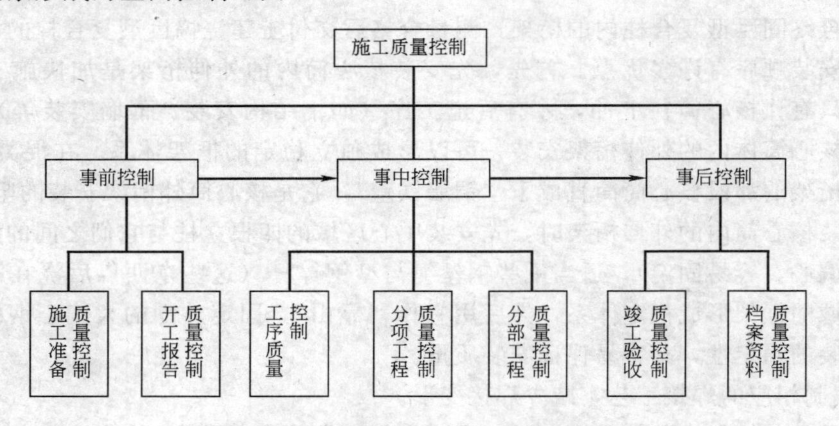

图 5-31　按时间因素形成的质量控制系统

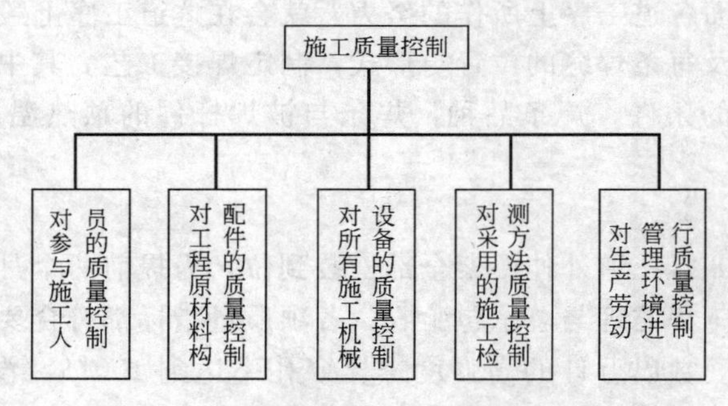

图 5-32　按质量因素形成的全面控制系统

（2）测量的质量控制

1）测量的基准点

根据总包单位提供的现场水准点以及主楼轴线控制点进行测量放线。特别是柱基的定位线，利用不同的控制点来反复检测，从而保证柱基的精度。

2）测量技术交底

根据工程的特点，特殊结构测量特殊交底，如外伸桁架盖顶桁架等等，按照测量的技术方案，抓住关键，结合现场情况，理论结合实际，循序渐进。

3）测量技术资料汇总分析

对于上道工序的实测资料整理、分析、合理的调整偏差，为下道工序的施工做好技术准备，使安装达到设计相吻合的效果。

4）垂直度的控制

① 方案的优化

超高层建筑对垂直度的控制大多数都采用天顶仪。金茂大厦工程原先方案也采用天顶仪，但是每个工程各有特点，在金茂用天顶仪实测时，产生了以下几大问题：

（A）对金茂工程必须每一层楼面预留八个孔洞，共计704个。

（B）金茂工程立体交叉施工多，测量预留孔易堵塞，需经常清理。

（C）13次转换，定位点必须相应地变化，易造成积累误差。

（D）天顶仪测量时，从安全上讲，每层得增设监护员，以防碎物从孔中落下伤人或损坏仪器。

（E）在天顶仪测量时，影响其他单位的施工和下道工序的施工。

鉴于以上种种困难，上海机施公司根据工程特点，充分发挥自己的优势，凭着对超高层钢结构多年的测量技术和经验，大胆地提出了直接高精度T2加弯角镜经纬仪观察。不仅解决了以上的困难，而且还成功地完成了外伸桁架、盖顶桁架、天线等测量校正工作，结构封顶时，主体结构成果如下：（a）塔尖基座中心（+382.5m）相对底层中心（±0.000）垂直偏差21mm，相对精度1/18200，（b）钢立柱安装实测最大偏差28mm。

② 预检及基础定位

根据到场的构件进行分类预检，在柱子上作出中心控制线，根据图纸设计要求，进行复核。根据设计要求及总包单位提供的基准线，对柱子的基础进行复测，对于第一钢柱水平标高的调整，采用在柱板下的地脚螺栓加一螺母的方法精确控制，然后在柱板上定出控制线。

③ 定位点的测设

利用总包单位提供的楼层内测量控制网，将8根巨型柱的纵横向轴线向外各引出100mm，设定位点，同时在钢柱上定出后视点。每安装一次转换柱，定位点必须重新测设，确保精度。由于施工进度的要求，外装饰幕墙自下往上开始施工，因此后视点必须向上转换，每次转换仍利用楼层内的控制网，以减少误差。利用后视点直接观察所安装的钢柱，减少中间积累误差。

④ 三级测量系统控制

由施工班组测量人员测校本节柱的垂直度，利用自制的临时支架固定在混凝土核芯筒壁上或已安装好的钢梁上，在施工作业面进行测量。项目部另一组专门测量人员在地面定位测量总体垂直度，将总体偏差数据提供给施工班组的测量人员，在安装上一节柱子时给予调正，调正的幅度以符合规范定的本节垂直度的容差为限。由总包及监理利用楼层控制网测量柱顶位移，用以验证上海机施公司的测量成果。

⑤ 螺栓、电焊施工顺序对垂直度的影响

高强度螺栓的紧固施工顺序（包括初拧、终拧）：

（A）同一节柱的梁—柱节点的紧固顺序：先顶一层梁—柱节点，再底一层梁—柱节点，最后为中间层的梁—柱节点。

（B）同一连接面上的螺栓紧固应由接缝中间向两端的顺序进行。

（C）工字形构件的紧固顺序：上翼缘→下翼缘→腹板。

（D）两个连接构件的紧固顺序：先主要构件，后次要构件。

焊接的施工顺序：先焊顶部一层的柱—梁节点，次焊底部的柱—梁节点，再焊中间部分的柱—梁节点，最终进行柱—柱的对称焊接。

5）标高的控制

① 标顶标高的控制

根据现场水准点，对每个钢结构柱制作段进行标高测量，使用垫片调整，确保安装时达到设计标高，所有钢结构的柱，每两个制作段进行一次整平，将所有的柱顶标高控制在±5mm 的误差范围内。

② 楼层面标高的控制

由于钢结构与混凝土两种不同材质的不均匀沉降，再则本工程采用的是绝对标高的控制，为了调整钢材和混凝土两种材料的应变大小，对于与混凝土核芯筒连接的结构构件采取补偿校正的措施，经过校正标高部位的钢结构系统均按相应校正的高度控制。

③ 悬挑三角的标高控制

本工程特意设计的四大四小的八只悬挑三角，对于悬挑三角的标高控制原则上直接采用水平尺控制，然而对于悬挑 4m 之长无支撑的悬臂梁，不仅要考虑到梁本身自重所产生的挠度，还要对其所承受的混凝土自重及在楼面施工时产生的动载对悬臂梁产生的挠度。通过理论计算和反复实践，做到在允许规范内的正误差。并且每隔三层用水平仪复测，做到勤测多调。

（3）螺栓的质量控制

1）螺栓的整理、堆放、轴力试验

对于运来的高强度螺栓，必须对其批号、规格、质保书等资料查核归档。根据现场施工的需要，分类堆放在有专人负责的保管仓库内，并采取严格的防潮、防腐措施。

在使用之前，根据不同的批号、规格，不仅应检查其外形、螺纹，还必须经轴力测试后方可发放使用，并做好资料归档。

2）高强度螺栓安装前的技术交底

为了保证高强度螺栓的施工质量，在正式施工前对参加高强度螺栓施工的有关人员进行技术交底，组织学习，掌握高强度螺栓的基本知识，操作工艺及紧固等等，并根据工程特点就施工中的有关问题进行全面的技术交底。

3）螺栓的领用及专用施工工具

根据当天的施工用量及施工图的要求，向仓库保管员领用，放在干净的工具桶内，不得乱丢乱扔。

使用电动扳手的施工人员必须经专业培训，并保持每月对电动扳手的扭力重新校验精度。

4）摩擦面的处理

① 对构件连接部表面的氧化铁皮、黑皮等作清理，连接摩擦面上严禁有浮锈、油漆等杂质。

② 对于加工后存放较长的构件，应按锈蚀程度的不同进行除锈，应用钢丝刷或回丝等除去浮锈。

5）高强度螺栓的安装

安装高强度螺栓时，先用尖头撬棒及冲钉对正上、下连接板的螺孔，使螺栓能自由投入。

当连接板螺孔误差较大时，应检查、分析、酌情处理，严禁气割扩孔。

在同一节点连接面上，高强度螺栓应按同一方向投入。高强度螺栓安装后，应在同一天紧固完毕。

ϕ38 超大型高强度螺栓的安装是一种新的工艺，应先培训、再熟悉、后施工，牢牢抓住各个环节的流程，做到初拧一个不少、复拧一个不缺、终拧一个不漏，从而保证验收一次合格。

6）高强度螺栓的紧固及顺序

高强度螺栓的紧固分初拧、复拧、终拧。初拧扭矩值规定为标准扭矩值的 60%，在大型连接节点还要进行复拧，复拧的扭矩值等于初拧的扭矩值。高强度螺栓的终拧如扭剪型的即把螺栓尾端拧断为止，在电动扳手不能使用的死角部位用测力扳手进行紧固，并在螺栓尾端做好紧固标记。

同一节点的螺栓群紧固顺序为中间向四周延伸，使所有螺栓均能有效承荷的顺序进行。

7）ϕ38 超大高强度螺栓的产品保护

根据美国 SOM 设计事务所的设计要求，第一组外伸桁架的可变部分要等到第二组外伸桁架初拧后才能最终固定，即可变部分的 ϕ38 超大高强度螺栓和电焊第二组的最终固定须等到第三组初拧之后。虽然给施工带来了很多麻烦，但为了达到设计的圆满效果，对二层（8m）之高外露部位的外伸桁架整体保护，隔离因其他施工单位所造成的污染。在重复施工前再一次对施工面清理，以达到设计的意图。

（4）电焊的质量控制

1）焊工的培训及资质

焊工必须通过专业培训，并经 AWS 标准考试合格后，持证上岗。

2）焊接材料的管理

使用符合 ASTM、A572 50 级和 A36 钢结构连接的以及符合 AWS. D1. 1-92 中 E7015 或 E7016 标准的焊条。

焊条进库后，应防潮保管。使用前在 300～350℃温度下烘烤 1h，然后在 100℃温度下保温。需用时，用焊条保温筒装上已烘焙好的焊条，带到作业场所，随用随取，对用剩的焊条需经烘焙后再使用。

3）焊接设备的管理

焊接设备应专门安放在施工平台上，设置防雨装置，并派专人定期维修保养。

4）焊接前的技术交底

根据不同节点的不同焊接要求进行特殊的焊接交底，分析普遍注意及可能存在的问题，让操作焊工吃透焊接要求。

5.11.5 大型吊装机械的拆除

在 360m 高的地方将目前国内最大的内爬式塔吊拆除，比较可行的方法是采用逐渐置换法，即在 87 层的高空安装一台中型吊机（WMD210 屋面吊），将 M440D 塔吊拆除，再由中型吊机安装一台小型吊机（QW6 屋面吊），将其置换，最后人工拆除小型吊机（见图 5-33）。

围绕这一思路，若要真正实施，还需解决以下难题：①M440D 塔吊大臂难以拆除；

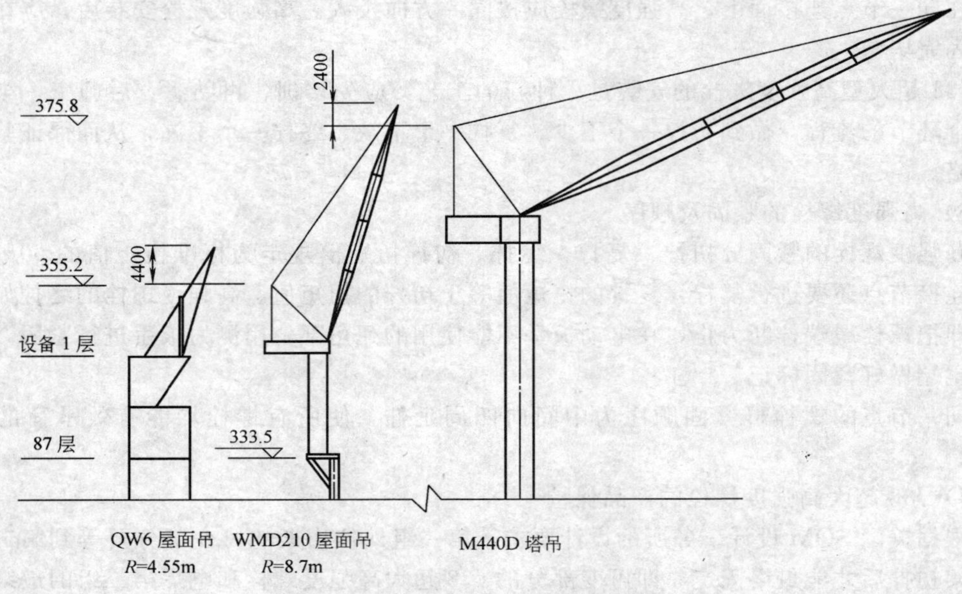

图 5-33　吊装机械的拆除（逐渐置换法）

②现有中型吊机的起重能力不足；③屋面有效空间少，拆除塔吊的机械安放位置问题；④小型吊机半径小，涉及外墙装饰产品保护问题。

（1）起重机主臂的拆除

在塔型建筑中，塔吊起重臂较难拆除，此时两台 M440D 塔吊的起重臂均达到 55m，重 12t，重心在距根部 28m 处，现有中型吊机 WMD210 屋面吊的起重能力不能满足要求，因此，M440D 塔吊起重臂的拆除成了首要问题。

在无法增加中型吊机起重能力的情况下，我们想到了是否可以利用 M440D 塔吊自身的动力机构及起重臂销接的构造（可转动），将其变短减轻其重量，于是我们提出了起重臂自拆的设想，即利用起重臂各节之间销接的构造，由此敲掉起重臂上弦两只销子，拔杆可绕下弦两只销子自行转动，垂直向下，利用塔吊的起重钢丝绳在下弦两只销子敲掉之后将前段起重臂吊至地面，前段起重臂拆除后，后段起重臂的重量及半径相对均变小了，但还需 WMD210 屋面吊配合，具体步骤如下：

① 栓结拔杆水平上拉索及水平下拉索；

② 放松变幅绳，使上拉索承载；

③ 拆除起重吊钩，由 WMD210 屋面吊安装辅助支架（W1004 履带吊拔杆）；

④ 将原变幅系统更换到辅助支架上；

⑤ 收紧变幅绳，敲掉拔杆上弦两只销子；

⑥ 放松变幅绳将前段拔杆慢慢折下到垂直状态；

⑦ 敲下拔杆下弦两只销子，用起重卷扬绳便将前段拔杆吊至地面；

⑧ 用 WMD210 屋面吊将辅助支架及后段拔杆分别拆除。

（2）提高中型吊机的起重能力

M440D 塔吊最重部件回转平台，重 15.7t，加上起重钢丝绳及吊钩重量，达到 18.4t，而 WMD210 屋面吊受 5t 卷扬机的限制，最大起重量为 15t，更何况被拆塔吊是在 360m

高空，起重钢丝绳至少需要 1000 多米钢丝绳，而 5t 卷扬机的容绳量最多只有 600m，显然，WMD210 屋面吊的起重能力和卷扬机的容绳量都不够。

天无绝人之路，我们发现 WMD210 屋面吊还有潜力可挖掘，它是由 75t 履带吊改制而成的，在强度和起重力矩方面没有问题，原性能半径在 9.1m 时，起重能力为 18.56t，正好满足要求，经计算，只要将原来一台 5t 卷扬机更换成两台 10t 卷扬机双出头，在操作时保持同步便解决问题了。

(3) 中型吊机的布置

由于金茂大厦外形似宝塔，核芯筒外钢结构随着楼层的升高而逐步向核芯筒靠拢，即越向上楼层有效空间则越少，而 WMD210 屋面吊在吊重 18.4t 的情况下，其半径只能大于 7.6m（受拔杆最大水平夹角限制）小于 9.1m，因此，如何将 WMD210 屋面吊布置在合适的位置，亦成了一大难题。

受到半径限制后，WMD210 屋面吊只能布置在以 M440D 塔吊为圆心，大圆（R＝9.1m）与小圆（R＝7.6m）之间，何况逐层收缩后的屋面有效空间相当少，均远离建筑外框，但是，为了使 18.4t 重的回转平台在吊置地面的过程中，离已安装好的玻璃幕墙尽可能远一些，WMD210 屋面吊必须布置在距建筑外框较近的位置上（见图 5-34）。

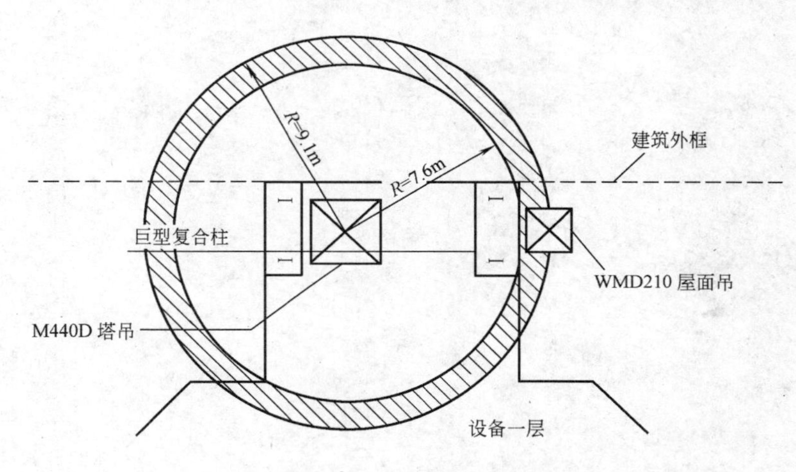

图 5-34　中型吊机的布置

显然，按照常规的思路将 WMD210 屋面吊安放到结构内已经行不通，而违背常规将其布置在悬托状态，却成了在此特定条件下非常理想的位置，原因有：①此位置正好在大圆与小圆之间，满足 WMD210 屋面吊的半径要求；②此位置离巨型复合柱很近，采取施工措施，用三角支承架通过预埋件固定在巨型复合柱上，将 WMD210 屋面吊布置在三角架上，经计算巨型复合柱足够承受其全部荷载，结构则无需加固；③将 WMD210 屋面吊安放在巨型复合柱外，布置成悬托状态，塔身无需穿过楼层面而不影响结构压型板等施工，对加快施工进度有利；④此位置距建筑外框线只有 2m，便于小型吊机（QW6 屋面吊，起重力矩为 32t·m）将其拆除，而在原 M440D 塔吊位置安放 QW6 屋面吊，亦成了较合适的位置。

(4) 产品保护

WMD210 屋面吊回转平台投影尺寸为 6.8m×3.23m，控制重量为 6t，QW6 屋面吊在吊重6t时，最大半径为5.3m，QW6屋面吊回转中心至玻璃幕墙距离1.3m，在最理想状态下，WMD210屋面吊回转平台与玻璃幕墙距离为5.3－1.3－3.23÷2＝2.385m，如果受到高空风荷载玻璃，而吊物由360m高空降至地面，根本无法用回绳来控制。

针对这一产品保护问题，我们提出使用“导向滑索”将吊物安全引至地面，其主要组成有悬挑在设备一层外的一副支架、2只1t卷扬机、2根ϕ11.0长500m的钢丝绳和两只3t导向机。

（5）实际效果

依据此方法我们于1998年1月15日提早12天完成拆塔任务，其中M440D塔吊起重臂自拆实施成功，设备改制仅花费十多万元人民币，为企业获得了良好的经济效益。

1998年底将此方法应用到金茂大厦邻近建筑——日本熊谷组承包的国际金融大厦工程，亦成功地将两台同类型的施工塔吊拆除，得到了日本专家的好评。相信此方法在今后的超高层塔吊拆除中均可借鉴。

6 网架工程的安装

6.1 特 点

网架结构是由很多杆件从两个或多个方向有规律地组成的高次超静定空间结构。它改变了一般平面桁架受力体系，能承受来自各方向的荷载。

网架结构在我国已得到广泛的应用，如体育馆、工业厂房、仓库、会堂、食堂、剧院、候车（机）室、机库等都曾采用，而应用最多的是体育馆。这种结构具有空间作用，较一般的平面结构具有整体性好、刚度大、结构高度高、单位面积耗钢量小，并能有效地承受地震和悬挂物体等荷载的特点，具体表现在：

1. 建筑面积灵活，方形、矩形、圆形、多边形等都可以用网架组成，尤其是对建筑功能有特殊要求的大跨度和大柱网屋盖结构，其优越性更为突出。

2. 空间几何不变的杆系，任何局部或几个杆件失稳或退出工作，都不致引起整体结构的突然破坏而发生网架整体倒塌事故。刚度大、整体性强的特点，能显著增强结构的整体刚度和抗震能力，并提高其可靠度和耐久性。

3. 网架结构的应用范围很广，从用途讲：它可用于公共建筑，也可用于工业建筑；从跨度讲：可大至100m跨度以上的房屋建筑，小至几米跨度的门头装饰或广告牌等；从平面形式讲：它既适用于一般矩形平面建筑，也适用于圆形、扇形、六边形乃至多边形平面的建筑；从支承条件讲：它既适用于四周支承、三边支承的建筑，也适用于四点或多点支承的建筑，还可适用于周边支承和点支承二者结合的情况。

网架结构运用在大跨度工业厂房可以弥补传统式钢屋架难以比拟和满足的大跨度要求。网架结构最适应工业厂房对通风和采光的要求，按现代生产工艺，可设满天星式天窗、点式天窗和横向天窗。安装比同样跨度钢屋架简便，不需要大型起重设备，可以高空散装或分条分块拼装，比钢屋架有较快的安装速度。

4. 网架结构选型的合理性，构件的标准化，几何尺寸和节点连接的统一化，使网架制作适合工厂化、机械化施工，不仅可以保证工程质量，加快制作速度，而且可以缩短建设周期，节约钢材，带来一系列经济和社会效益。

6.2 安装方法的选择

6.2.1 网架安装方法

网架的安装方法，应根据网架受力和构造特点（包括结构形式、刚度、支承形式和支座构造等），在满足质量、安全、进度和经济效果的要求下，结合施工现场条件和设备资源供应情况等因素综合确定。

常用的工地安装方法有六种：高空散装法、分条或分块安装法、高空滑移法、整体吊装法、整体提升法、整体顶升法。

6.2.2 网架的安装方法适用范围

(1) 高空散装法

高空散装法适用于各种类型的螺栓球节点网架的安装，尤其是适合起重困难的情况。

(2) 分条或分块安装法

适用于分割后刚度和受力状况改变较小的网架，如两向正交、正放四角锥、正放抽空四角锥等网架。分条或分块的大小应根据起重能力而定。

(3) 高空滑移法

适用于正放四角锥、正放抽空四角锥、两向正交正放等网架。滑移时滑移单元应保证成为几何不变体系。

(4) 整体吊装法

适用于各种类型的网架，吊装时可在高空平移或旋转就位。

(5) 整体提升法

适用于周边支承及多点支承平板网架，且只能在设计坐标垂直上升，不能将网架移动或转动。

(6) 整体顶升法

适用于支点较少的多点支承平板网架，施工机具采用螺旋千斤顶或液压千斤顶。

6.2.3 工作要领

(1) 高空散装法

高空散装法是指小拼单元或散件（单根散件及单个节点）直接在设计位置进行总拼的方法。

1) 工艺流程（图 6-1）

2) 高空散装法有全支架（即满堂脚手架）法和悬挑法两种。全支架法多用于散件拼装，而悬挑法则多用于小拼单元在高空总拼的情况。

3) 由于散件在高空拼装，因此无需用大型的起重设备，但需搭设大规模的拼装脚手架，需用大量的脚手架材料。因此高空作业多，工期较长，并且需占用建筑物内场地。

4) 高空散装法的施工重点是确定合理的拼装顺序，控制好标高和轴线位置。

具体施工要点如下：

① 确定合理的高空拼装顺序。

当采用小拼单元或杆件直接在高空拼装时，其顺序应能保证拼装的精度，减少积累误差。悬挑法施工时，应先拼成可承受自重的结构体系，然后逐步扩展。

② 搭设好安全可靠的拼装支架。

搭设拼装支架时，支架上支撑点的位置应设在下弦节点处。支架应验算其承载力和稳定性，必要时可进行试验，以确保安全可靠。支架支柱下应采取措施，防止支座下沉。拼装过程中应对网架的支座轴线、支承面标高、屋脊线、檐口线位置和标高进行跟踪控制，

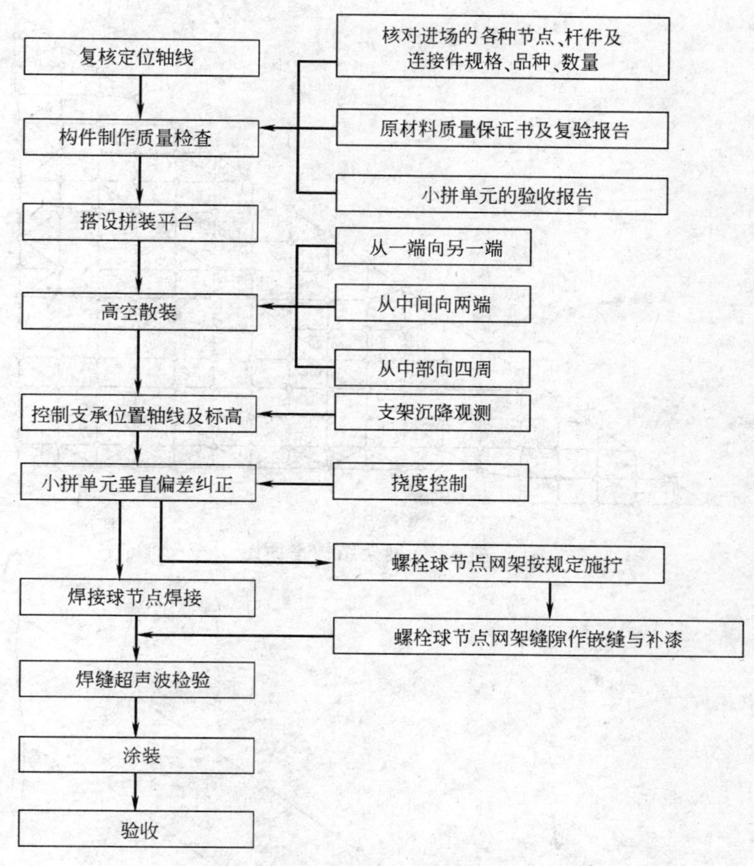

图 6-1　高空散装法工艺流程

发现较大偏差应及时纠正。确定合理的落位措施。网架落位应遵循“变形协调、卸载均衡”的原则：

a. 各支点下降顺序应由中间向四周进行；

b. 在拆除支架过程中应防止个别支撑点集中受力，宜根据各支撑点的结构自重挠度值，采用分区、分阶段按比例下降或采取每步不大于 10mm 的“等步下降法”下降；

c. 落位操作应在统一指挥下进行；

d. 落位后应及时按设计要求固定，并注意按有关规程要求检测网架挠度值。

【实例】 世茂国际广场裙房网架（如图 6-2、图 6-3）

1. 结构类型：正放四角锥

2. 结构形式：三角形平板网架及部分网架悬挑

3. 覆盖面积：1700m^2

4. 支承形式：上弦多点支撑

5. 安装方法：采用满堂脚手架高空散装法

如图 6-3，网架安装第一阶段从一端向另一端沿①所指方向进行网架安装；网架安装第二阶段沿②所指方向进行悬挑部分网架的安装。

（2）分条分块安装法

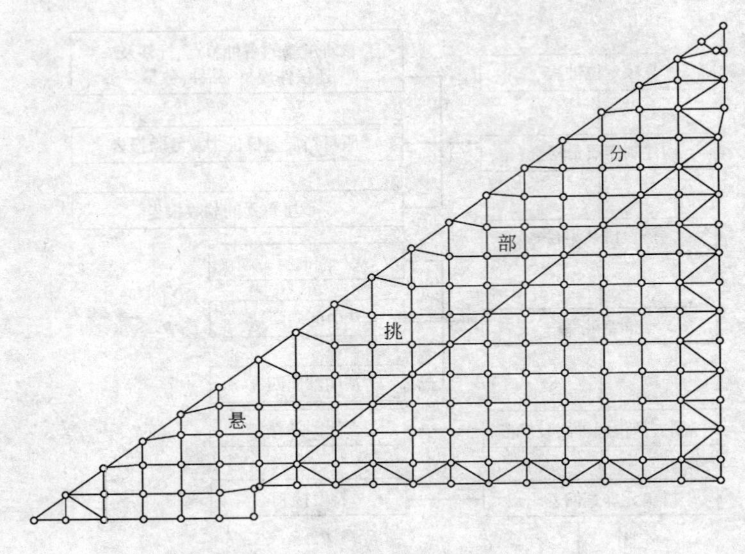

图 6-2　网架结构平面图

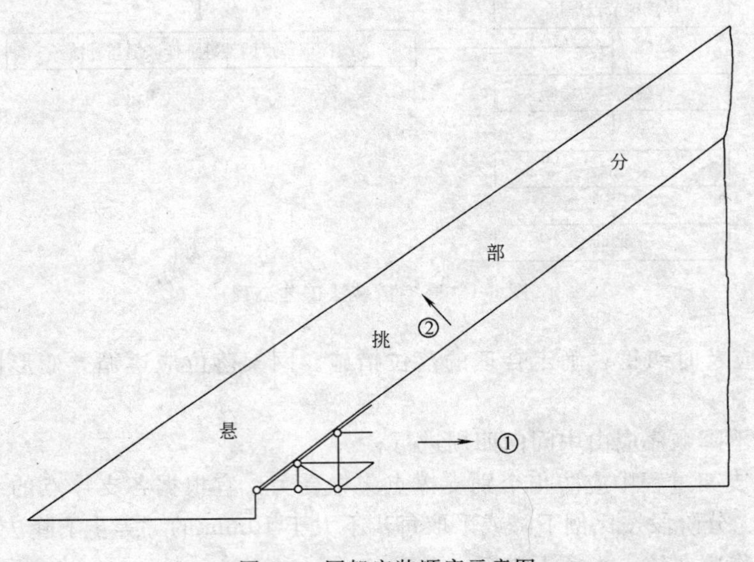

图 6-3　网架安装顺序示意图

分条或分块安装法是指将网架分成条状或块状单元分别由起重设备吊装至高空设计位置就位搁置，然后再拼成整体的安装方法。

1）工艺流程（图 6-4）

2）条状是指沿网架长跨方向分割为几段，每段的宽度可以是一个网格至三个网格，其长度为网架短跨的跨度。块状是指沿网架纵横方向分割后的单元形状为矩形或正方形。每个单元的重量以现场现有起重设备的起重能力为准。分割的大小视起重机的能力大小而定。网架单元尺寸必须准确，以保证高空总拼装时节点吻合和减少偏差。

3）分条或分块安装法大部分的焊接和拼接工作在地面进行，有利于提高工程质量，并可节省大部分拼装支架。由于分割单元时已考虑现场现有起重设备能力，可充分利用工

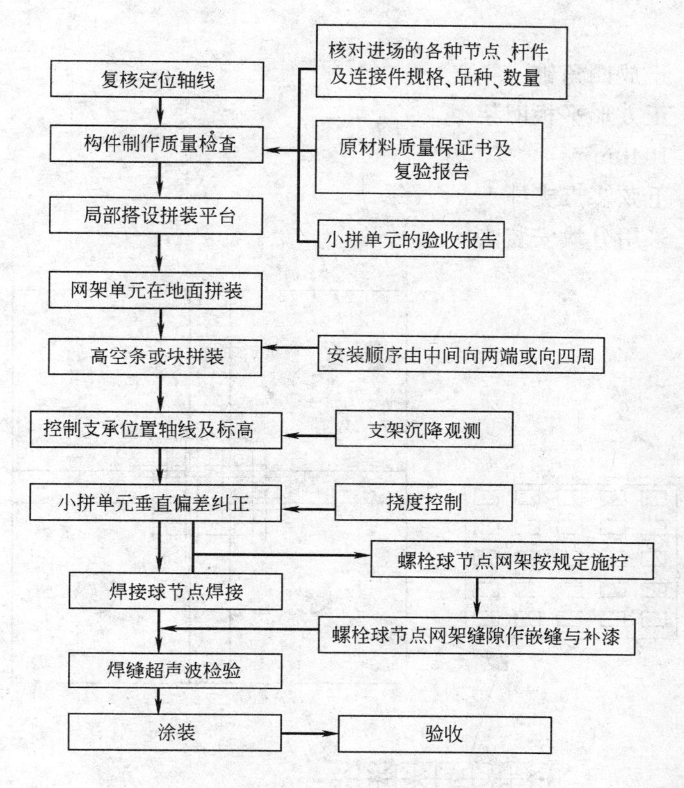

图 6-4　分条分块安装法工艺流程

地现有设备，减少起重设备的租赁费和大型设备进出场费，有利于降低成本。

4）分条或分块安装法的施工重点是条、块的正确划分以及条、块在吊装过程中的安全保证。具体施工要点如下：

① 将网架分成条状单元或块状单元在高空连成整体时，网架单元应具有足够刚度并保证自身的几何不变性，否则应采取临时加固措施。各种加固杆件必须在网架形成整体后才能拆除。

② 为保证网架顺利拼装，在条与条或块与块合拢处，可采用安装螺栓等措施。设置独立的支撑点或拼装支架时，支架应验算其承载力和稳定性，必要时可进行试压，以确保安全可靠。支架支柱下应采取措施，防止支座下沉。

③ 网架合拢时可用千斤顶将网架单元顶到设计标高，然后连接。

④ 网架单元宜减少中间运输。如需运输时，应采取措施防止网架变形。

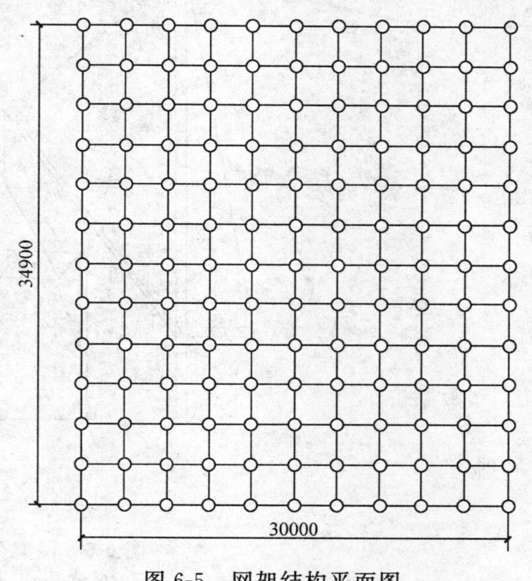

图 6-5　网架结构平面图

【实例】 碧海龙庭浴场网架（如图 6-5、

图 6-6）

1. 结构类型：正放四角锥
2. 结构形式：正方形平板网架
3. 覆盖面积：$1040m^2$
4. 支承形式：下弦多点支撑
5. 安装方法：采用分块安装法

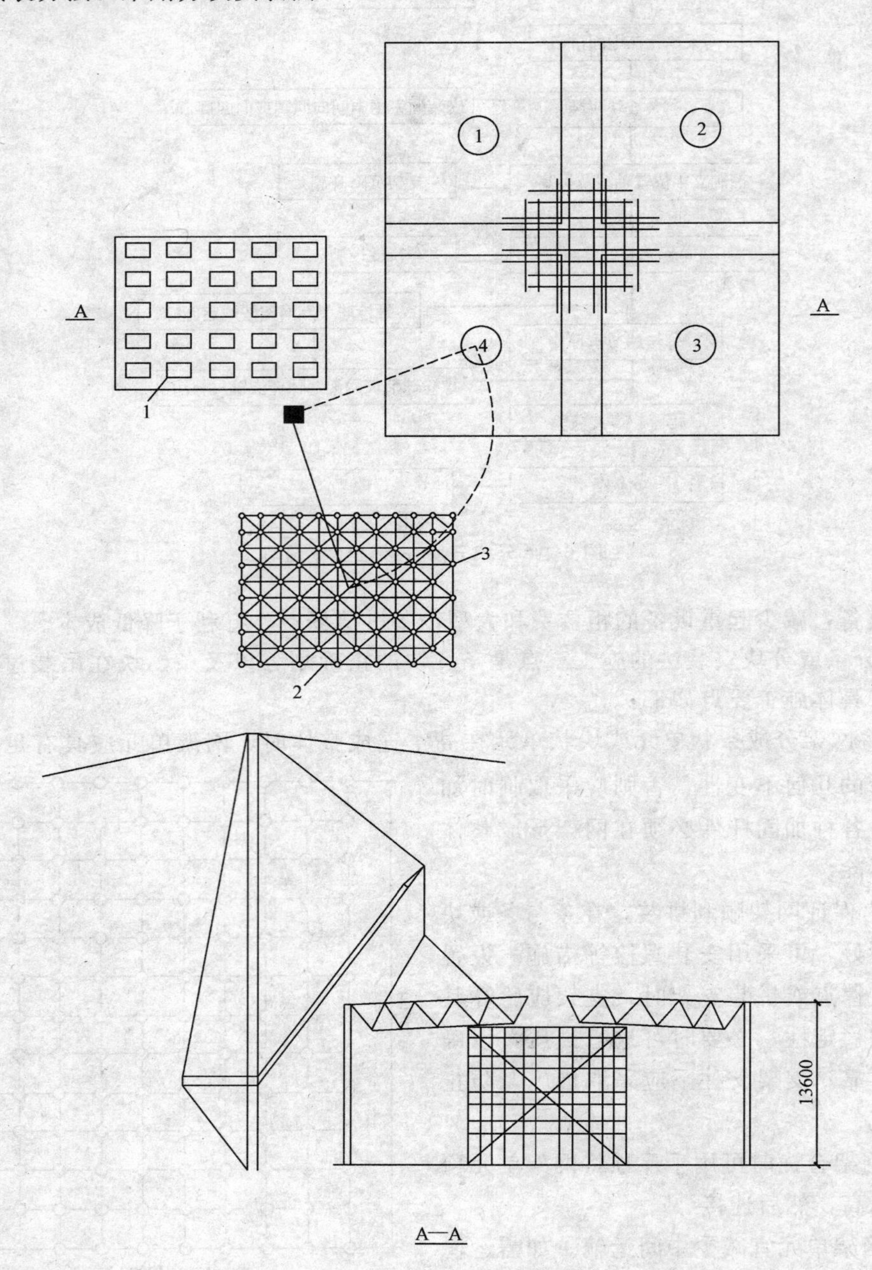

图 6-6　网架分块安装示意图

1—中拼用砖墩；2、3—临时封闭杆件

网架分块分别在砖墩上拼装完成后，吊装至设计位置就位固定，最后连成整体网架。分块单元的拼接边长度 l 允许偏差可按下列数值控制：当 $l \leqslant 20$m 时为 ±10mm；$l > 20$m 时为 ±20mm；对于多跨点支承网架拼接边长度允许偏差为上述各项规定的 1/2。

(3) 高空滑移法

高空滑移是指分条的网架单元在事先设置的滑轨上滑移到设计位置拼接成整体的安装方法。

1) 工艺流程（图 6-7）

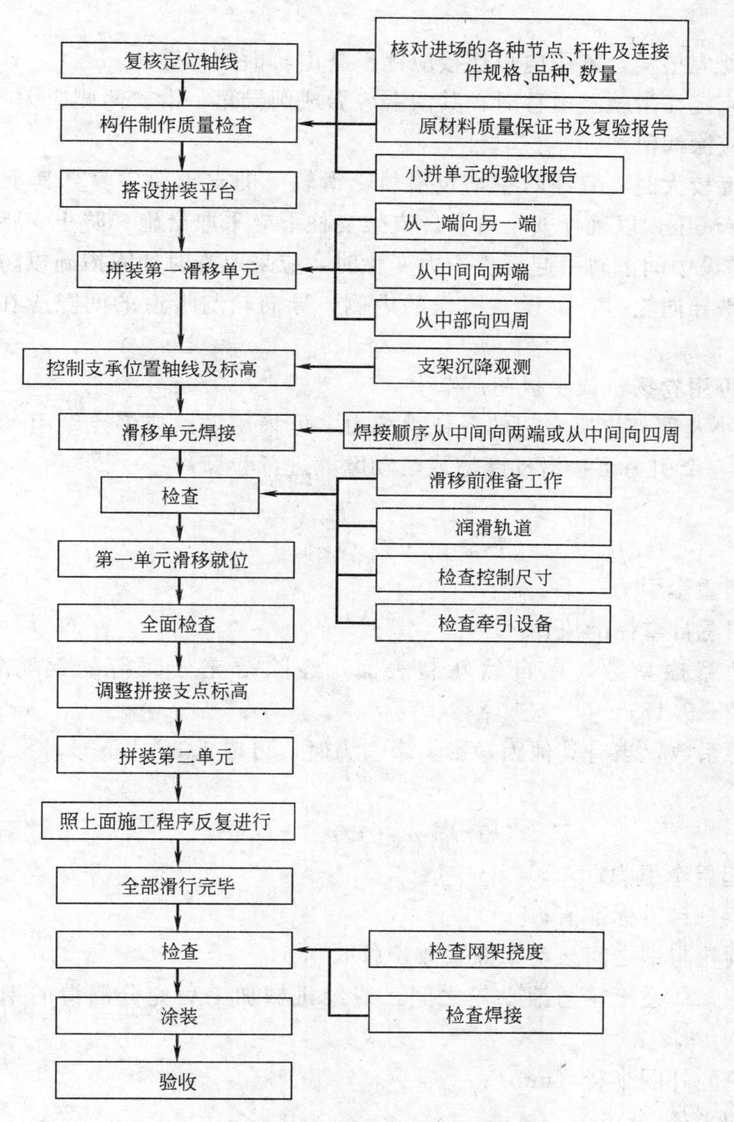

图 6-7 高空滑移法工艺流程

2) 高空滑移法可采用下列两种方法：

① 单条滑移法：将条状单元一条一条地分别从一端滑移到另一端就位安装，各条之间分别在高空再进行连接，即逐条滑移，逐条连成整体。

② 逐条积累滑移法：分条的网架单元在滑轨上滑移一段后，连接好下一条又一起滑移一段距离，如此循环，逐条积累拼接后滑移到设计位置。

3）高空滑移法可利用已建结构物作为高空拼装平台。如无建筑物可供利用时，可在滑移开始端设置宽度约大于两大节间的拼装平台。有条件的，可以在地面拼装成条或块单元，用起重机吊至支架上。

4）高空滑移法的施工重点是滑移单元同步滑移的控制。具体施工要点如下：

① 滑轨可固定于钢筋混凝土梁顶面的预埋件上，轨面标高应高于或等于网架支座设计标高。

② 滑轨接头处应垫实，若用电焊连接应锉平高出轨面的焊缝。

③ 当支座板直接在滑轨上滑移时，其两端应做成圆导角，滑轨两侧应无障碍。

④ 摩擦表面应涂润滑油。

⑤ 当网架跨度较大时，宜在跨中增设滑轨，滑轨下的支承架应验算其承载力和稳定性，必要时可进行试压，以确保安全可靠。支架支柱下应采取措施，防止支座下沉。当网架滑移单元由于增设中间滑轨引起杆件内力变化时，应采取临时加固措施以防失稳。

⑥ 当设置水平导向轮时，可设在滑轮的内侧，导向轮与滑道的间隙应在 10～20mm 之间。

⑦ 网架滑移可用卷扬机或手扳葫芦牵引。

5）牵引力大小及网架支座之间的系杆承载力，可采用一点或多点牵引。牵引速度不宜大于 1.0m/min，牵引力可按滑动摩擦或滚动摩擦进行验算：

① 滑动摩擦

$$F_t \geqslant \mu_1 \cdot f \cdot G_{OK}$$

式中 F_t——总起重牵引力；

G_{OK}——网架总自重标准值；

μ_1——滑动摩擦系数，在自然轧制表面，经除锈充分润滑的钢与钢之间可取 0.12～0.15；

f——阻力系数，当有其他因素影响牵引力时，可取 1.3～1.5。

② 滚动摩擦

$$F_t \geqslant (k/r_1 + \mu_2 \cdot r/r_1) \cdot G_{OK}$$

式中 F_t——总起重牵引力；

G_{OK}——网架总自重标准值；

k——钢制轮与钢之间滚动摩擦系数，可取 0.5；

μ_2——摩擦系数在滚轮与滚动轮之间，或经机械加工后充分润滑的钢与钢之间可取 0.1；

r_1——滚轮的外圆半径（mm）；

r——轴的半径（mm）。

③ 一般情况而言，当网架滑移时，两端不同步值不应大于 50mm。各工程在滑移时应根据现场实际情况，经验算后再自行确定具体值。

6）在滑移的拼装过程中，对网架应进行下列验算：

① 当跨度中间无支点时，杆件内力和跨中挠度值；

② 当跨度中间有支点时，杆件内力、支点反力及挠度值；

③ 当网架滑移单元由于增高中间滑轨引起杆件内力变号时，应采取临时加固措施以防失稳。

7）网架滑移完毕，经检查各部分尺寸、标高、支座位置符合设计要求，开始用等比例提升方法，用千斤顶抬到网架支承点抽出钢轨，再用等比例下降方法，使网架平稳过渡到支座上。

【实例】 沾化干煤棚网架（如图 6-8）

1. 结构类型：正放四角锥

2. 结构形式：落地拱形网架

3. 覆盖面积：12 880m²

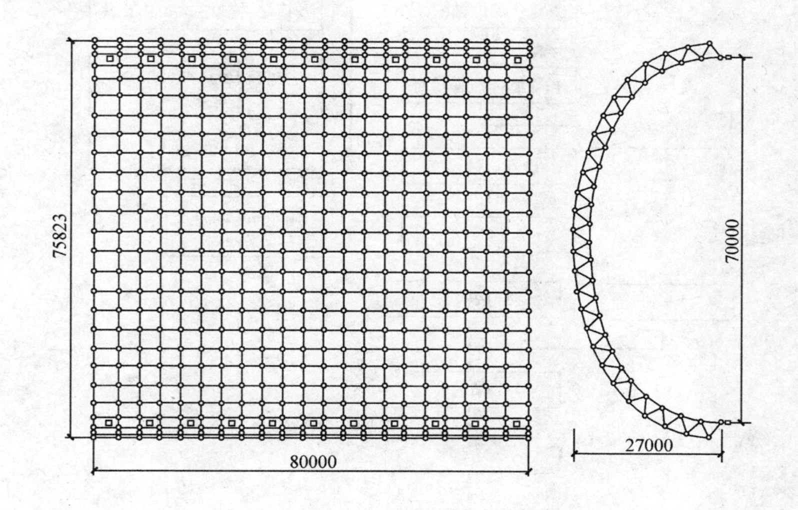

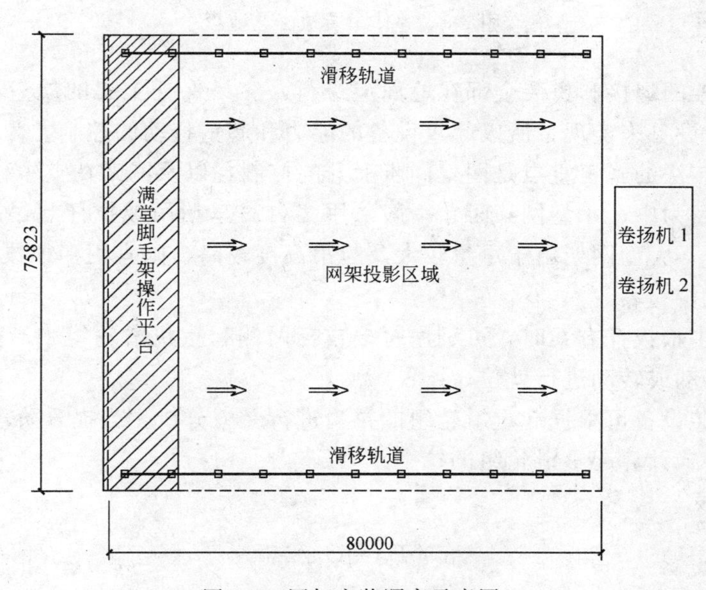

图 6-8　网架安装顺序示意图

4. 支承形式：下弦多点支撑

5. 安装方法：采用逐条积累高空滑移法

如图 6-8，网架拼装成条状单元滑移一段距离后（能连接上第二单元的宽度即可），连接好第二单元后，两条一起再滑移一段距离（宽度同上），再连接第三条，三条又一起滑移一段距离，如此循环操作直至接上最后一条单元为止。

（4）整体吊装法

整体吊装法是指网架在地面总拼后，采用单根或多根拔杆，一台或多台起重机进行吊装就位的施工方法。

1）工艺流程（图 6-9）

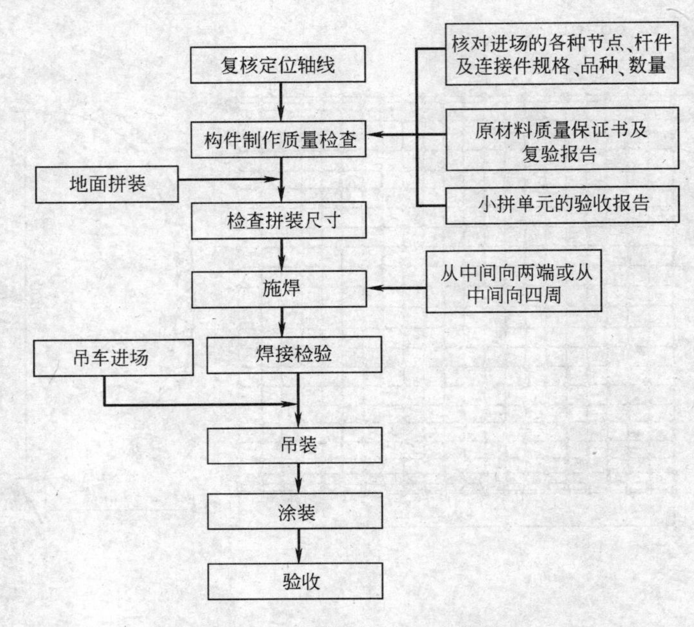

图 6-9　整体吊装法工艺流程

2）整个网架的焊接和拼装全部在地面上进行，容易保证施工的质量。由于整个网架的就位全靠起重设备来实现，所以起重设备的能力和起重移动的控制尤为重要。

3）整体吊装法的施工重点是网架同步上升的控制，以及网架在空中移位的控制。

4）工程项目为中、小型网架时，一般采用多台吊车抬吊或拔杆起吊，也可采用一台起重机起吊就位。大型网架由于重量较大及起吊高度较高，则宜用多根拔杆吊装，在高空作移动或转动就位安装。

5）当采用多根拔杆方案时，可利用每根拔杆两侧起重机滑轮组中产生水平分力不等原理推动网架移动或转动进行就位。

6）网架吊装设备可根据起重滑轮组的拉力进行受力分析，当提升阶段或就位阶段时，可分别按下列公式计算起重滑轮组的拉力：

① 提升阶段

$$F_{t1}=F_{t2}=G_1/2\sin\alpha_1$$

② 就位阶段

$$F_{t1}\sin\alpha_1+F_{t2}\sin\alpha_2=G_1$$

$$F_{t1}\cos\alpha_1=F_{t2}\cos\alpha_2$$

式中 G_1——每根拔杆所负担的网架、索具等荷载；

F_{t1}、F_{t2}——起重滑轮组的拉力；

α_1、α_2——起重滑轮组钢丝绳与水平的夹角。

7）在网架整体吊装时，应保证各吊点起升及下降的同步性。提升高度允许值（指相邻两拔杆间或相邻吊组的合力间的相对高差）可取吊点间距离的 1/400，且不宜大于 100mm，或通过验算确定。

8）当采用多根拔杆或多台起重机吊装网架时，宜将额定负荷能力乘以折减系数 0.75，当采用四台起重机将吊点连通成两组或用三根拔杆吊装时，折减系数可适当放宽。

9）在制定网架就位总拼方案时，应符合下列要求：

① 网架的任何部位与支撑柱或拔杆的净距离不应小于 100mm。如支撑柱上设有凸出构造（如牛腿等），应防止网架在提升过程中被凸出物卡住。

② 由于网架错位需要，对个别杆件暂不组装时，应取得设计单位同意。

③ 拔杆、缆风绳、索具、地锚、基础及起重滑轮组的穿法等，均应进行验算，必要时可进行试验验证。

④ 当采用多根拔杆吊装时，拔杆安装必须垂直，缆风绳的初始拉力值宜取吊装时缆风绳中拉力的 60%。

⑤ 当采用单根拔杆吊装时，其底座应采用球形万向接头；当采用多根拔杆吊装时，在拔杆的起重平面内可采用单向铰接头。拔杆在最不利荷载组合作用下，其支承基础对地面的压力不应大于地基允许承载能力。

⑥ 当网架结构本身承载能力许可时，可采用在网架上设置滑轮组将拔杆逐段拆除的方法。

（5）整体提升法

整体提升法是指在结构柱上安装提上设备，将在地面上总拼好的网架提升就位的施工方法。

1）工艺流程（图 6-10）

2）平板网架整体提升可在网架支承柱顶上安装提升设备提升网架，也可在进行支承柱滑模的同时共用一套设备提升网架。

3）提升设备的使用负荷能力，应将额定负荷能力乘以折减系数。折减系数取值如表 6-1 所示。

各设备折减系数取值范围 **表 6-1**

提 升 设 备	折减系数 取值范围
穿心式液压千斤顶	0.5～0.6
电动螺杆升扳机	0.7～0.8
钢索液压千斤顶	单柱：0.8 群柱：0.7

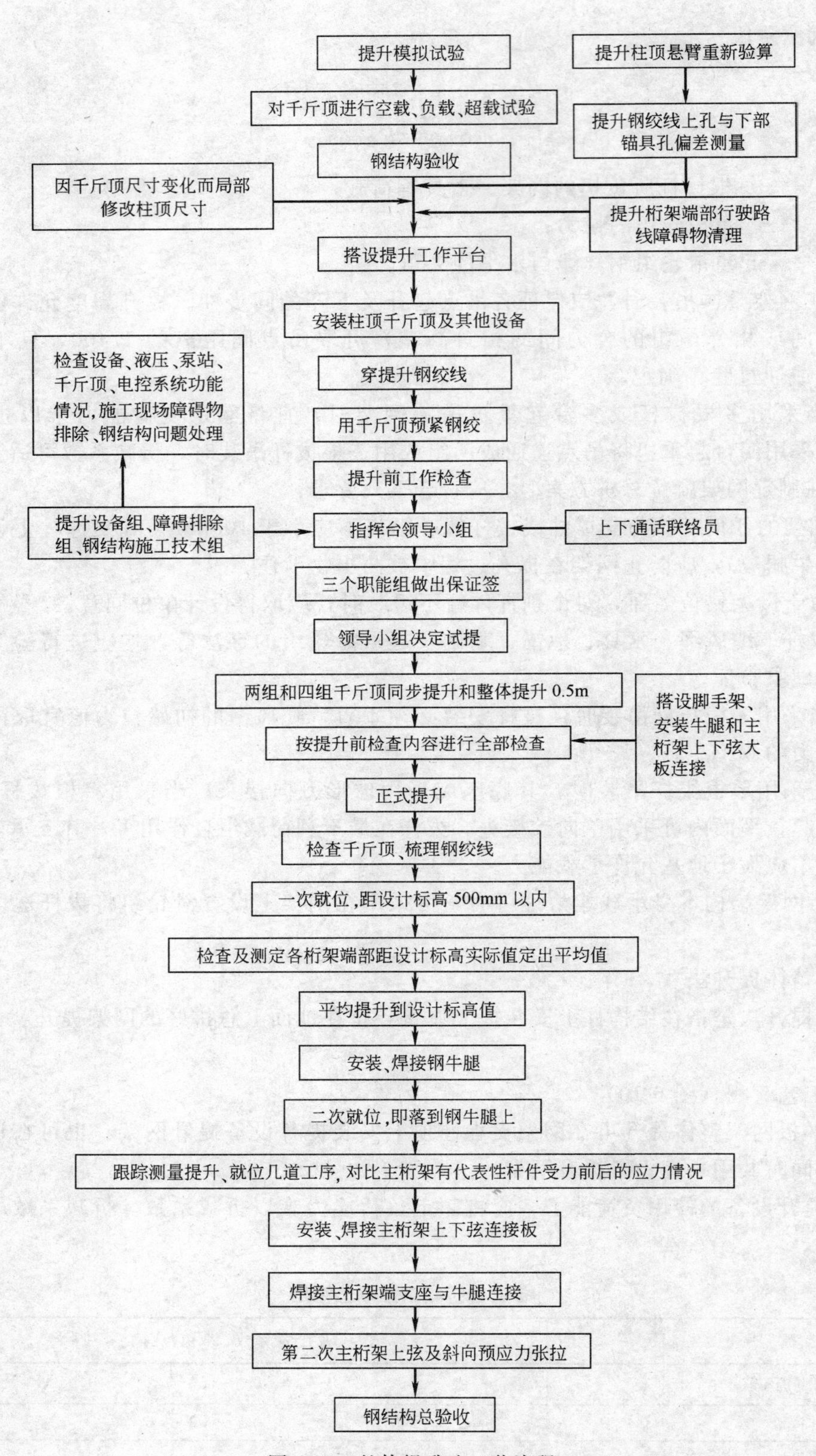

图 6-10　整体提升法工艺流程

4）平板网架整体提升时应控制同步升差。相邻两个提升点允许偏差值如表6-2所示：

相邻提升点允许偏差值 **表6-2**

提升设备	相邻点距离的允许偏差值	最高点与最低点的允许偏差
升扳机	相邻点距离的1/400，且不应大于15mm	35mm
穿心式液压千斤顶或钢索液压千斤顶	相邻点距离的1/250，且不应大于25mm	50mm

5）网架支承柱上提升设备的合力点应对准网架吊点，允许偏差值为10mm。

6）采用整体提升法，应对支承柱（或）结构进行提升阶段稳定性验算。

（6）整体顶升法

整体顶升法是把网架整体拼装在设计位置的垂直投影地面上，然后用千斤顶将网架顶升到设计标高。

1）工艺流程（图6-11）

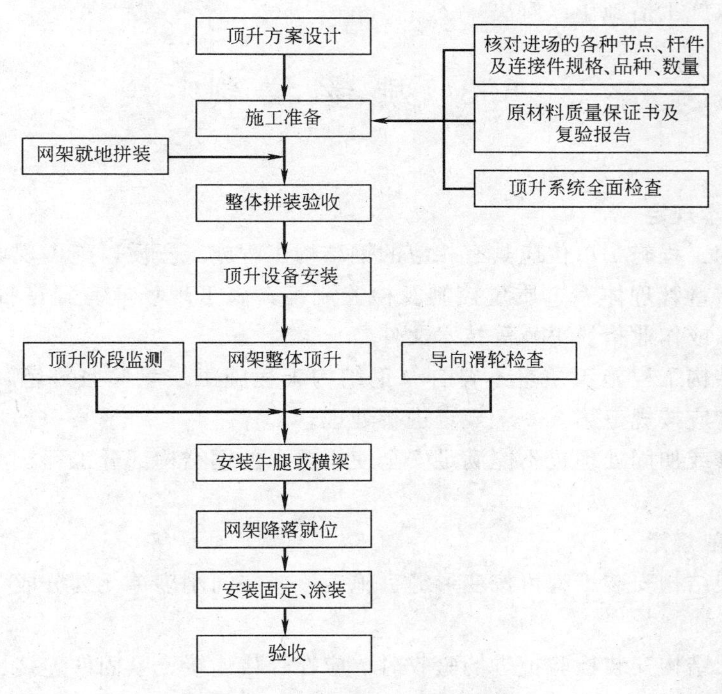

图6-11　整体顶升法工艺流程

2）网架采用整体顶升法，应尽量利用网架的支承柱作为顶升的支承结构，也可在原支点处或附近设置临时顶升支架。

3）整体顶升法的施工重点是网架同步顶升的控制和垂直度的控制。

4）顶升用的支承柱或临时支架上的缀板间距，应为千斤顶使用行程的整倍数，其标高偏差不得大于5mm，否则应用薄钢板垫平。

5）顶升使用千斤顶可采用丝杠千斤顶或液压千斤顶，其使用负荷能力为将额定负荷能力乘以折减系数。折减系数如表6-3所示。

各设备折减系数取值范围　　表 6-3

顶升设备	折减系数取值范围	顶升设备	折减系数取值范围
丝杠千斤顶	0.6～0.8	液压千斤顶	0.4～0.6

6）各千斤顶的行程和升起速度必须一致，顶升时各顶升点的允许偏差值如表 6-4 所示。

允许偏差值　　表 6-4

顶　升　点	允许偏差值
相邻两个顶升用的支承结构间距	L/1000，且不应大于 30mm
当一个顶升用的支承结构上有两个或两个以上千斤顶	千斤顶间距 L/200，且不应大于 10mm
千斤顶或千斤顶合力的中心与轴线对准	5mm
网架支座中心对柱基轴线的水平位移	≤柱截面短边尺寸的 1/50，柱高的 1/500

7）当利用结构柱作为顶升用的支承结构时，应对柱子进行稳定性验算。如稳定性不足时，应先采取施工措施予以解决。

6.3　质量控制

6.3.1　基本规定

（1）钢结构工程施工单位应具有相应的钢结构工程施工资质，施工现场管理应具有施工技术标准、质量管理体系、质量控制及检验制度，施工现场应有经审批的施工组织设计、施工方案（或作业指导书）等技术文件。

（2）当钢结构工程施工质量不符合《钢结构工程施工质量验收规范》（GB 50205—2001）要求时，应按规范第 3.0.7 规定进行处理。

（3）经返修或加固处理仍不能满足安全使用要求的钢结构部分工程，严禁验收。

6.3.2　一般规定

（1）钢网架结构安装工程可按变形缝、施工段或空间刚度单元划分成一个或若干个检验批。

（2）钢网架结构安装检验批进场验收时，应在焊接连接、紧固件连接、制作等分项工程验收合格的基础上进行验收。

（3）网架安装前，应查验网架零部件如焊接球、螺栓球、节点板及高强度螺栓、锥头或封板、套筒和杆件等产品的原材料质量保证书和复验报告及产品质量合格证。

（4）网架安装前，应对照设计及有关文件，核对进入施工现场的各种节点、杆件等构件和零部件的规格、品种和数量，并予以记录，待验收合格后方可安装。

（5）网架安装前，应查验网架产品出厂前抽样进行的节点与钢管组合而成的试件强度和承载力的破坏试验报告。对建筑安全等级为一级，跨度 40m 级以上的公共建筑网架结构、质量监督部门应会同设计部门和网架产品的生产企业，根据设计要求在网架产品安装前进行试验。

安装质量控制标准、检验方法、检查数量　　表 6-5

项目	序号	项目		质量标准	检验方法	检查数量
主控项目	1	节点配件和杆件质量，变形必须矫正(高空散装法安装的网架)		应符合设计要求和国家现行有关标准规定	观察检查，检查质量证明书、出厂合格证或证验报告	
	2	位轴线的位置、支座锚栓		应符合设计要求和国家现行有关标准规定	检查复测记录、用经纬仪和钢尺实测	按支座数抽查 10%，且不应少于 4 处
	3	支承面顶板	位置	允许偏差：15.0mm	用经纬仪和钢尺实测	按支座数抽查 10%，且不应少于 4 处
			顶面标高	允许偏差：(0mm，−3.0mm)		
			顶面水平度	允许偏差：1/1000		
	4	支座锚栓	中心偏移	±5.0mm		
			紧固	应符合设计要求和国家现行有关标准规定	观察检查	按支座数抽查 10%，且不应少于 4 处
	5	支承垫块种类、规格、摆放位置和朝向		应符合设计要求和国家现行有关标准的规定	用钢尺和水准仪实测	按支座数抽查 10%，且不应少于 4 处
	6	自重及屋面工程完成后的挠度值		测点的挠度平均值为设计值的 1.15 倍	用钢尺和水准仪实测	跨度 24m 及以下钢网架结构测量下弦中央一点；跨度 24m 以上钢网架结构测量下弦中央一点及各向下弦跨度的四等分点
一般项目	1	支座锚栓	露出长度	允许偏差：+30.0mm，0.0mm	用钢尺现场实测	按支座数抽查 10%，且不应少于 4 处
			螺纹长度	允许偏差：+30.0mm，0.0mm		
	2	节点及杆件外观质量		表面干净，无疤痕、泥沙和污垢。螺栓球节点用油腻子填嵌严密，并应将多余螺孔封口	观察检查	按节点及杆件数抽查 5%，且不应少于 10 个节点
	3	安装后允许偏差	支座中心偏移	L/3000，且不应大于 30.0mm	用钢尺和经纬仪实测	
			纵向、横向长度	L/2000，且不应大于 30.0mm−L/2000，且不应小于−30.0mm	用钢尺实测	
			支座高度：周边支承网架相邻支座高差	L/400，且不应大于 15.0mm	用钢尺和水准仪实测	全数检查
			支座高度：支座最大高差	30.0mm		
			支座高度：多点支承网架相邻支座高差	L_1/800，且不应大于 30.0mm		
	4	涂装厚度	一般性涂层	80～100mm		
			装饰性涂层	100～150mm		

注：L 为纵向、横向长度；L_1 为相邻支座间距。

（6）网架安装前，网架支承结构必须经过验收，在验收合格后方可进行网架安装。网架安装前，必须对网架每个支座预埋件及支座连接间的平面位置、垂直标高等进行复验。

（7）在施工现场实施焊接施工时，应按《建筑钢结构焊接技术规程》（JGJ 81—2002）第5.1.1条规定，进行焊接工艺试验并制定相应的焊接工艺技术文件。

（8）钢网架结构安装应遵照《钢结构工程施工质量验收规范》（GB 50205—2001）第10.1.4、10.1.5、10.1.6条规定。

6.3.3 安装质量控制标准（表6-5）

6.3.4 关键点

在整个网架安装过程中，关键点是要特别注意下弦球的垫实、轴线的准确、高强度螺栓的到位程度、网架挠度及几何尺寸的控制。

（1）下弦杆与球的组装

根据安装图的编号，垫好垫实下弦球的平面，把下弦杆件与球连接并一次拧紧到位。

（2）腹杆与上弦球的组装

腹杆与上弦球应形成一个向下锥体，腹杆与上弦球的连接必须一次拧紧到位，腹杆与下弦球的连接不能一次拧紧到位，主要是为安装上弦杆起松口服务。

（3）上弦杆的组装

上弦杆安装顺序就由内向外传，上弦杆与球拧紧应与腹杆和下弦球拧紧依次进行。

6.3.5 质量通病及防止措施

（1）支撑面顶板及支承垫板质量通病

1）钢网架结构支座定位轴线超偏

钢网架结构支座实际轴线偏离标准轴线，偏差超过规范允许值。产生原因有：柱顶十字线放偏；网架拼、安装时尺寸、形状不准确；没有预检支座尺寸及轴线；使用的经纬仪及钢尺未经校验，存在误差；看错施工图纸或支承网架柱、墙本身垂直度超偏等。由于支座定位轴线超差，会造成网架安装困难，网架定位尺寸不准，影响受力性能。

防止措施：支座中心线要准，并使相对两面中心线在同一个平面上。网架安装前要对支承面十字线及网架支座十字线进行预检，误差控制在规范允许范围内。使用的测量仪器及工具应经过计量检测，并使用统一的钢尺。要认真放线，防止看错图纸。支撑柱、墙垂直度若超差，应经调整后再放定位轴线。

2）支撑面顶板设置位置、标高、水平度不符合要求

支撑表面不作处理（如找准位置、找好标高、表面找平）就设置顶板，结果使顶板位置不正，板标高不一，表面不平，有一定斜度。由于顶板设置不符合要求，使网架支撑面不一致，不能均匀传递网架荷载，使网架受力不均，易引起节点变形，影响网架的承载力和稳定性。

防止措施：网架支撑板设置前，应对支承位置、标高、水平度进行处理，经严格检查后，再进行铺设，使顶板铺设位置正确，与相邻支承顶板标高一致，水平度符合要求。

3）网架橡胶垫块与刚性垫块之间或不同类型刚性垫块之间互换使用

对不同材质、不同类型垫块在网架不同支座中的功能不理解，随意代用、互换使用等。由于互换，会影响网架支座的传力、受力性能，使网架变形不一致，削弱其承载力。

防止措施：网架橡胶垫块与刚性垫块之间或不同类型刚性垫块之间不得互换使用。装置时应加强检查，防止互换、用错。

4）网架支座锚栓的规格、尺寸、位置、筋骨不符合设计要求

网架支座锚栓的直径、露出支座面长度、螺纹端的尺寸、根部加工形状、埋设位置以及加工程度等不符合要求，会导致网架安装就位、紧固困难，影响锚固强度和约束力，降低受力性能和稳定性。

防止措施：认真看好图纸，防止看错安装轴线和标高；锚栓进场应严格检查、验收、规格、尺寸应符合设计要求。支座浇筑混凝土前要认真检查锚栓的位置、标高、垂直度情况，应用固定框固定牢固，偏差应控制在允许范围内。

(2) 拼装尺寸偏差过大或过小

尺寸偏大或偏小产生的原因有：焊接球、螺栓球、焊接钢板等节点及杆件制作的几何尺寸超差；钢尺未经校核，存在误差；中拼吊装杆件变形造成尺寸偏差等。由于拼装尺寸有误，会导致安装就位困难，影响安装质量。

防止措施：

① 对焊接球、螺栓球、焊接钢板等节点及杆件制作的几何尺寸，必须严格控制制作质量。

② 钢管球节点加套管时，每条焊缝收缩应为1.5～3.5mm，不加套管时，每条焊缝收缩应为1.0～2.0mm，焊接钢板节点，每个节点收缩量应为2.0～3.0mm。

③ 钢尺必须统一校核，并应考虑温度修正值。

④ 小拼单元应在胎具上进行拼装。中拼单元也应在足尺大样上进行拼装或预拼装，以便控制其尺寸偏差。

(3) 总拼后尺寸允许偏差值超差

钢网架总拼装变形超过允许偏差值。主要原因是：总拼装顺序不当或焊接顺序不当。从而导致吊（安）装困难，影响网架受力性能和安装质量。

防止措施：大面积拼装一般应采取从中间向两边或四周顺序拼装，这样杆件有一段是自由端，能及时调整拼装尺寸，以减少变形和焊接应力。螺栓球节点总拼装顺序一般从一边向另一边，或从中间向两边顺序进行。当螺栓头与锥筒（封板）端部齐平时，也可以采用跳格拼装，其安装顺序为：下弦→斜杆→上弦。网架焊接顺序应为先焊接下弦节点，使下弦收缩向上拱起，然后焊腹杆及上弦。焊接时应尽量避免形成封闭圈，否则焊接应力大，产生变形。一般可用循环焊接法。

(4) 球管焊接质量不符合要求

球管焊接根部出现未焊透。主要原因是：钢管坡口太小；焊工定位焊接技术水平低，焊接电流、焊条直径选用不当；球管焊接部位有污物等。从而导致球管焊接质量差，影响球管连接强度，降低承载力，严重时会使连接点破坏。

防止措施：钢管坡口加工应正确，钢管壁厚4～9mm时，坡口必须≥45°。加强部位高度要大于或等于3mm，以防产生局部未焊透。钢管壁厚≥10mm时，采用圆弧坡口，钝边不大于2mm，单面焊接双面成型易于焊透。焊工必须持有钢管定位焊接操作证，方

可施焊。焊接前，焊接处污物要进行清除干净。对于等强焊缝必须符合二级焊缝的质量要求，除进行外观检验外，应作无损探伤检验。

（5）高空散装法安装出现标高偏差

防止措施：采用控制屋脊线标高的方法拼装，一般从中间向两侧扩展，以减少累计偏差和便于控制标高，使误差消除在边缘上。拼装支架应进行设计、计算，要求有足够的强度和刚度，并满足单肢和整体稳定性要求。采用悬挑法安装时，由于网架单元不能承受自重，在网架拼装过程中应进行适当加固，使其保持稳定。

（6）分块、分条安装法挠度偏差过大

网架采取分块、分条单元，在地面组装，然后分别吊至高空就位搁置再拼装成整体安装时，易在合拢处由于自重而产生下垂，而影响网架的拼装精度，降低网架的刚度和承载力。

防止措施：可在网架合拢处，设置有足够强度和刚度的支架，支架下部装有小型液压千斤顶，用以调整网架挠度。

（7）高空滑移法挠度超过设计值

网架设计时未考虑分条滑移安装方法，网架高跨比小，在拼接处易由于网架自重而下垂，使其挠度超过设计挠度值。从而导致影响网架受力性能，使刚度和承载力达不到设计要求。

防止措施：适当增大网架杆件截面，以增加其刚度。拼装时适当提高网架施工起拱数值。大跨度网架安装时，中间应设置滑道，以减小跨度，增强其刚度。为防止其滑移过程中，因杆件内力改变而影响挠度值，应控制网架在滑移过程中的同步数值。

6.4 安全施工措施

6.4.1 高空散装法

（1）拼装支架必须符合稳定性要求，以确保安全生产。

（2）采用扣件式钢管脚手架作拼装支架，其结构形式应根据其工作位置、荷载大小、荷载情况、支架高度、场地条件等因素通过计算而定。

（3）铺设脚手板的操作平台边缘，应设防护栏杆。

（4）使用活动操作平台，要经过鉴定，安装牢固，设有防止活动架在滑移过程中出轨的挡块或安全卡。

（5）网架支座落位要统一协调、统一落差。操作人员责任到人，出现问题及时逐级上报。

6.4.2 分条或分块安装法

（1）采用起重机安装时，要符合起重机安全操作规程。

（2）拼装支架必须符合稳定性要求，以确保安全生产。

（3）采用扣件式钢管脚手架作拼装支架，其结构形式应根据其工作位置、荷载大小、荷载情况、支架高度、场地条件等因素通过计算而定。

(4) 铺设脚手板的操作平台边缘，应设防护栏杆。

(5) 使用活动操作平台，要经过鉴定，安装牢固，设有防止活动架在滑移过程中出轨的挡块或安全卡。

6.4.3 高空滑移法

(1) 高空拼装平台应根据现场条件、支承结构特征、滑移方向、滑移重量通过计算而定，以确保安全。

(2) 中间设置滑移轨道时，易引起杆件变形，应采取临时加固措施，以防失稳。

(3) 滑轨之间连接处，要打磨光滑，以防滑移过程中“啃轨”，引起安全事故。

(4) 滑移及牵引设备索具要全面检查、试车、试滑后方可正式滑移。

(5) 网架支架落位，要责任到人，统一指挥。

6.4.4 整体吊装法

(1) 采用单机或多机抬时，要根据网架重量而定，当多机抬时，其额定起重能力乘以0.75系数。

(2) 吊机选择要根据吊点位置、索具规格、起重机高度、回转半径、起重量详细计算而定。

(3) 起重机行走道路要平整、坚实。

(4) 多机抬时，起吊速度尽量统一，确保同步起升或下降。

(5) 采用拔杆安装时，单杆或多杆的选择要根据网架的重量而定，拔杆的起重滑轮组、索具、缆风绳、地锚、卷扬机、地基等应验算。

(6) 拔杆的拆除时应确保网架结构的安全，按拆装方案进行施工。

(7) 卷扬机规格尽量做到一致，线速度差不能太大，以防不同步造成事故。

6.4.5 整体提升法

(1) 在钢绞线承重系统增设多道锚具，如安全锚。在安装时，地面应划分安全区，以免重物坠落，造成人员伤亡。

(2) 每台提升油缸上装有液压锁，以防油缸破裂，重物下坠。液压和电控系统采用连锁设计，以免提升系统由于误操作造成事故。在提升过程中，应指定专人观察地锚、安全锚、油缸、钢绞线等的工作情况。

(3) 控制系统应具有异常自动停机、断电保护功能。

6.5 工程实例

6.5.1 工程概况

宝钢三期管坯连铸主厂房是三期工程第一个重点项目。该厂房屋面设计在国内首次采用大面积抽空式、双向正交正放四角锥螺栓球钢管网架，总面积19044m^2，抽空面积达20.5%，厂房长度218m，最大跨度33m，最大线距26m，网架网格为3m×3m、矢高为

2.7m的正放锥形体系（见图6-12、图6-13）。该网架利用连铸主厂房屋面设计有门型天窗的条件，把门型天窗下的网架杆件局部抽空，作为建筑美化的空间，设计新颖，造型美观，结构的空间作用传力性能好，施工便捷，结构形式先进合理和经济实用，经测算用钢量比普通钢结构屋架节省45%～55%，比不抽空网架节省钢材15.5%。

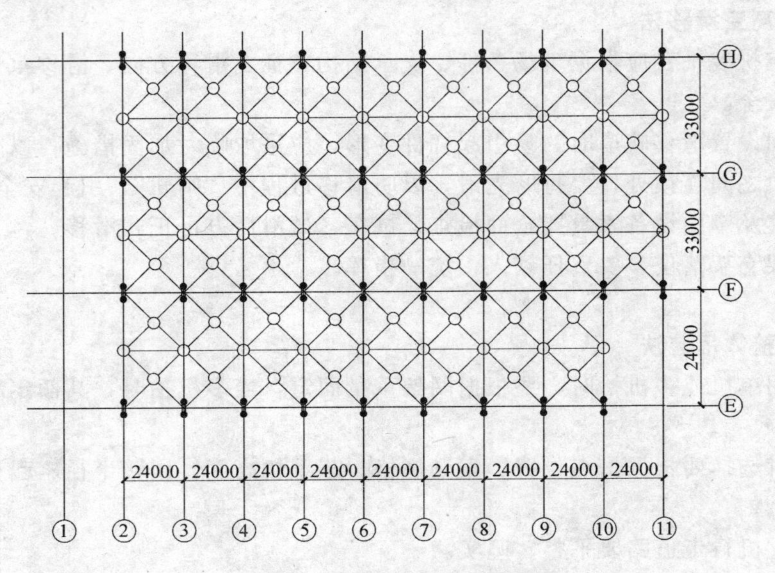

图6-12　网架屋面平面示意图

图6-13　抽空式屋面平面示意图

6.5.2　安装方法选择

根据该厂房网架屋面安装位置高、体积大、工期紧等安装特点，综合采用了高空散装、分条分块拼装、高空滑移、整体吊装等方法。

(1) 散装法施工

由于厂房屋面安装位置高、体积大，搭设脚手架平台是一项很繁重且经费高的工作。我们原计划利用厂房内行车作为平台架，搭设跳板作为操作平台。但是在网架安装时，厂房内行车还没有安装，如果等行车安装后再进行网架屋面安装，势必影响整个施工进度，我们根据现场实际情况决定：利用墙皮网架将其水平放在行车轨道上，作为高空滑移平台，然后在高空滑移平台上利用散装法安装网架。

1) 准备工作

① 高空滑移平台组成

a. 网架墙皮结构

b. 网架平台下架设钢管作安装平台滑行道

c. 网架平台上用脚手杆、跳板、篱笆片搭设操作平台

② 各跨间平台搭设要点（见图 6-14）

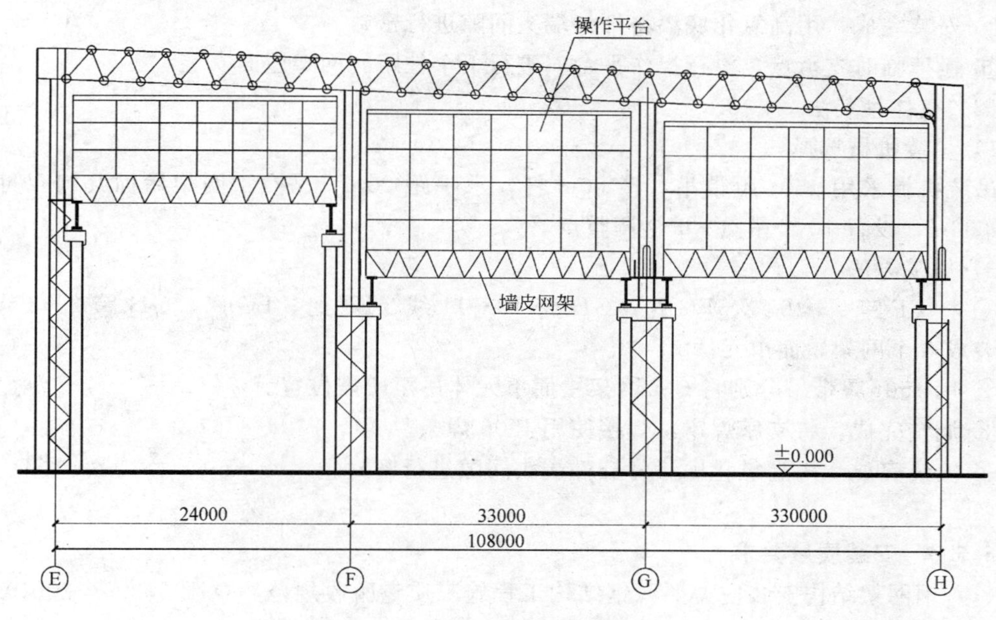

图 6-14 操作平台示意图

a. EF 跨，平台尺寸：24m×21m，柱顶标高＋22.430m 及＋21.300m，整体平台在＋17.000m 轨道上滑行。

b. FG 跨，平台尺寸：24m×30m，柱顶标高＋21.300m 及＋19.650m，整体平台在＋12.000m 轨道上滑行。

c. GH 跨，平台尺寸：24m×33m，柱顶标高＋19.630m 及＋18.000m，整体平台在＋12.000m 轨道上滑行。

③ 几何轴线复测

a. 根据工序交接记录，测量复查柱子垂直度，并做好实测记录。

b. 把每列柱基轴线用测量仪器投到柱顶，并与柱顶轴线相比较，位移小于 10mm。

c. 网架安装前检查柱距、跨距及对角线。

2）安装方向

因为屋面网架的横向断面是三跨四支承点式，纵向是各跨连续，每个柱顶一个支点，一个柱间距可以视为一个独立网架单元，安装时，以F列中间柱为基准，从FG跨8线开始向11线推进，然后返回8线，再从8线向2线推进。

3）施工方法

① 根据工地条件三跨屋面网架同步安装，利用高空临时平台采用散装法，以F列为基准从中间向两边同时安装，第一步：铺设EF跨下弦螺栓球，组成3m×3m×33m方格，然后组装腹杆、上弦球、上弦杆件；第二步：铺设FG跨下弦螺栓球，组成3m×3m×33m方格，然后组装腹杆、上弦球、上弦杆件。

② 为防止安装过程中网架下挠，在螺栓球下方采用临时支承点，支承点使用250mm高螺旋千斤顶，网架屋面几何尺寸为24m×33m，设置10个支承点。

③ 调整完成，将支座焊牢，焊接使用J506焊条。

④ 安装完成，用高氯化底漆将杆件端头间隙进行密封。

⑤ 撤掉临时支承点，滑行操作平台，进行下个柱距间网架屋面安装。

（2）整体吊装法

1）吊装机械选择

吊装机械采用150t履带吊，接60m杆，水平距20m。吊点：网架屋面几何尺寸为24m×33m，设置10个吊点、1个调整点。

2）施工方法

① 将EF跨9—10线、FG跨、GH跨10—11线、EF跨、FG跨、GH跨2—3线分别拼装成6个网架屋面单元。

② 用150t履带吊分别将6个网架屋面单元体吊至所需位置。

③ 调整完成，将支座焊牢，焊接使用J506焊条。

④ 安装完成，用高氯化底漆将杆件端头间隙进行密封。

6.5.3 安装质量要求

（1）钢网架结构安装应遵照《钢结构工程施工质量验收规范》（GB 50205—2001）第10.1.4、10.1.5、10.1.6条的规定。

（2）质量通病防治

1）螺栓球是网架杆件互相连接的受力部件，采用热锻成型，质量容易得到保证。对锻造球，应着重检查是否有裂纹、叠痕、过烧。

2）钢管杆件的长度，端面垂直度和管口曲线，其偏差的规定值是按照组装、焊接和网架杆件受力的要求而提出的，杆件直线度的允许偏差应符合型钢矫正弯曲矢高的规定。管口曲线用样板靠紧检查，其间隙不应大于1.0mm。

3）螺栓球节点网架安装前，对杆件要检查，特别是下弦部结构的验收，杆件不应有弯曲。

4）螺栓球节点网架安装中，必须使网架杆件处于非受力状态，严禁强迫就位和加载校正，压杆部位不得出现杆件弯曲现象。

5）螺栓球节点网架拼装过程中，不宜将螺栓一次拧紧，而是待沿建筑物纵向（横向）

安装好一排或两排网架单元后，经测量复验并校正无误后方可将螺栓球节点全部拧紧到位。

6）螺栓球节点网架安装过程中，要确保螺栓球节点拧到位，若出现销钉高出六角套筒面外时，应及时查明原因，调整或调换零件使之达到设计要求。

7）屋面板安装必须待网架结构安装完毕后再进行，铺设屋面板时应按对称要求进行，否则，须经验算后方可实施。

8）螺栓球网架结构安装完后，未经设计许可严禁其作为其他构件安装的起吊点。

9）螺栓球节点在组装完成后，应对螺帽与节点球及锥头之间的缝隙作嵌缝与补漆处理。

6.5.4　安全措施

（1）作业人员须经医生检查，合格者才能进行高空作业。

（2）施工区域应有明显标志和围护及安全旗，非施工人员禁止入内。

（3）凡登高作业及网架安装、涂装人员应严格遵守高空作业规程，如戴好安全帽、系好安全带、穿好工作服、工作鞋，方可进入工作现场，使用之前需进行试验检查。

（4）凡安装使用的机械设备及机具，如遇焊机、卷扬机、滑轮组绳索、小型机具等需有使用检修，保管的管理制度，发现有问题就应立即停止使用，进行检修及更换。

（5）施工人员在高空作业时所带工具、扳手、大锤、焊条、螺栓、千斤顶、油桶、倒链等应设在稳定的地方或装入工具袋中，并栓好安全绳，施工时严格执行各种操作规程。

（6）高空作业人员不准随意朝下抛工具物件以免伤人，现场要设专人监护。

（7）卷扬机需专人负责操作和管理，操作人员需有操作证，听从指挥人员信号。

（8）使用的钢丝绳、卡扣、倒链严禁电焊、水焊打伤。如发现有损坏时需及时更换，在使用前严格检查。

（9）油漆存放库内应备有防火砂、灭火器消防设施，并有专人负责。

（10）所有电动工具必须有漏电保护措施。

7　大型空间钢结构的安装

7.1　概　　述

大跨度空间结构是目前发展较快的结构类型，而大跨度建筑及其空间结构技术的发展状况代表了一个国家的建筑科技水平。一些规模宏大、形式新颖、技术先进的大型空间结构已成为一个国家经济实力与建筑技术水平的重要标志。

我国大跨度空间结构的基础原来比较薄弱，但通过多年来的努力已取得了比较迅猛的发展。近年来，由于建筑钢结构已越来越快地得到推广应用，特别是大跨度空间钢结构建筑日益增多，其结构形式多样，已广泛地应用于文化体育场馆、会议展览中心、候机厅等大型公共建筑以及不同类型的重型工业建筑中。

大跨度屋盖结构系指跨度等于或大于 60m 的屋盖结构，可采用桁架、钢架或拱等平面结构以及网架、网壳、悬索结构和索膜结构等空间结构。

大、中跨度的空间结构多用于公共建筑和工业厂房，人员聚集很多，贵重设备与设施很多，故对结构的安全性与可靠性要求更高。设计、制作和安装都要求严格精确，如发生事故，尤其是重大事故，会造成巨大的人员伤亡和财产损失。

近年来兴建的大型公共建筑大多采用了钢管杆件直接汇交的管桁架结构，其外形丰富、结构轻巧、传力简捷、刚度大、重量轻、杆件单一、制作安装方便、经济效果好，是当前应用较多的一种结构体系。

大跨度空间结构具有广阔的应用范围和发展前景，也是我国空间结构领域面临的巨大机遇。

7.2　安装方法的选择

大跨度空间结构的安装方法，应根据大跨度空间结构的受力和构造特点，在满足质量、安全、进度和经济效果的要求下，结合当地的施工技术条件综合确定。

大跨度空间结构的安装方法主要有：

（1）高空散装法。高空散装法是指空间结构的杆件和节点直接总拼，或预先拼成小拼单元在高空的设计位置进行总拼的方法。适用于各种类型的大跨度空间结构，并宜采用少支架的悬挑施工方法，如大面积的钢管桁架结构，或结构复杂、造型怪异的空间结构。

（2）分条（分块）安装法。分条（分块）安装法是将整个空间结构的平面分割成若干条状或块状单元，吊装就位后再在高空拼成整体。适用于分割后刚度和受力状况改变较小的空间结构，如两向正交、正放四角锥、正放抽空四角锥等网架，分条或分块的大小应根据起重能力确定，并保证不变体系。

(3) 滑移安装法。滑移安装法是将空间结构条状单元进行水平滑移的方法。适用于大跨度、超重量（吊机无法满足）或建筑物结构本身无法吊装的空间结构，滑移时滑移单元应保证成为不变体系。可分为单条滑移法、逐条累积滑移法。

(4) 整体吊装法。整体吊装法适用各种类型的空间结构及大跨度建筑物结构，吊装时可在高空平移就位或旋转就位。

(5) 整体提升法。整体提升法适用于周边支承及多点支承、自重太重（超出吊机起重能力）的空间结构，施工机具可采用升板机、钢杆爬升液压提升设备、钢索液压同步提升设备等。

(6) 整体顶升法。整体顶升法适用于支点较少的多点支承空间结构，施工机具采用螺旋千斤顶或液压千斤顶。

此外可以结合某些空间结构的几何形状外低中高的特点分别采用不同的安装方法。

采用吊装、提升或顶升的安装方法时，其吊点的位置和数量的选择，应考虑下列因素：

(1) 宜与空间结构使用时的受力状况相接近；

(2) 吊点的最大反力不应大于起重设备的负荷能力；

(3) 各起重设备的负荷宜接近。

安装方法选定后，应分别对空间结构的施工阶段的吊点反力、挠度、杆件内力、提升或顶升时支承柱的稳定性和风载下空间结构的水平推力等项进行验算，必要时应采取加固措施。空间结构应进行在外荷载作用下的内力、位移计算和必要的稳定性计算，并应根据具体情况，对地震、温度变化、支座沉降及施工安装荷载等作用下的内力、位移进行计算。施工荷载应包括施工阶段的结构自重及各种施工活荷载。安装阶段的动力系数：当采用提升法或顶升法施工时，可取 1.1；当采用拔杆吊装时，可取 1.2；当采用履带式或汽车式起重机吊装时，可取 1.3。空间结构施工安装阶段与使用阶段支承情况不一致时，应区别不同支承条件来分析计算施工安装阶段和使用阶段在相应荷载作用下的空间结构内力和变位。无论采用何种施工方法，在正式施工前均应进行试拼及试安装，当确有把握时方可进行正式施工。

7.3 质量控制

7.3.1 关键点

强化现场质量管理，认真实行三级技术复核和质量检查制度，施工过程中及时做好隐蔽工程和重要工序的检查工作，并报监理验收。上道工序验收合格后方可进行下道工序施工。认真做好资料填写、收集、整理、汇总工作。严格遵守执行现行的工程施工验收规范和质量标准、设计图纸的规定和要求。

事前质量控制做到施工前技术准备，图纸会审，编制施工方案，采用新工艺、新技术，技术培训，制订工序质量控制文件等；抓好材料采购质量，做好材料检验，选择合格的供方，保质保量做好验收；使用前，核对标号、规格、型号。事中质量控制做到落实现场质量责任制，加强施工工艺纪律的严肃性，项目关键部位、重点部位、薄弱环节自检、交接检、专检相结合。事后质量控制做到对已完成的工序及时进行自检，定期组织互检，交接或隐蔽前作好专检，并报监理审核。加强对成品的保护，及时填写整理好有关资料，明确岗位责任，做好职业道德教育。坚持全员、全过程各职能部门共同为确保工程质量做好自己的本职工作。加强中间过程控制，通过过程管理，确保最终质量。

对于大跨度空间结构，测量、钢结构制造厂厂内预拼装、现场钢结构拼装、焊接、吊装等，均为关键工序，应编制相应的施工方案。

大跨度空间结构质量保证，包括设计质量、原材料质量、加工质量、运输质量、现场拼装质量和现场吊装质量等方面。

7.3.2 质量通病及预防措施

(1) 一般措施

产生质量通病的原因多、涉及面广，但只要真正在思想上重视质量，牢固树立“质量第一”的观念，认真遵守施工程序和操作规程，执行质量标准，严格检查，实行层层把关，减少质量通病是完全可能的。具体措施如下：

① 制订消除质量通病的规划，通过分析通病，列出工程中最普遍且危害性比较大的通病；综合分析这些通病产生的原因，采取措施进行监督和预防。

② 通过图纸会审、方案优化，消除由设计欠缺出现的工程质量通病，属于设计方面的原因，通过改进设计来治理。

③ 提高操作人员素质，改进操作方法和施工工艺，认真按规范、规程及设计要求组织施工，对易产生质量通病部位及工序设置质量控制点。

④ 对一些治理难度大及由于采用“三新”技术出现的新通病，组织科研力量进行QC活动攻关。

(2) 常见质量通病及预防措施

1) 氧化渣

通病描述：对已下料完成后的零部件没有及时将氧化渣清除干净就进行校平，导致板材缺陷。

纠正措施：下料完成的零部件必须及时将氧化渣清除干净，特别是需校平的板材。

2) 缺棱

通病描述：钢材切割面有大于1mm的缺棱。

纠正措施：对超标的缺棱，应根据不同母材的材质正确使用焊条进行补焊，补焊后打磨平直。

3) 螺栓孔（剪板）毛刺

通病描述：螺栓孔表面粗糙，不光滑，有毛刺；板材剪切面有毛刺。

纠正措施：对表面粗糙、不光滑、有毛刺的螺栓孔（剪板）用砂轮打磨平整。

4) 高强度螺栓孔成型

通病描述：高强度螺栓的栓孔应采用钻孔成型，当螺栓不能自由穿入时，强行穿入螺栓。

纠正措施：该孔应用铰刀进行修整，严禁采用气割扩孔处理。

5) 高强度螺栓安装

通病描述：高强度螺栓连接安装时，在每个节点上用高强度螺栓兼做临时螺栓。

纠正措施：在每个节点上应穿入临时螺栓，严禁用高强度螺栓兼做临时螺栓。

6）焊瘤

通病描述：熔化金属流淌到焊缝以外，在未熔化的母材上形成金属瘤。

纠正措施：合理选择与调整适宜的焊接电流、电压，改变运条方式和正确的电弧长度。

7）电弧擦伤

通病描述：焊条或焊把与焊接工件接触引起电弧致使工件表面受损。

纠正措施：焊接人员应当经常检查焊接电缆及接地线的绝缘状况；装设接地线要牢固、可靠；不得在焊道以外的工件上随意引弧；暂时不焊时，应将焊钳放在木板上或适当挂起。

8）咬边

通病描述：焊缝边缘母材上被电弧或火焰烧熔出凹陷或沟槽。

纠正措施：调整及选用适当的焊接电流、电压；缩短电弧长度用压弧焊；改变运条方式和速度，确定正确的施焊角度。

9）焊缝不饱满

通病描述：焊缝外形高低不平，焊波宽窄不齐，焊缝和母材的过渡不平滑。

纠正措施：选用适当的焊接电流、电压；熟练、正确地掌握运条速度和施焊角度。

10）气孔

通病描述：气体残留在焊缝金属中形成的孔洞。

纠正措施：使用合格的焊条进行焊接；焊条和焊剂在使用前，应按规定要求进行烘焙；对焊道及焊缝两侧进行清理，彻底清除油污、水分、锈斑等；选择合适的焊接电流和焊接速度，采用短弧焊接。

11）异物填塞组装间隙

通病描述：组装时间隙过大，在焊接前用钢筋、钢板条、焊条等异物填塞间隙。

纠正措施：对组装间隙过大的构件，应编制相应的组装工艺方案，在下料前应充分考虑焊缝的收缩等影响构件尺寸的因素。

12）涂装

通病描述：基层未处理干净，油漆流淌，漆层起皱，涂层脱皮。

纠正措施：在涂装前必须将基层处理干净，清除焊渣、焊疤、灰尘、油污、水和毛刺。对流挂、流淌部位用打磨法除去流挂，重新涂装。严格控制每道涂层厚度，起皱、脱皮部位应打磨后重新涂装，对脱皮严重的，应全面返工。

7.3.3 大跨度空间结构工程施工中的注意事项

（1）加工制造中应优先使用计算机放样、自动切割和计算机钻孔技术。

（2）桁架在总拼装之前应考虑焊接收缩。

（3）桁架组装中，为避免偏心，桁架的节点、各杆件中心线尽量交汇于一点，以保证桁架本身的强度和稳定性。

（4）从施工效率及施工质量的角度考虑，钢管桁架相贯节点宜选择有间隙搭接形式。

(5) 在钢管桁架拼装过程中，弦杆外径应大于腹杆外径，同时腹杆的外径应大于等于弦杆外径的1/4；弦杆的壁厚应大于腹杆的壁厚。在节点处弦杆应是连续的，不应将腹杆直接穿入弦杆管壁和弦杆内施工。

(6) 钢管桁架拼装过程中，弦杆与腹杆、腹杆与腹杆之间的相贯连接焊缝，应沿全周连续施焊并平滑过渡，该焊缝为全周角焊缝。

(7) 桁架拼装过程中，应考虑预起拱。桁架结构总装完成后及屋面系统完成后，应分别测量其挠度值，且所测的挠度值不应超过相应设计挠度值的1.15倍。

(8) 桁架组装、拼装及安装过程中的测量定位，应采用全站仪等先进的测量仪器，以保证桁架轴线、标高和形状的准确性。

(9) 使用临时胎架时，应保证高空对接支撑架的稳定性和对接成形后的总装精度。

(10) 施工中需保证桁架在吊装过程中的抗倾覆和整体稳定性。

(11) 采取滑移、提升工艺时，应控制滑移、提升过程中的整体稳定性和同步性。

(12) 根据结构特点和现场条件，大跨度钢结构工程的施工，可选用整体吊装、分段吊装、空中滑移、整体顶（提）升等施工方法，但从整体施工周期、施工成本、工程质量等方面综合考虑，选择起重机械吊装较优。

7.4 安全施工措施

大跨度空间结构工程，一般结构复杂，施工工序多，穿插专业多，点多面广，技术要求高，施工过程中必须坚决落实“安全第一，预防为主”的方针和“安全为了生产，生产必须安全”的规定，全面实现“预控管理”，从思想上重视，从行动上支持，控制、减少突发事故的发生。遵守和执行《建设工程安全生产管理条例》（中华人民共和国国务院令第393号）、《建筑施工安全检查标准》（JCJ 59—1999）、《施工现场临时用电安全技术规范》（JGJ 46—2005）、《建筑施工高处作业安全技术规范》（JGJ 80—1991）、《建筑机械使用安全技术规程》（JGJ 33—2001）等法规和规程。

7.4.1 安全施工管理要求

(1) 各级管理人员和工程技术人员必须熟悉有关安全法规和规定制度，并在组织施工生产中严格遵守，牢牢树立“安全第一”的观念。

(2) 进入作业现场，作业人员一定要穿戴好防护用品，电焊专业人员应戴好防护镜或防护面罩。

(3) 各种易燃易爆气瓶在使用时保持安全距离10m，地势狭小处不得小于5m，使用时不得靠近明火，不准平放。

(4) 特种作业人员和高空作业人员必须经过专业培训并取得相应的资质，持证上岗。

(5) 安全网、安全绳、灭火器、漏电保护装置、照明灯具等安全设施必须配备齐全，并处于安全使用状态，工具、机、器具使用前必须进行检查，严格杜绝不合格、不安全产品进入。

(6) 施工区域内安全警告标志必须明晰、醒目；安全指示标识必须合理、规范。

(7) 施工过程中必须做到合理组织，严格管理，严查隐患，交叉看护，尽可能减少事故发生的可能性和突发性。

(8) 加强施工过程中的安全信息反馈，不断排除事故隐患。

(9) 施工前进行安全技术交底，消除安全隐患，克服不当操作，定期或不定期进行职工安全教育，组织安全竞赛等活动，增强安全意识，规范安全操作，培养安全习惯。

(10) 施工班组在施工中，做好安全记录。

(11) 作业人员在作业前，必须对作业工具、器具进行检查，禁止使用具有安全隐患的设备。

(12) 作业人员必须按照安全操作规程进行操作，不得违章作业。

(13) 易燃、易爆、有毒物品必须隔离，加强保管，禁止随意摆放。

(14) 施工现场进行焊接、切割等动火操作时，必须办理动火手续，动火时注意周围环境，以防失火。

(15) 不允许雨天进行焊接作业，如必须雨天作业，需设置可靠的挡雨、挡风篷，防护后方可作业。

7.4.2 构件运输

构件运输装车前，应对各构件进行解体，其最长构件的长度尽量不超过21m。装车应满足以下要求：

(1) 车上构件须堆放牢固稳妥，并用钢丝绳绑扎和倒链拉挂，防止物件滑动碰撞或跌落；

(2) 构件运输必须满足现场安装的进度要求，制定详细的运输计划，并严格执行；

(3) 运输车辆在构件运输过程中，必须严格遵守交通法规，坚决杜绝违反交通法规的事件和交通事故的发生；

(4) 构件的卸车和装车均由专人监督和指挥；

(5) 构件在现场运输时一定要处理好各种现场车辆及物件的位置。

7.4.3 临时支架

大跨度空间结构一般设置临时支架，所设置的临时支撑高度较高，且支承的构件重，一旦失稳或坍塌，将会造成重大安全事故，因此应做到：

(1) 将临时支架按正式工程的构件进行设计、安装；

(2) 设计时按照最不利工况进行，乘以适当的安全系数，选取截面性能较好的端面组合；

(3) 临时支架应形成空间稳定体系；

(4) 施工过程中，不得随意碰撞和损坏施工支架及其支撑系统的任何杆件；

(5) 多层次、多方向专人监护。

7.4.4 吊装

(1) 大跨度空间结构的吊装，构件应尽可能在地面组装，并应搭设进行临时固定、焊接、高强度螺栓连接等工序的高空安全设施，随构件同时上吊就位。拆卸时的安全设施，也应一并考虑和落实。

(2) 登高应用带护笼的直爬梯。

(3) 柱、梁对接处设施工平台。

(4) 大型梁、柱吊装用吊耳。

(5) 高空作业，整区域布设安全网。

(6) 晚间作业，布设大型照明灯具，并满足施工需要。

(7) 随结构安装标高的升高，设置各层工艺平台，工艺平台安装时，其下部需满挂安全网。工艺平台预留空洞的周边设置临时栏杆或者用钢板覆盖。

(8) 吊机行走道路应满足要求。必要时需设置路基箱，起重机不得在斜坡地段进行吊装作业。

(9) 吊装时，吊机操作应尽量缓慢进行，以减小冲击力的影响，尽量避免超载和斜吊构件。严禁超重吊装，严格执行起重机械"十不吊"规定。各相关人员必须持证上岗，合理选择吊点、吊具，作业范围内实行隔离管理。

(10) 设备必须保养良好，运行正常，所选起吊用工具和钢丝绳必须有足够的安全系数，一般不得小于5～6倍。吊装须经计算后配置专用钢丝绳，并且不得用于装卸构件或挪作它用。调平用的工具必须经过安检及正常保养，并有备用。要派专人定期检查起重机械钢索及其他易损部件的使用情况，并对损坏部位做出鉴定，吊索绑扎应正确牢靠。

(11) 吊装指挥人员要使用统一的指挥信号指挥，发出的信号要鲜明、准确。起重机驾驶员严格按指挥进行操作。

(12) 禁止在风力6级及以上的环境下进行吊装作业。

(13) 双机抬吊时，操作要统一指挥，两台吊机的驾驶人员应互相密切配合，严格控制车速，尽量做到一致。在整个抬吊过程中，两台起重机的吊钩滑车组均应基本保持垂直状态，塔吊吊钩应高于履带吊吊钩。

(14) 构件高空就位后，不连接牢靠不能松钩，根据设计要求，当天要尽可能实现多点面焊接成型。

(15) 合理安排吊装顺序，加快吊装作业，尽快形成构件自身稳定体系。

(16) 对于焊接工作量大的构件，保证轴向焊接固定，侧向采用缆风绳临时固定。

7.4.5 卸载

(1) 施工前根据计算分析充分考虑卸载的次序和要求，做到施工与测量同步，保证构件的受力均匀；

(2) 合理设计拆除顺序；

(3) 严格作业制度，不准随意操作；

(4) 拆除构件前必须保证其与周边构筑物无牵连时方可提升或移位，吊移过程中，应拉设溜绳，防止支撑摆动，损坏其他构件或建筑。

7.4.6 施工现场临时用电

(1) 施工临时用电的安装、拆除、维修必须由电工严格按技术操作规程完成。

(2) 施工现场的所有电气盘箱及机具设备等应可靠接地或接零保护。

(3) 所有配电箱内的布线需整齐，实行"一机一闸一保险"制，严禁一闸多机，开关必须装设漏电保护器。

（4）各级配电装置的容量应与负载相匹配，其结构形式、盘面布置和系统接线要规范化。施工现场易潮、易爆物品应按防潮、防爆、防火安全规范严加管理和使用。

（5）施工人员应增强自我保护意识，确保施工安全。

7.4.7 高空作业安全防护要点

（1）从事高处作业人员必须进行安全技术教育及交底，落实所有安全技术措施和劳动防护用品。

（2）脚手架的搭设必须满足计算和结构的要求，没有完成的脚手架在每天收工时，要采取有效措施确保其稳定，以免发生意外事故。

（3）脚手架完工后，对脚手架工程进行联合检查合格后方可交付使用。在施工过程中应定期进行维护和检查，确保施工人员的安全。

（4）攀登作业的用具、结构构造上必须牢固可靠，使用梯子作业时，梯脚底部应坚实，不得垫高使用，上端应有固定措施，立梯工作角度以75°±5°为宜。

（5）高空作业必须挂安全带，每隔一定高度挂设一道安全绳（网）。作业人员的安全防护措施必须到位，否则不得进行高空作业。

（6）临边作业应加防护栏杆或其他可靠措施。

（7）悬空作业应有牢固的立足处，并视具体情况，配置防护栏网、栏杆或其他安全设施。

（8）悬空作业所有索具、脚手板、吊篮、吊笼等设备，均需经过技术鉴定后方可使用。使用吊篮作业时应加两道保险绳。

（9）各工种进行上下立体交叉作业时，不得在同一垂直方向上操作，下层作业的位置，必须处于其上层高度确定的可能坠落范围半径以外，不符合时应设置安全防护层。

（10）优化作业方法和施工顺序，将不安全的作业内容在条件便利的时候穿插进行施工，以减少不安全性系数。

7.4.8 环境保护措施

（1）实行环保目标责任制。

（2）加强对施工现场粉尘、噪声、废气的监测和监控工作，要与文明施工现场管理一起检查、考核、奖罚。及时采取措施消除粉尘、废气和污水的污染。

（3）垃圾和渣土不得在现场堆放，必须及时清理出场。

（4）施工道路应平坦、整洁、畅通，指定专人定时洒水清扫，防止尘土飞扬。现场到正式道路前应铺设15～20m路面，并设洗车装置，保证路面整洁。

（5）车辆不得带泥砂出现场。

（6）禁止在施工现场焚烧油毡、橡胶、塑料、皮革、树枝、枯草、废纸等会产生有毒、有害烟尘和恶臭气体的物质。

（7）禁止将有毒有害废弃物作为填料回填基坑（槽）。

（8）严格控制人为噪声，进入施工现场不得高声喊叫、吵闹。尽量选用低噪声设备和工艺取代高噪声设备与加工工艺；或在声源处安置消声器；或采用吸声、隔声、隔振和阻尼等声学处理方法在传播途径上降低噪声。

7.4.9 文明施工技术措施

在安全施工的同时，还要加强现场施工的文明管理，确保安全、有序、受控、文明、优质地完成施工任务。

7.4.10 其他

(1) 加强雨季施工的防护措施：及时掌握气象资料，以便提前做好工作安排和采取预防措施，防止雨天对施工造成恶劣影响。

(2) 加强台风的防护措施：台风来临前，现场零散物品应集中，施工材料、工具回收入工具房内，施工废料集中安放到临时堆场，已安装构件节点固定，整体结构必须加固稳定。

(3) 做好冬季防寒措施。

(4) 夏日防暑和冬天保暖防寒工作要落实到位。

(5) 后勤保障要求得力。

7.5 工程案例

7.5.1 苏州体育中心体育场钢结构工程

苏州市体育中心位于苏州市三香路繁华地段狮山大桥东南堍，占地面积 21 万 m^2，总建筑面积 10.9 万 m^2。充分体现"体育公园"国际标准理念。工期为三年，工程总造价 6.2 亿元。以西环路为界，西区为体育场区，建筑面积 $28548m^2$，建设一座拥有 40000 个

图 7-1 苏州市体育中心体育场屋盖施工

座位、包厢19间、内场设8×400m跑道和一个标准足球场的体育场，可以满足足球、田径各类比赛，看台上方设有全覆盖式遮阳雨棚。体育场似一朵荷花，是体育中心的一个标志性精品工程。

体育场结构体系新，受力复杂，由于下部基础、平台已施工完毕，结构吊装作业在场内进行，大大增加了作业半径，故需引进大型吊装机械。本工程选用300t履带起重机为主吊机。钢结构工程量约3000t。每单元中每两榀主桁架及内部的环梁、支撑、走道、檩条、预应力索等在地面组装为整体，通过300t履带吊一次吊装；每单元中部的环梁（地面组装为单榀）、支撑、走道、檩条及各单元间的连接构件由150t履带吊吊装（图7-1）。

7.5.2 湖南国际会展中心

湖南国际会展中心占地面积7.6万m^2，建筑面积9.56万m^2，长242.8m，宽141m，地上2层，局部6层，架空层1层，钢结构总量约1.8万t。下部为大跨度钢框架结构，约1.55万t，上部屋盖为管桁架结构，约3000t。

上部屋盖管桁架为全方位焊接连接，下部框架钢结构为焊接和高强度螺栓连接，焊接量大。钢管相贯焊缝均为一级焊缝。拱架弦杆用热轧无缝钢管、支座板材和管材的材质为Q345C，拱架腹杆管材、檩架管材材质为Q345B。铰支座枢轴材质为45号钢。其他板材和管材材质为Q345B。

该工程中，框架结构件单件出厂，现场单件吊装；屋盖拱架，散件出厂，现场地面整体组装，分段吊装，设置胎架，高空拼装；屋盖檩架，散件出厂，现场地面整体组装，整体吊装。选用M900塔式起重机、150t履带式起重机和136t履带式起重机为主吊机。(图7-2)

图7-2 湖南国际会展中心屋盖施工

7.5.3 上海新国际博览中心

上海新国际博览中心，展览面积为室内20万m^2，室外5万m^2，拥有17个展厅、3

个入口大厅和1座塔楼及酒店、办公室和会议中心。每个展厅面积为1.2万m^2，展厅均为一层无柱式结构。一期工程共建1个入口大厅及4个展厅，展览面积为室内4.5万m^2，室外2万m^2。一期工程钢结构总重量约8000t，其中铸钢节点6022个，重2166t。

该中心主要结构为钢结构，其结构型式为铸钢节点钢管桁架大跨度空间结构。

屋面结构管桁架弦杆纵向呈鱼腹形曲线。由上弦、下弦、侧弦共4根弦杆和17组垂直腹杆和斜腹杆组成，断面呈钻石形。每个展厅有46榀桁架，展厅之间有连廊相连。单榀桁架跨度72m，宽度12m，支座采用球形铸钢节点，支承在$\phi 324\times 14$m的管柱上部。单榀桁架最大重量为140t，有铸钢节点约90个、重45t，占桁架总重32%。除悬臂端外桁架全部节点均采用铸钢件节点，弦腹杆在节点处与铸钢件直口对称焊接，铸钢件材质为GS-20Mn5V，钢管材质为Q345A，钢板材质为Q345B。

该工程采取散件出厂，现场整体拼装，设置台车胎架，定点吊装，高空双榀拼装，台车胎架地面轨道滑移，一次就位的施工方法。选用150t履带式起重机和300t履带式起重机为主吊机。（图7-3）

图7-3　上海新国际博览中心屋盖施工

7.5.4　哈尔滨国际会展体育中心展览馆

哈尔滨国际会展体育中心展览馆为4层楼的建筑物，使用面积为3.6万m^2，展览馆长640m，高29m。钢结构约1.2万t。

屋面结构主要由35榀张弦桁架和5道次桁架组成。张弦桁架的上弦为倒三角空间管桁架、下弦为预应力拉索，跨度为128m，一端支撑在+14.6m标高的混凝土柱头上，另一端通过人字形摇摆柱支撑在+0.05m标高的混凝土平台上（人字形柱顶标高为28.473m)。单榀桁架重154t，主桁架间距为15m，桁架顶部最高点标高为36m，桁架间通过次桁架和檩条进行连接，形成整体的稳定结构。

主桁架拉索仅固定于二端铸钢支座，索与下弦交叉处设鼓形空心铸钢节点，使二者脱开。

钢管采用无缝钢管或直缝焊接钢管，材质为Q345D。不锈钢材质为美国牌号

SUS316。支座预埋钢板及檩条、檩托用钢板材质为 Q345B，其余钢板材质为 Q345D，当钢板的厚度等于或大于 40mm 时，应符合 Z15 级。拉索采用塑料护套半平行钢丝索，钢丝采用高强度低松弛镀锌钢丝，抗拉强度 1570MPa，索体保护采用双 PE 保护层，外层颜色为灰白色。索体规格为 397m × ϕ7，保护层外包直径为 ϕ180，单根拉索总长度为 131.582m，破断荷载为 23985kN。锚具采用 40Cr 钢。安装螺栓采用 4.6 级普通螺栓，高强螺栓采用 10.9 级承压型高强度螺栓。

铸钢件材质参照德国标准 DIN17182，参照 GS-20Mn5。铸钢件焊接碳当量 Ceg≤0.42。采用正火处理。

该工程屋盖系统采用散件出厂，现场分榀组装，高空总装，定点吊装，多榀累积，液压牵引，整体滑移的施工方法。选用 3000t · m 塔式起重机、K5050 塔式起重机、150t 履带式起重机为主吊机。（图 7-4）

图 7-4　哈尔滨国际会展体育中心展览馆屋盖施工

7.5.5　南宁国际会展中心

南宁国际会展中心占地面积约 2.5 万 m^2，建筑面积约 10 万 m^2。二层展厅屋盖钢结构工程总量约 3800t，展厅屋盖钢结构由 9 榀钢网壳结构组成，V 形钢网壳结构宽 182m，长 189m，单榀重 400t。

屋盖标高＋39.065m，二层混凝土平台标高＋22.5m，屋盖网壳坐落在混凝土柱上，最外侧柱与顶板分开形成独立的结构体，网壳桁架的总长度约 180m，跨度为 72m＋18m＋72m。每个单元的主体为由下弦方钢梁支撑的 18m 跨横向桁架及 H 型钢组成的下弦网壳的弧形面结构。

管材、H 型钢、支座板材管材材质为 Q345B，或采用相当等级的进口钢材。铰支座枢轴材质为 45 号钢。钢管材质为热轧焊管或冷成型直缝管材。

展厅钢网壳结构及设备核心筒连接桁架焊缝、型钢对接焊缝、钢管对接，主要受拉杆件焊缝为一级焊缝，其余为二级焊缝。角焊缝为三级焊缝。

该工程施工采用液压牵引滑移技术。定在端部轴线以南对主桁架进行组装；在 22.5m 平台端部轴线位置设置固定拼装胎架，进行网壳桁架的高空整体拼装；然后将拼好的网壳桁架利用千斤顶顶升一定的高度，利用移动胎架，通过 6 条钢轨道，用液压牵引滑移技术将整榀网壳桁架结构拉至设计轴线位置，落下就位完成整榀钢结构屋盖的安装。

钢结构施工采用散件出厂，现场胎架组装，定点吊装，多榀拼装，液压牵引，分批同步滑移技术。选用 150t 履带式起重机为主吊机。（图 7-5）

图 7-5　南宁国际会展中心屋盖施工

7.5.6　无锡体育中心二期体育展览馆

无锡体育中心二期体育会展馆，分 A 区展览馆和 B 区体育馆。A 区展览馆主要由 10 榀跨度为 71m 的主桁架及其次桁架和端部的 10 榀箱形曲线蜂窝梁等组成，长度 120m，高度 33m；B 区体育馆主要由 10 榀跨度为 95m（长约 120m）的主桁架及其次桁架和端部的 10 榀双曲线梁等组成；交叉部位为 AB 设备区。

A 区展览馆中间区域采用倒三角形管桁架体系承重，端头区域采用双腹板焊接 H 形蜂窝箱梁，在支座位置设置纵向三角形桁架。最大钢管为 $\phi351\times18$m，桁架截面约为 4500mm×5000mm，长 81m，单榀桁架最重约 47t。B 区体育馆主桁架为倒三角形，截面约为 4700mm×7000mm；最大钢管为 $\phi550\times28$m，桁架长约 120m，单榀桁架最重约 128t。B 区体育馆没有任何预应力钢棒、钢索，是目前国内没有预应力钢棒、钢索的最大跨度的钢管桁架结构之一。

主桁架的支座采用销轴支座，一端固定，一端滑移。

管桁架采用热轧无缝钢管或直缝钢管，弦杆材质为 Q345C，腹杆、支座的材质为 Q345B，销轴材质为 45 号钢；屋面纵向檩条及其支撑体系材质为 Q235B，前后檐、幕墙柱材质为 Q345B。

本工程项目选用 150t 履带式起重机为主吊机。

A 区展览馆采取散件出厂，现场胎架地面组装，定点吊装，双机抬吊的方法，即主桁架在建筑物端部外拼装成整体，两台履带吊抬吊，同步行走到安装位置，将主桁架安装就位。

B 区体育馆采取散件出厂，场内场外同时分段吊装，高空拼装的方法，即在场外布置组装场地，搭设桁架侧卧形组装胎架；在场内搭设正向组装胎架，用 50t 履带吊进行组装，用平板车将构件运至场内，2 台 150t 履带吊同时吊装。(图 7-6)

图 7-6　无锡体育中心体育展览馆屋盖施工

7.5.7　南京奥林匹克体育中心主体育场

南京奥林匹克体育中心是江苏省政府“十五”计划的重点工程，也是南京市规划中的城市副中心的重要组成部分，体育中心位于江苏省南京市的河西地区，江东南路以西，纬八路以南，青石埂路以北，包含主体育场、体育馆、游泳馆、网球中心、热身场、棒球场、垒球场等多个场馆和一个新闻中心，是一个大型综合类体育中心。主体育场位于奥体中心的中心位置，俯视平面为 242m 直径的圆，建筑面积达 127982m^2，6 万多个席位。主体育场屋盖结构体系是由与水平面成 45°倾斜的、拱身跨度为 361.582m 的三角形变断面钢桁架拱和由 104 根钢箱型梁形成的中空马鞍形空间罩棚结构屋面系统组成，钢结构总用量 12153t。整个屋盖结构体系在各种不同荷载组合情况下，分别由主拱和钢箱型梁外端的“V”形支撑将荷载传至下部结构。45°倾斜主拱线条简明，宛如飘带。

南京奥体中心主体育场屋盖结构体系独特，倾斜主拱通过前吊杆为箱型梁的悬臂端提供竖向约束，而箱型梁则通过后撑杆为主拱提供平面外的侧向稳定，两者互相依托。在整个结构体系未形成之前，屋面系统与主拱皆非独立的结构静定体系。施工过程中，不但要考虑吊装方案、吊装顺序、支撑系统布置方案、铸钢件焊接方案、温度和焊接变形控制方案、上拱组装和翻身方案、主拱合拢方案，而且还要考虑吊装完成后的整体卸载方法和顺序，施工技术难度相当大。该组合结构国内尚无先例，国际上也实属罕见。无论是设计还是施工，本工程都具有相当大的难度。

本工程选用 600t、300t 履带起重机为主吊机。（图 7-7）

图 7-7　南京奥林匹克体育中心主体育场施工

7.5.8　郑州国际会展中心会议馆

郑州国际会展中心会议馆总建筑面积 47380m²，主体呈圆柱形，半径 77m。建筑物内有主要出入口、国际会议大厅（整体建筑的主大厅）能容纳 5000 人的多功能厅、两个 400 座的会议厅、一个 1200 座的国际会议厅及中西餐厅、会展公司办公室等辅助用房。局部设有地下室，作为厨房和设备用房。多功能大厅层高 16m，室内净高 10m。

钢屋盖轻巧雅致，造型像把撑开的伞，由中央桅杆和拉索、外环支撑系统、屋面折叠桁架组成，钢结构用量 5000t。

位于圆心的中央桅杆直径 ϕ1500，高 110m，和拉索一起支撑内环梁，保证结构的整体稳定性；24 榀屋面桁架沿圆形屋顶径向均布，与内外环形成稳定体系；12 组树状支撑柱和外环桁架形成刚性抗侧力框架。屋面桁架跨距 64m，与地面水平夹角 24°。

钢管 ϕ400 以下（含 400）采用热轧无缝钢管，ϕ400 以上钢管采用直缝焊管，材质为 Q345B。受力钢板及辅助钢板材质为 Q235B。对于受 Z 向性能的钢板，当钢板的厚度等于或大于40mm时（不含圆钢管），应符合Z15级的断面收缩指标。锚栓材料材质45号钢。安装螺栓主要采用C级以上普通螺栓。

钢管切割时以受拉杆件为主，受压杆件为辅，即受拉杆件全断面与主管相交，受压杆件部分与主管相交，部分与受拉支管相交。焊接时可以仅焊可见焊缝。钢管等空心构件的外露端口采用封头板，并采用连续焊缝密闭。

钢管、钢板、球节点及平板件的对接工厂对接焊缝为一级，现场高空对接焊缝为二级，其余焊缝均为三级。

钢结构施工采取工厂散件出厂，现场整体地面组装，分段定点吊装，稳步成型，旋转累积，同步旋转滑移的方案。

地面组装、分段吊装为常规安装方法，桅杆和内环临时胎架、内环桁架穿插安装，空间多轨道旋转滑移为地面、高空三条同心圆弧轨道旋转滑移，总滑移量3500t，最大滑移单元1250t，最大旋转角度240°，最长滑移距离360m。选用300t履带式起重机为主吊机。（图7-8）

图7-8 郑州国际会展中心会议馆屋盖施工

7.5.9 苏州国际博览中心

苏州国际博览中心，占地面积为32万m^2，总建筑面积为25.5万m^2，一期建设3号、4号、5号展厅、过街楼及70m高标志塔，除核心筒为钢筋混凝土结构外，其余结构均为钢结构，钢结构总量4.2万t。每个展厅由南向北依次为前厅、南核心筒、标准展厅、北核心筒、卸货区。3号、4号、5号展厅在二层楼面连成整体。按空间结构划分为二层楼面结构（+14.475m）、屋面管桁架结构（+30.466m～+39.572m）、核心筒结构（顶部+26.900m）。

柱子系统：标准展厅在+14.475m以下柱网为18m×27m，在+14.475m以上只有支撑屋面桁架的6根箱形柱，高为27.5m，构成90m（72m）跨，前厅为圆管柱，卸货区为箱形柱，H形柱。

二层楼面结构：标准展厅东西方向的主桁架长18m，南北方向的次桁架长27m；27m跨桁架间距为9m。主桁架上下弦中心线高度为3.3m，上弦 $H600\times500\times18\times28$，下弦 $H600\times550\times25\times34$；楼面27m桁架、18m桁架单件最重分别为38t、21t；卸货区域楼面桁架规格较多，中心距6.84～7.30m不等，单件最重约为105t；桁架与桁架之间设间距为2.25m的小次梁。

屋面管桁架结构：3号、4号展厅各有5榀主桁架，跨度均为90m，3号、4号西侧悬挑由南向北依次为10～28m不等，在东侧均为2m，最长一榀为120m；单榀桁架重260t南北两榀各有一偏跨，重量分别为50t、100t，两榀主桁架中心距为27m，有三组次桁架；5号展厅有5榀主桁架，跨度均为72m，在东侧悬挑为9m，在西侧悬挑由南向北依次为31～36.2m不等，最长一榀为117m。单榀重量为170t，北偏跨重80t，两榀主桁架中心距为27m，有两组次桁架；屋面主桁架为倒梯形空间管桁架结构，四根主弦管均为 $\phi610$，上弦两主管中心距为9m，下弦两主管中心距为1m。桁架高度由西向东从11m渐变为2m，下弦为同一标高，上弦为大曲率弧形；两侧面腹杆（$\phi508\times8$m）为K形布置。

施工：先施工二层楼面及核心筒，再利用二层楼面及核心筒作支撑搭设胎架，进行屋面系统安装。3号、4号展厅：中间三榀屋面桁架两端的18m段+悬挑整体吊装，中间54m段高空散装；南北两榀分三段整体吊装，在高空对接；5号厅悬挑18m段分别整体吊装，其余部分均进行高空散装；各展厅偏跨部分在南北两榀主桁架安装到位后，利用平台进行高空散装；次桁架利用汽车吊在二层楼面上进行高空散装。

图7-9 苏州国际博览中心（一期）屋盖施工

2 台 300t 履带吊对分段部分整体吊装，1 台 200t 履带吊和 3 台 150t 履带吊分别对高空散装部分的主弦管进行吊装，及部分地面组装；12 台 30t 汽车吊上二层楼面平台进行支管高空散装；6 台 50t 履带吊在地面进行组装或倒料。（图 7-9）

7.5.10 国家体育场

国家体育场位于北京市城府路南侧，奥林匹克公园中心区内，是北京 2008 年奥运会的主体育场。建筑顶面呈鞍形，长轴为 332.3m，短轴为 297.3m，最高点高度为 68.5m，最低高度为 40.1m。屋盖中间开洞长度为 185.3m，宽度为 127.5m。

主桁架围绕屋盖中间的开口放射型布置，与屋面及立面的次结构一起形成了“鸟巢”的特殊建筑造型。大跨度屋盖支撑在周边的 24 根桁架柱之上，主桁架尽可能直通或接近直通，并在中部形成由分段直线构成的内环。为了避免出现过于复杂的节点，4 榀主桁架在内环附近截断。用分段直线代替主桁架空间弯扭曲线弦杆，减少构件的加工难度。将腹杆倾斜角度控制在 60°左右，网格大小尽量均匀，上下弦节点对齐，具有较好的对称性。桁架柱、弦杆与腹杆形成完整的桁架，腹杆主要连接于外柱与立面次结构的交点。腹杆轴线与内外柱轴线在同一平面内，腹杆宽度为 1200m，与菱形内柱同宽。在屋盖上弦采用膜结构作为屋面围护结构，屋盖下弦采用声学吊顶。主场看台部分采用钢筋混凝土框架—剪力墙结构体系，与大跨度钢结构完全脱开。

屋盖主结构的杆件均为箱形构件，其中，主桁架断面高度为 12m，上弦杆截面为 1200mm×1200mm～1000mm×1000mm，下弦杆截面为 1000mm×1200m～800mm×800mm，腹杆截面基本为 600mm×600mm，上下弦杆与斜腹杆交错相织。桁架柱为三角形格构柱，每根格构柱由两根 1200mm×1200mm 箱形外柱和一根 1200mm×1200mm 菱形内柱组成，腹杆截面为 1000mm×1200mm。桁架柱上端大、下端小，上端与主桁架相连，下端埋入钢筋混凝土承台内，并将屋盖荷载传至基础。

除菱形内柱下端（标高＋1.500m 处）采用了 Gs20Mn5V 铸钢件外，屋盖主结构主要采用 Q345D、Q345GJD 及 Q460E 钢材，钢材强度等级要求较高。

本东区主结构约为 21700t，其中桁架柱约为 10500t，主桁架约为 11200t。

每个施工区域选用 1 台 800t 履带吊和 1 台 600t 履带吊进行主结构的吊装。其中，800t 履带吊布置在外环，负责桁架柱、外圈主桁架及部分中圈主桁架的安装，600t 履带吊布置在内环，负责内圈及部分中圈主桁架的安装。所以，根据 800t 履带吊和 600t 履带吊承担的任务，又将每个施工区域分成内外两个小吊装分区，结构安装分为三个阶段六个步骤，先安装南北方向桁架柱，后安装东西方向桁架柱，内外主桁架的安装穿插进行。图 7-10。

7.5.11 五棵松文化体育中心体育馆

五棵松文化体育中心体育馆位于北京市西部，复兴路（西长安街延长线）以北，西四环路以东，西翠路以西，面积 63429m^2。体育馆是五棵松文化体育中心的一部分，是整个中心的重点建设项目之一，该中心占地 52 万 m^2，包括五棵松体育馆、五棵松棒球场、文化体育设施，以及作为公共服务的配套商业设施，总建筑面积约 35 万 m^2。

体育馆为北京 2008 年奥运会篮球比赛场馆，可容纳观众约 1.8 万人。在满足奥运会

图 7-10　国家体育场主结构吊装分段划分示意图

篮球比赛需要的同时，还充分考虑了赛后利用。赛后中心将成为满足北京市西部社区居民商业、文化、体育、休闲需要的重要场所。

体育馆结构地上 6 层（含 1 个夹层），地下 1 层，檐高高度为 37.3m，在二层（含）以下为现浇钢筋混凝土框架—剪力墙，二层以上为现浇钢筋混凝土框架—剪力墙—钢支撑结构，屋面采用双向正交空间钢桁架，覆盖面积为 $14400m^2$ 的屋架钢结构。

钢屋面东西、南北跨度均为 120m，由平面桁架双向正交，构成的空间桁架体系，平面呈边长为 120m 的规则正方形，支承在四周 20 根矩形钢筋混凝土柱上。设 8 组共 16 根柱间支撑，柱间支撑为斜十字撑，水平方向间距 24m，竖向高度 18.51m。

钢屋面桁架间距为 12m，共有 26 榀。桁架截面为鱼腹式变高度双向受力桁架，桁架截面共有 7 种形式，支座处高均为 6.3m，跨中高度从 6.3～9.3m 不等。桁架中最重的一榀为 163t，最轻的一榀为 48t。桁架上下弦和腹杆杆件截面为箱形和 H 形。钢屋架和柱间支撑材质均为 Q345C。当板厚≥40mm 时，材料要求 Z15 性能。

本工程钢结构防腐要求较高，保证其防腐年限大于 25 年，在 100 年使用年限内维修不多于 3 次（不含正常养护次数）；防腐涂料上涂有防火涂料，钢结构耐火极限分别为：屋盖主体桁架 1.5h，柱间支撑 2.0h，钢楼梯 1.5h。

建筑结构设计使用年限为 100 年，基准期为 50 年；安全等级为一级，耐久等级为一级，防火等级为一级。地基基础设计等级为甲级，基础设计安全等级为一级，乙类抗震设防，地震烈度为 8 度。

工程特点及重难点分析：

（1）施工时结构受力体系改变大

本工程屋面桁架是由双向正交的平面桁架组成的空间桁架体系。构件在安装过程中，由于空间体系尚未形成，原双向受力，在安装过程中为单向受力体系，对结构的受力体系有所改变，因此施工时必须采取相应的辅助胎架，保证施工过程中结构的应力与挠度在许可的范围内。

（2）结构跨度大

本工程中桁架的跨度为120m，结构跨度大。同时钢桁架空间双向受力，施工时要尽量保证空间的整体性，因此桁架在制作运输分段时，将主桁架分为24m左右的制作单元，利用本工程北侧的拼装场地进行拼装。

（3）构件形式各异，节点形式复杂

本工程桁架整体截面形式呈鱼腹状，但每榀桁架的截面形式各不相同，每榀中各段不同。

（4）单件体形大，构件重

本工程桁架单件体形大，桁架两端高度在6.3～9.3m之间，构件的单重较大，最重单榀桁架的重量达到163t。

（5）钢结构加工、安装技术含量高

由于本工程屋面钢桁架上下弦杆件多采用焊接箱形和H形，一级焊缝较多，构件加工制作焊接要求较高。同时，由于构件截面厚板使用较多，对构件加工、焊接要求较高。

本工程构件结构体形大，结构重量较大，结构自身各榀之间尺寸不一，同时受现场场地条件限制及屋面结构下部看台结构的影响，结构安装技术难度大，技术含量高。

本工程屋面桁架为平面桁架组成的空间结构体系，各榀桁架在同一部位的标高差异大，而屋面桁架安装时，下部土建结构的安装已基本完成，工程测量与空间定位测量难度较高。同时涉及大面积桁架的卸载，工程测量与监测技术要求高。（图7-11）

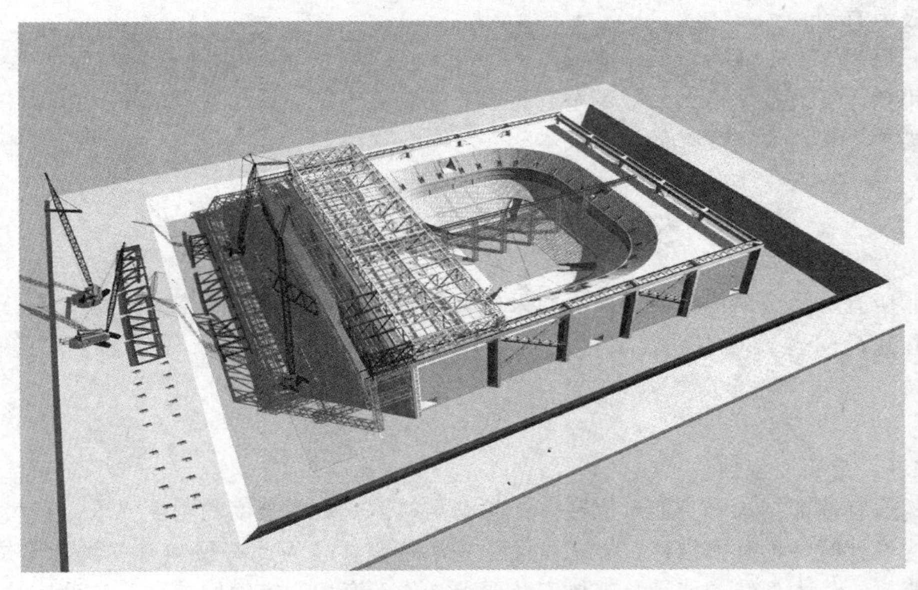

图7-11　五棵松文化体育中心体育馆施工示意图

8 大型结构整体安装技术

8.1 何谓大型结构整体安装技术

大型结构整体安装技术可表述为：在易安装的位置将大型结构组成整体，然后通过特殊的起重手段将结构整体移位（提升或平移）至设计位置，从而完成结构安装的成套技术，包括工艺和相应的设备等。

8.2 大型结构整体安装的优点

大型结构整体安装相对于构件高空散装技术，有着明显的优点：

（1）改善作业环境，便于安全管理和质量控制

由于采用整体安装技术，使构件组成结构整体的施工过程可以在地面或适宜安装的部位进行，这样可以减少大量的高空作业和超高空作业，简化安全设施，还便于结构安装尺寸的测量和控制，高空气候条件对施工质量的影响也大为减小，因此在保证施工安全和质量方面极为有利。

（2）提高安装工效，降低作业成本

采用整体安装技术可大大减少垂直运输等安装工作量，提高安装效率，而且可简化特殊施工措施，从而大幅度降低作业成本。

8.3 大型结构整体安装的必备条件

并非所有的大型结构都能够或必须采用整体安装技术。当采用常规结构安装工艺难以解决工程建设问题或具有明显的经济不合理性时，可根据下述条件考虑采用整体安装技术。

8.3.1 结构适宜性

结构适宜性即结构本身能形成整体，并满足整体安装的强度和刚度要求。有些大型结构在结构设计时并不考虑结构在施工阶段预先形成整体，为此必须和有关设计单位洽商，作某些修改，使大型结构能满足整体安装要求。如上海大剧院钢屋盖，原先设计时部分主桁架支承于电梯井筒筒壁，如果不作适当修改，结构在提升时无法形成整体，因此，在设计和施工的统一协调下，修改了电梯井筒，并改动了承力的构造形式，使得钢屋盖结构在提升时形成整体，从而实现了整体安装。

要使结构整体安装能满足强度和刚度要求，其应遵循的原则是：尽可能使结构整体安

装时的受力状态与最终使用状态相接近。这样做的明显好处是，结构因受力变化不大，不必做大量加固处理，即能满足施工工艺要求。

8.3.2 承力点和通道

承力点和通道即有合适的提升（平移）所需作用力的位置和结构移位的通道。以往承力点的设置，往往靠增设若干起重桅杆，来满足整体安装的需要，如上海万体馆（图 8-1）、上海游泳馆等。

图 8-1 上海万体馆网架整体提升

近年来在承力点的选择上，注重对结构的受力分析，尽可能使承力点置于原有结构的适当部位，这样做的优点是可以大大减少技术措施费用。如东方明珠广播电视塔钢桅杆天线整体提升时的承力部位选在 350m 标高的混凝土筒体的顶部；东航机库钢屋盖整体提升的承力部位全部选用 26 根结构永久柱；上海大剧院利用 4 个电梯井筒；而浦东国际机场航站楼则利用了原设计的数百米长的 4 根混凝土大梁。

大型结构在适宜安装的部位组成整体，然后移位至设计位置，其间的通道是必须的。如东方明珠广播电视塔钢桅杆天线整体提升的通道选择在结构的中心位置，贯穿多层混凝土平台和数个球体，为此，有关联的部位均在整体提升后方予施工。

应该指出，所有采用整体提升技术的工艺要求，均应事先取得设计单位的支持，并作必要的结构验算以及局部调整或修改，才能实施。

8.3.3 机具和设备

由于结构组成整体后，一般体量均较大，重量也较重，且移位的距离长短不一，因而对起重设备有特殊的要求。

在以往重量不超过 1000t、提升距离不超过数十米的情况下，采用多台卷扬机组进行整体安装是可能的，但是随着距离的越来越长（如东方明珠广播电视塔钢桅杆天线整体提升距离达 350m），结构整体重量越来越重（如上海大剧院钢屋盖逾 6000t），以及整体移位时的同步精度要求越来越高（如东航机库同步精度要求不大于 5mm），原有的卷扬机等机具设备再也无法满足要求。以钢绞线集索承重、液压千斤顶集群作业、电子计算机同步控制的机电液一体化的新颖起重设备应运而生，且日趋成熟，成为结构整体安装的主流设备。

钢绞线是在预应力工程中常用的高强度低松弛钢绞线，其作为承重件的优点，除了强度高、自重轻以外，与穿心式千斤顶的配套使用也十分成熟，特别是它可根据定尺长度生产，长可达 1000m 以上，满足了长距离、连续作业的要求。钢绞线作为承重件是一大技术突破，它使长距离连续整体移位成为可能，在施工方便性及经济性方面也大大优于方管及其他型材。

钢绞线的配置安全系数 K 的取值为：

$$K=\text{钢绞线总破断拉力}/\text{总荷载}\geqslant 3$$

随着液压技术的发展，液压千斤顶的额定作业能力越来越大，单个穿心式液压千斤顶从数十吨至数百吨，已成系列成熟产品。集群使用后，总体起重能力更是成倍提高，只要合理组合，数千吨乃至数万吨的巨型结构的整体起重也不是太大的难题。

液压千斤顶配置的作业能力 a 系数一般为：

$$a=\text{千斤顶总额定能力}/\text{总荷载}\geqslant 1.25\sim 1.5$$

随着结构体量的不断扩大，吊点的设置数量越来越多（如东航机库达 26 个吊点），集群作业时千斤顶数量猛增，同步作业的精度要求又越来越高，以往的电气控制手段已不敷使用，大型结构整体安装技术采用电子计算机进行实时控制已势在必行。采用电子计算机通过程序控制来规定千斤顶的每个动作，通过位移检测器的电信号反馈给计算机实现实时控制，计算机的模拟显示系统则及时将结构位移的状态用数据或图像提示给控制人员，使作业的自动化程度大大提高。浦东国际机场结构水平移位用计算机控制系统采用了模糊控制理论，使整套牵引设备部分具备智能化，成为建筑业采用高新技术的热点。

钢绞线集索承重、液压千斤顶集群作业、电子计算机同步控制的机电液一体化的新颖起重设备的特点：

(1) 用钢绞索作承重件突破了长距离无接头连续提升的重大难题。从理论上说，连续提升距离只受钢绞索生产制作长度的限制。

(2) 采用悬挂承重的方式，充分发挥钢绞索高强度的优点，受拉承重特别经济。

(3) 以液压作提升动力，动作平稳，速度可调，噪声小。

(4) 液压提升器夹紧机构具有单向自锁性，一旦偶遇故障或突然停电意外，夹紧机构能及时将承载钢绞索锁紧，载荷随即悬停，安全可靠性高。

(5) 当起重量特别大，又受单台提升器重量限制时，可多台提升器通过群控联合作用，集群使用时组合方式灵活。

(6) 适用范围广，既可使用提升法也可使用爬升法，还可用来水平牵引重物。

(7) 采用计算机控制技术后，液压提升器群作业时的控制精度大大提高。

(8) 设备安装简捷，运输方便，在安装场地空间高而狭窄，通用大型起重设备无法进入，更显其轻便灵活的优点。

8.4 施工工艺设计

大型结构的整体安装具备了以上必备条件，也还是不充分的，尚须对大型结构的不同个体和移位方式作详细的工艺设计和严密的计算，必要时应作模拟试验，以取得第一手资料。

8.4.1 高耸桅杆的整体提升

高耸桅杆多设置在建筑物或构筑物的顶端，因其安装高度超过一般起重机械，故施工上有一定的难度，常采用整体提升安装的方法。桅杆整体上讲是一细长的构筑物，因此，整体提升时必须解决高重心和抗风荷载的问题。

解决高重心问题，提高桅杆在提升过程中的稳定度，具体方法有三：一是用辅助结构提高承力点的位置，二是增加配重降低桅杆的重心，三是采用导轮导轨系统以强制对中。前两种方法能有效提高桅杆提升过程中的稳定度，但辅助措施的费用较大。后一种方法简便有效，但须经过严密计算以确保安全。

桅杆是高耸构筑物，整体提升阶段风荷载的影响是不可忽略的。在对特定地区特定时间段的风荷载作详细调查和科学计算的基础上，可用导轮导轨系统来抵御风引起的侧向荷载。下面以上海东方明珠广播电视塔钢天线桅杆整体安装为例介绍。

(1) 结构简况

钢天线桅杆采用地面组装，整体提升工艺进行安装。钢桅杆重 450t，长 118m，其中上部 50m 为携带设备的一体化天线，桅杆截面随高度变化从 3.8m×3.8m 至 0.7m×0.7m 不等，整体提升距离 350m。

(2) 承力部位及设备布置

承力部位即钢绞线固定位置在 350m 标高混凝土筒顶部，钢绞线共 120 根，40t 穿心式液压千斤顶 20 只，在桅杆四面均等布置，钢天线桅杆下端增设提升座舱，作为泵源和千斤顶的固定位置，电子计算机控制室亦设在其中，随天线杆一起上升（图 8-2）。

图 8-2　承力部位安装

钢绞线安全系数 $K=6.93$（因载人，故安全度较大），千斤顶配置能力系数 $a=1.78$。

（3）工艺设计重点

风荷载取上海地区 1～4 月份 30 年一遇 10min 时距的平均最大风速（16m/s）作为计算依据。

解决高重心和风荷载的措施为：出筒前以钢绞线作柔性导轨，配以垂直保持器作为稳定措施，出筒后以液压可调导轮导轨系统解决变截面钢桅杆在提升过程中的强制对中和稳定问题（图 8-3）。

（4）实施结果

整体提升自 1994 年 4 月 20 日起至 5 月 1 日中午止，提升速度约 4m/h。4 月 30 日夜遇 8 级以上大风（风速＞20m/s），但顺利完成提升。

8.4.2　重型空间网架整体提升

重型空间网架一般在有特殊需要的场所如飞机维修库或大型仓库等场合采用，因其平面尺寸大，跨度逾 100m，面积逾 10000m^2，其下往往设置悬挂吊车等设备，因此结构自重大于 1000t。采用常规散件安装方法，因其在施工过程中无法迅速形成整体以承受自重，势必增设大量重型支架来支撑施工中的结构，既慢且费用高，故常采用整体提升安装方法。

重型空间网架体量大，提升时有采用若干根辅助柱作为承力点的方法，但借助结构原

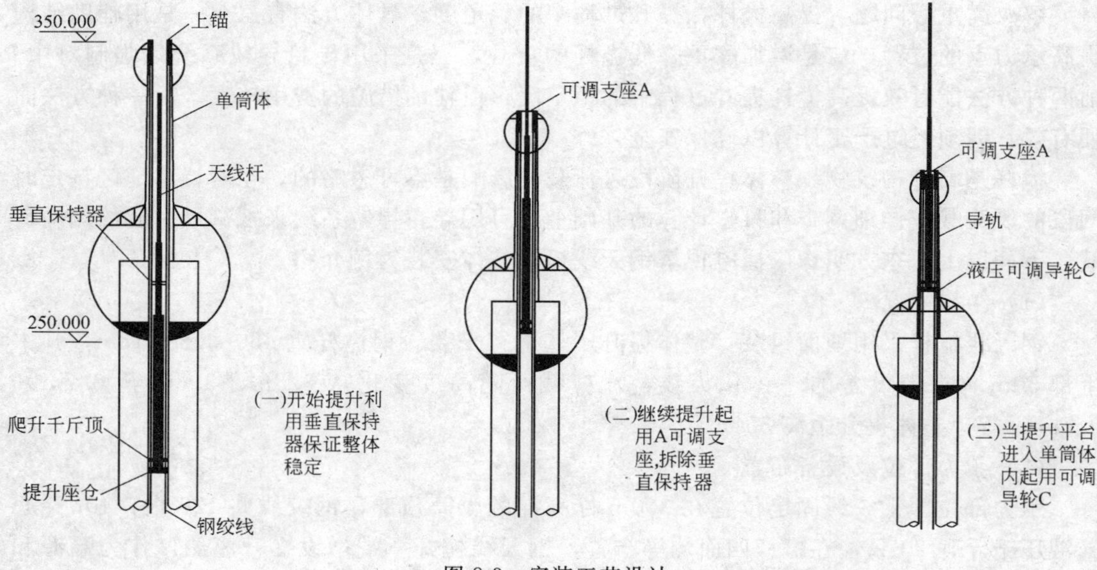

图 8-3　安装工艺设计

有的支承柱往往是最经济的。其吊点的布置一般较多，以尽量与结构安装后的永久受力状态相一致。

重型空间网架整体提升的要点是控制升差和根据提升点的反力合理配置液压提升设备。采用结构永久柱承力，因其约束条件往往发生变化，故需对其稳定性作必要的验算。下面以上海虹桥机场东航双体位维修机库钢屋盖整体提升为例介绍。

（1）结构简况

钢屋盖采用地面组装，整体提升工艺。平面尺寸为150m×90m，总面积13500m²，总质量3200t，提升高度23m。钢屋盖三侧由33根混凝土柱支撑，另一侧为机库大门，跨中无柱。

工程有如下特点

① 屋盖网架跨度大、体量大、结构重，网架支承在呈凹形分布的混凝土柱顶上，各支承点的负载差异很大，而且大门口处150m跨度内无支承点。

② 屋盖网架系非均匀双向对称，刚度差异大，提升点间的荷载差异悬殊。

③ 本工程与其他类似工程相比，不仅有高、重、大的特点，而且吊点多达26个，吊点布置很不均匀，相邻吊点间最大距离达150m；同时，吊点的荷载很不均衡，液压系统的配置也不一致，各吊点间甚至同一吊点内的液压千斤顶的性能差异很突出；提升高差和网架定位偏差的控制标准又很高。因此网架整体同步提升控制的难度相当大，必须综合机械、电子、液压、计算机、传感器等现代科学技术，研制控制系统，方能胜任本工程提升施工。

（2）工艺设计

屋盖网架的安装方法，目前国内一般所采用的是：高空散装、分条分块安装、高空滑移、整体吊装等传统施工方法，但根据本工程状况和网架的特点，采用了“地面散件总拼，利用结构柱承重，计算机同步控制，液压千斤顶集群提升”先进工艺进行网架整体连续提升。

其方法就是将液压千斤顶设置在永久结构上，悬挂钢绞线上端与液压千斤顶固定，下端与提升物用锚具相连，似井内提水那样，液压千斤顶夹着钢绞线往上提，从而将提升物提到安装高度。

（3）承力部位及设备布置

承力部位置于26根结构永久柱的柱顶，分设26个吊点，选用68只50t～200t级液压千斤顶，根据各点的反力分别配置（图8-4），并设电子计算机中央控制室。

钢绞线安全系数$K=4.49$，千斤顶配置能力系数$a=1.44$。由于各吊点间荷载差异超过20倍，故除考虑总体配置合理外，在门库柱顶（反力达600t）等个别重要部位，$K=5.2$，$a=1.67$。

采用结构柱作为提升工作柱，作单根柱及群柱稳定性验算，柱间联系梁及走道先行施工，以确保

图8-4　千斤顶安装

柱的侧向稳定，门库柱为薄壁⊏型混凝土柱，局部作适当加固。

整体提升同步精度，以≤10mm进行多工况设计验算，以≤5mm作为施工控制值。通过电子计算机控制，满足提升吊点多，荷载差异大，同步精度高的要求。

（4）实施结果

自1996年6月25日起至6月28日止，提升速度约0.8m/h。其间经受暴雨和高温考验，但顺利实施提升。

8.4.3 巨型框架结构的整体提升

除了大型网架比较适合采用整体提升的施工工艺外，在巨型框架结构上，这种工艺有时也同样适用。所谓巨型框架结构从形象上看就像凯旋门式的建筑，两侧是框架与混凝土筒体组成的大楼，而在两个大楼之间的顶部或中间又设置了多榀大跨度桁架，超高层加大跨度这种结构在安装施工时有一定难度，但是如果采用整体提升的工艺，那么施工就会变得安全容易得多。下面以绍兴世贸大厦工程为例介绍。

（1）工程概况

本工程的钢连廊由四榀钢桁架组成。钢连廊外形尺寸：长34m，宽23m，高7.2m。钢连廊的提升重量为215t。钢连廊底标高约77m。

（2）安装工艺

钢连廊提升吊点位置就在四榀与大厦连接的桁架两端，共八个吊点。每个吊点用一个50t级的穿心式液压提升装置。钢连廊的顶在大厦的24层，提升装置安装在25层的临时挑牛腿上，采用井里吊水的提升形式。钢连廊组装在7层的裙房屋顶上，提升距离约50m。准备工作做好以后，整个提升过程只用了10h（见图8-5）。

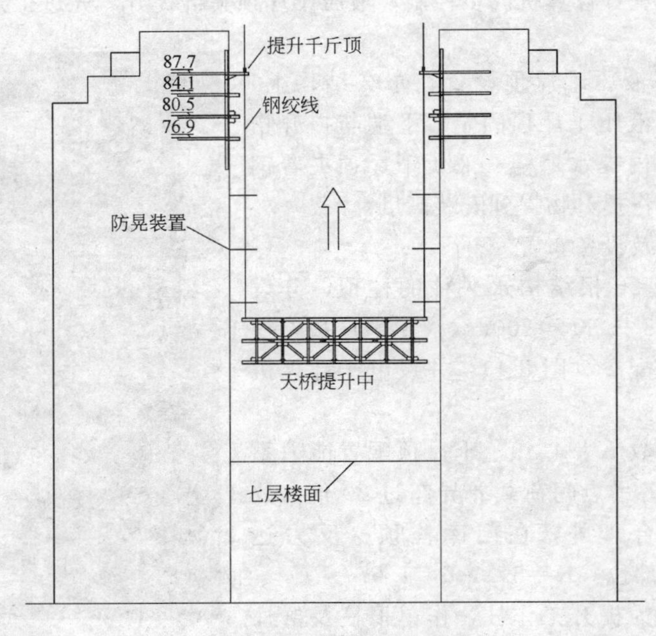

图8-5 提升示意图

（3）注意事项

1）必须验算两侧塔楼的承载能力。

2）必须验算被提升巨型框架的应力与应变。

3）必须采取措施防止被提升件晃动。一般采用的防晃措施是缩短摆长。

4）必须控制提升时各提升点的同步，必要时采用计算机控制。

到目前为止采用整体提升巨型框架结构的工程已经有许多了，比较典型的工程有上海证券大厦的钢天桥以及北京西客站等。

8.4.4 大型空间网壳的展开提升

类似无柱拱形网架目前国内常规的安装方法是采取满堂脚手支撑方法，但是在国外已经出现了一种全新的施工工艺，他们将整体结构分成若干块，在吊装阶段临时抽掉一些杆件，使一个稳定的结构成为一个可变的机构，从而使它可以折叠到地面上（初始位置），结构的大部分杆件、设备安装和内外部分装修工作可以在地面完成，然后采用先进的施工工艺，将该机构提升到预定高度，装上补缺杆件，使之恢复为一个稳定的、完整的结构。

下面以南阳鸭河口电厂干煤棚为例介绍。

（1）工程概况及其特点

本工程地处河南南阳鸭河口电厂厂内，结构形式为正方四角锥三向圆柱面双层网壳，节点形式为螺栓球节点。网壳的平面尺寸为纵向 90m，跨向 108m，高 38.766m，厚度 3.5m，重 505t，是国内最大跨度的干煤棚。考虑到现场条件，将整个结构沿纵向分成 45m 长的两部分分别提升。每一部分分成五个单元。单元之间用特别设计的可转动的铰节点连接，在转动的部位和安放提升架的部位临时去掉部分杆件。在地面折叠组装，然后采用“钢绞线承重、计算机控制、液压千斤顶集群整体提升”的先进工艺，将网架提升到位，最后再补上临时去掉的部分杆件。

本工程的特点是结构跨度大、高度高，施工难度比较大。

这次网架的提升与以往的网架提升有很大的不同。以往的网架提升，网架是完全悬空的，网架的重量全部由提升千斤顶或卷扬机承受，只要提升时同步控制好，提升的力相对来说是一个常数。而这次提升不同，这次是机构展开提升，提升时，网架根部始终与基础相连（铰接），网架的重量不是全部由提升千斤顶承受，而是提升千斤顶与基础共同承受，而且在提升过程中，千斤顶的提升力是随着提升高度的不同而变化的，因此在配置提升系统时，要以最大提升力为依据。

在计算网架的提升力时发现，网架在提升过程中，提升力会随着提升高度的增加而变小，如果不采取技术措施，网架提升将到位时，提升力会突然消失，网架两边稍有高差，就会产生很大的水平力差，结构将发生瞬变，因此抗瞬变是本工程的另一个特点。

以往的提升工程都是利用结构本身的梁柱作为提升时的承重系统，这次的提升网架是无柱拱形落地网架，跨内没有结构梁柱可作支架，需在跨内设置临时提升架，提升架除了要能受承竖向荷载外，还必须有承受一定水平力的能力。在跨内设置临时提升架，是本工程的又一特点。

（2）主要技术难题

1）机构展开提升时的防瞬变措施

由于本工程是先定施工工艺，再找施工单位。在接到施工任务时，工艺设计已经基本完毕，并有部分杆件已经加工，提升时铰的位置已经不能改变。本来可以通过改变铰的位置来避开网架提升过程中的瞬变现象，现在只能通过采取施工技术措施来解决机构展开提升时的瞬变难题。

2）网架初始状态下的安装精度

网架提升时共有 6 个铰线，下部与基础连接有 2 个铰线，每个铰线上有 7 个铰，上部网架块与块连有 4 个铰线，每个铰线上有 4 个铰。提升网架时，每一个铰线上的铰必须在同一直线上，铰线之间必须相互平行，否则网架提升时会产生过大内应力，严重时将发生网架变形，甚至损坏。

3）提升过程的同步控制

网架提升时，共有 8 个吊点，如果这 8 个吊点不同步的话，除了网架会发生变形外，由于两边有高差，网架两边水平力不能抵消，会向一边偏移，甚至失稳。更何况网架在提升过程中，除了两端是固定铰支座，中间还都是不固定的铰支座，这种结构提升时，如果同步控制不好，就更增加了结构的不稳定性。

4）提升过程中，同一工作柱上两侧吊点提升力均衡控制

由于构件制作误差、地面拼装误差以及提升不同步，将会造成网架在提升过程中，同一提升柱上两侧吊点的提升力有差异。如果这个差值过大，将使提升架弯曲，甚至失稳而发生重大事故。

（3）施工工艺研究

1）计算最大提升力，确定合理的千斤顶数量

网架在提升过程中，提升力会随着提升高度的变化而变化，因此必须知道其中的最大提升力，才能确定每个吊点该配置几台或多大提升能力的千斤顶。吊点的位置已经确定，共 8 个吊点。通过对提升过程中的提升力进行分析研究，发现提升力在初始状态到 13m 高（吊点高度）是从大到小的过程，从 13m 到 20m 提升力是递增过程，从 20m 到 28.990m（吊点到位高度）提升力是递减过程，其中初始状态的提升力最大为 24t。这样的话，只要设置 1.5×24t＝36t 的千斤顶就行了，也就是每个吊点只要设置一台 40t 的千斤顶就可以了。

2）选择临时提升架的截面形式和布置

南阳电厂干煤棚网架是无柱拱形落地网架，跨内没有结构梁柱可作支架，需在跨内设置临时提升架，提升架除了要能承受竖向荷载外，还必须承受一定水平力。为此，我们选择了 TQ80/60 塔式起重机的塔身作为提升架，每个提升架由两个塔身组成，两只塔身沿跨度方向布置，塔身底下做混凝土基础，混凝土基础的大小由计算确定（这次提升基础的尺寸为 6.8m×4m×1.2m），塔身利用混凝土基础的重力稳定。组合提升架能承受因两吊点不均衡而产生的弯矩，本次提升最大能承受的差值为 100kN，其产生的偏心弯矩为 100kN×3.75m＝375kN・m。

3）布置提升架顶承重系统

吊点不是直接在提升架上，而是在提升架的两侧，因此在提升架顶上还需要设置一套承重系统，承重系统由连接两塔身的横梁及承重梁和水平支撑组成，承重梁长 7.5m，两端悬挑 3.75m，承重梁按吊点能承受的最大偏心荷载 400kN 设计。

4）设置滑导，确保结构平稳提升

从理论上分析，网架展开提升，在网架提升过程中结构是稳定的。但是在风荷载或提升高差产生的水平力作用下网架很容易产生晃动。过大的晃动对结构是不利的，因此必须限制结构晃动，为此在分块网架的中间块上设置了两道水平约束（滑道）（图 8-6）。

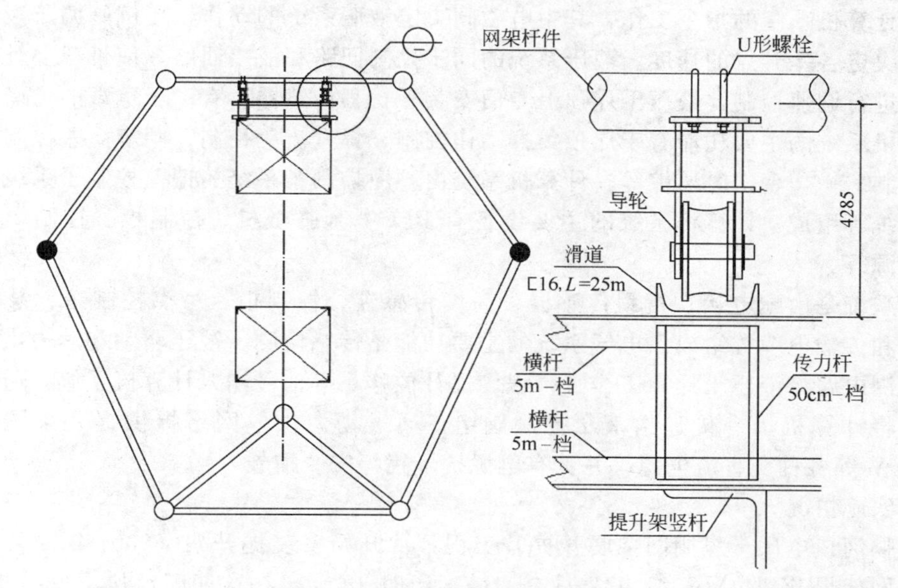

图 8-6　水平约束（滑道）设置

经计算，因升差产生的水平力并不大，如果两端高差达 10cm 的话，最大会产生 10kN 的水平力，如果这个水平力由 4 条滑道来承受，则每根滑道仅受 2.5kN 的水平力。而由风荷载产生的水平力很容易控制，只要选择风力较小的时间提升就可以了。因此滑道的截面不需要很大，选用 16 号槽钢就足够了（这次我们选用了 ϕ48 钢管）。

5）设置浪索抗瞬变，变瞬变结构为稳定结构

由计算得知，网架将近到位时，支座铰、提升吊点处铰、中间铰三铰接近直线，当提升吊点高度到 28.5m 时，提升力开始突变，当提升吊点高度到 28.9m 时，总的提升力仅为 57kN（平均每只千斤顶 7kN），如继续提升，千斤顶提升力将出现负值，这意味着千斤顶对网架失去控制，如不采取技术措施，网架将发生瞬变，并将因内力过大而损坏。为避免瞬变发生，我们采取下列技术措施：

① 在铰支座处设置限位装置，防止网架将到位时发生瞬变反拱。

② 在网架提升高度达到 28m 时，在支座上第二节点处两边拉 8 根浪索。并计算浪索拉力，以决定浪索形式。

以上两点做好后，结构由不稳定瞬变结构变成了稳定结构，但对提升时的控制要求比较高，既要做到两边浪索的张紧程度基本相同，又要能同步放松，要做到这两点，难度是很大的，我们采取的措施是：在提升进入瞬变阶段时，每次行程为 2cm。这样两边浪索的控制可以容易些，慢慢地提升到位，确保提升安全。

6）计算机同步控制，液压千斤顶集群提升

本工程的网架展开提升有 8 个吊点，同步要求比较高，设计要求高差不大于 3mm，

靠手动无法达到这一要求，必须采用“钢铰线承重、计算机控制，液压千斤顶集群提升”的提升工艺。该工艺主要由液压系统、计算机系统和电气系统等构成。

液压系统是由液压千斤顶、液压泵站和控制阀组等构成。根据提升工艺的要求，将液压千斤顶、控制阀组等组合成八套液压提升器，分别布置在四套提升工作柱柱顶上。控制阀组根据计算机系统的指令工作，其中电磁阀决定液压系统的动作，比例阀调节液压系统的流量、决定各提升点的速度。液压系统的同步控制回路和液控回路，使带载上升和带载下降都能进行调速控制，液压千斤顶上专门安装了行程传感器，有助于负载的均衡控制。

计算机系统的主要功能有千斤顶集群动作控制、提升流程控制、同步高差控制、提升力均衡控制、操作台实时监控等。计算机系统由顺序控制子系统、偏差控制子系统、实时监控子系统等组成。计算机系统的主要设备有 PLC、奔腾微机、控制柜、控制箱、传感器、稳压源等。

电气系统是由配电箱、行程传感器、高度传感器、控制柜、吊点控制箱、泵站控制箱、控制和传输电缆等组成。电气系统的主要功能是传感检测、液压驱动和动力供电。通过传感检测电路将液压千斤顶工作缸行程、提升位移量等信号输入计算机系统，通过液压驱动电路将计算机指令传递给液压控制阀组，通过动力供电网络提供提升系统 380V、220V、24V 等各种交直流电源，并具有电源抗干扰等安全措施。

(4) 实施情况

南阳鸭河口电厂干煤棚网架展开提升工程，从开始安装提升架（2001 年 4 月 19 日）到第二区网架提升到位（2001 年 5 月 31 日），历时 43 天，在这期间经历了安装提升架、承重梁、计算机液压控制系统的安装调试，网架展开提升、抗瞬变、设备转移等过程。

在实施过程中发现结构确实如计算的那样，提升过程中出现了瞬变现象，当时我们将提升行程控制在 1～2cm 之间，抗瞬变的措施也起到了作用，安装施工还是比较顺利的。在提升时，吊点从初始状态的 2m 高度提到 28m 高度的 26m 距离中，所用的时间约 7h，而从 28m 高度至 28.99m（到位时的高度）不到 1m 的距离用了将近 4 小时。由此可见，到最后阶段提升速度是很慢的，难度也是最大的。

在提升过程中，提升架（或称工作柱）两侧提升力的差异不是很大，仅在 2～3t 以内。但是四组吊点之间的差异还是比较大的，达到 8t 上下，但还是在我们的控制范围之内。

用 ϕ48 钢管做成的滑道，在提升过程中起到了重要的作用。它不光起到了稳定结构的作用，也成了提升过程中观测网架偏移中心线的参照物。

由于施工方案切实可行，在实施阶段又不断优化，与设计、总包、业主、监理密切配合，使原定 6 月 15 日 B 区提升到位的目标提前到了 5 月 31 日，安全优质地完成了该网架机构的展开提升工程（图 8-7）。

8.4.5 大型空间结构的整体平移

由于建筑结构的特殊性，场地条件限制以及上下道工序的需要等，有些结构无法直接安装到设计规定的平面位置，只能在特定的区域安装后平移至设计位置，这样做往往能获得事半功倍的效果。

结构整体平移首先要重视的是在整体平移过程中的结构稳定，在计算或模拟试验的基

图 8-7　展开提升过程

础上采取相应的施工措施。一般应考虑平移过程中动载加速度及各牵引点速度差异的影响。

结构整体平移可以采用牵引或顶推两种不同的施工工艺。一般来说，顶推比牵引好，因为用钢索或钢丝绳牵引时，由于从动摩擦转到静摩擦时，被牵引的结构免不了经受一次脉冲的过程。而脉冲对结构影响是不利的，在施工过程中应尽量避免。

平移时支座可采用滚动或滑动的方式。滚轮与滑道配合，摩擦力较小且动作平顺，但有结构尺寸较大、制作费用较高以及需置换等缺点。采用滑块与滑道配合，摩擦力较大，润滑要求高，但制作加工费用低，经设计同意可不必置换等。

平移又可分为直线平移或旋转平移，下面我们根据不同的平移形式，结合工程实例介绍。

(1) 上海浦东国际机场航站楼主楼钢结构整体牵引平移安装（牵引平移）

1) 结构简况

采用地面节间拼装，跨端空间组装，区段整体移位工艺。钢结构总重量 11000 余 t，分成 21 个区段，最大区段跨度为 80m＋48m＋42m，长 72m，柱高 26m，平移最大距离 200m。

2）承力部位及设备布置

利用沿柱轴线的混凝土大梁设置承重滑道，分南、北两侧各设置 4 组 16 只 50t 千斤顶作连续牵引，柱两侧各设一束钢绞线，每束 4～6 根不等。

钢绞线安全系数 $K=3.46$，千斤顶配置能力系数 $a=1.2$（平移时配置能力可适当减少）。

3）工艺设计重点

由于钢结构一侧为斜柱，且斜挑弧形屋架，形体特殊，因此通过计算和模拟试验，对结构的纵向和横向均采用稳定拉索，保证平移过程中的结构稳定。施工阶段结构稳定措施有：

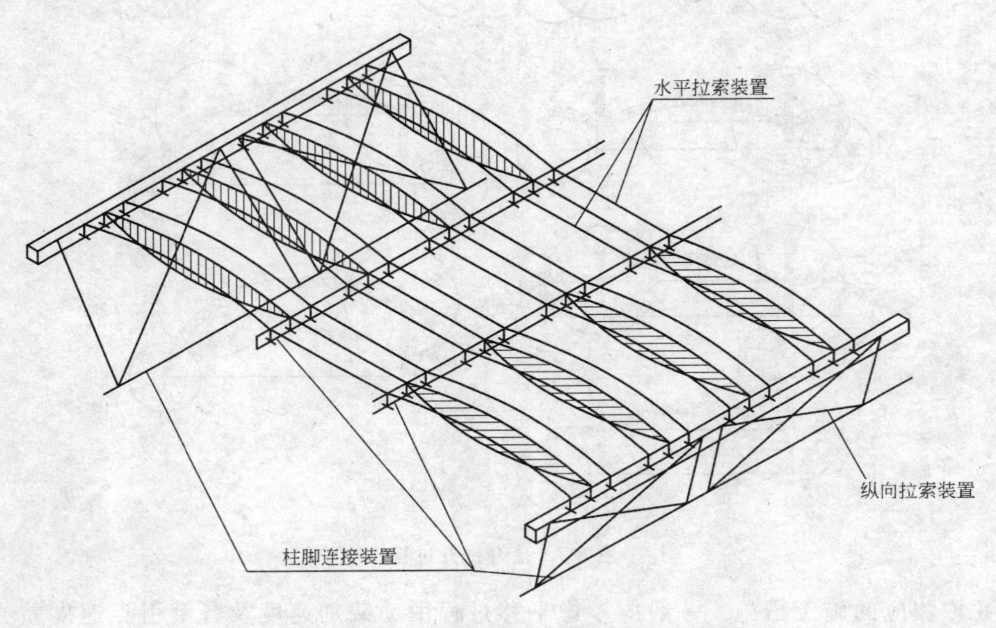

图 8-8 施工阶段结构稳定措施

① 横向稳定措施

（A）主楼两跨同步移位，用水平拉索进行连接，平衡水力；

（B）高架进厅单跨移位，通过小车和斜置的单轨梁平衡水平力。

② 纵向稳定措施

（A）直柱、斜柱下部用临时拉杆连接；

（B）斜柱间用临时拉索组成柔性柱间支撑系统（图 8-9）。

采用滑块滑道系统，对摩擦系数的变化作反复测试，在黄油充分润滑的情况下，钢滑块与槽钢滑道间的摩擦系数为 0.11～0.12，设计时取 0.15。

电子计算机初步采用模糊控制理论，大大提高了自动化程度及故障显示报警性能。

4）实施结果

仅用 2h 即完成带载调试，平移速度达 8～12m/h。每月钢结构安装量（包括长廊）逾 5000t，按期完成节点进度目标。

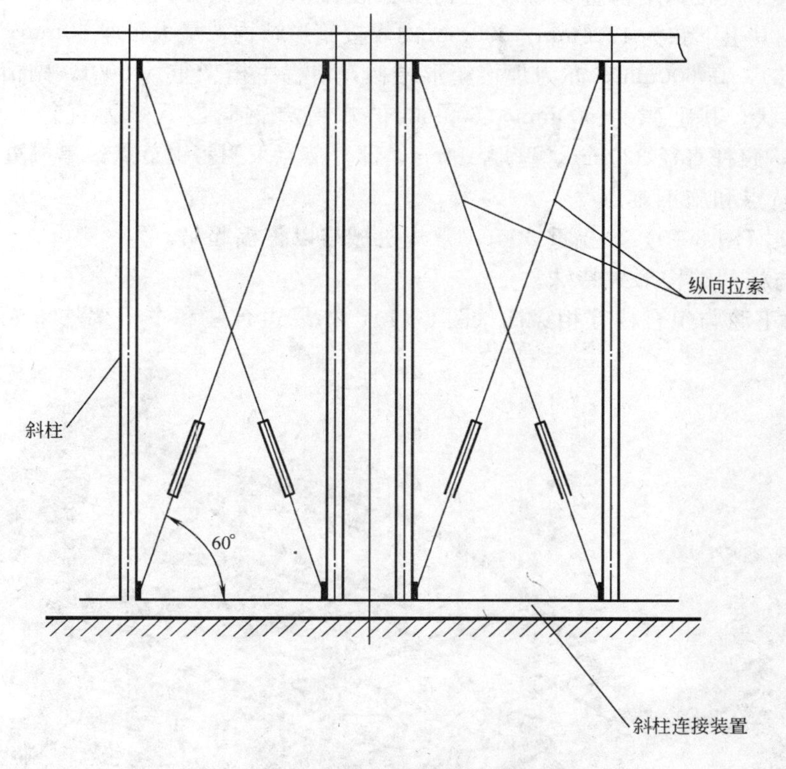

图 8-9　柔性柱间支撑系统

（2）重庆江北机场航站楼巨型钢结构工程的顶推平移安装

1）工程概况

重庆江北国际机场航站楼工程的钢结构包括航站楼主楼、指廊、连廊和登机桥等，总吨

图 8-10　主桁架

位约 8000t，其中主楼钢结构逾 5000t。主桁架状似恐龙，高低起伏，全长 117m（柱外侧均外伸 13.5m），其上下弦为 1200mm×800mm 的焊接箱形结构，最大板厚 40mm；腹杆与弦杆等宽（1200mm），高 600mm，亦为焊接箱形结构，单榀主桁架重约 500t。副桁架亦高低起伏，呈不规则状，其上弦为 500mm×600mm 的焊接方钢管，下弦为直径 406mm、壁厚 15mm 的钢管，腹杆直径 320mm、壁厚 10mm，部分节点采用铸钢节点，单榀重 22t。

2）结构特点和施工难点

① 主桁架（图 8-10）单榀重 500t，常规机械难以整榀起吊。

② 桁架与柱的结构形式特殊。

主桁架的下弦与组合柱互相穿插（图 8-11），如果组合柱和主桁架均事先组成完整的

图 8-11　主桁架的下弦与组合柱互相穿插

图 8-12　跨内外现场情况

构件，则无法安装，因此施工工艺复杂，难度较大。

③ 跨内障碍，不能跨内施工；跨外施工非常规设备所能胜任，又要影响西侧高架桥施工（图 8-12）。

3）施工技术路线

跨端组装，累积平移；计算机控制液压同步顶推。

4）施工过程示意图（图 8-13）

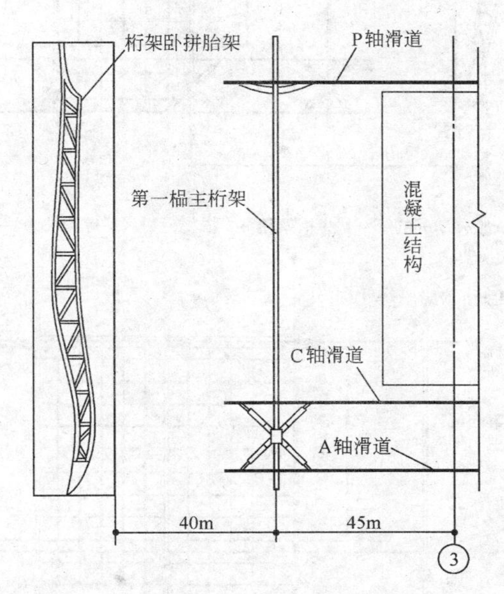

第一步：第一榀主桁架在跨外立式胎架上拼装。

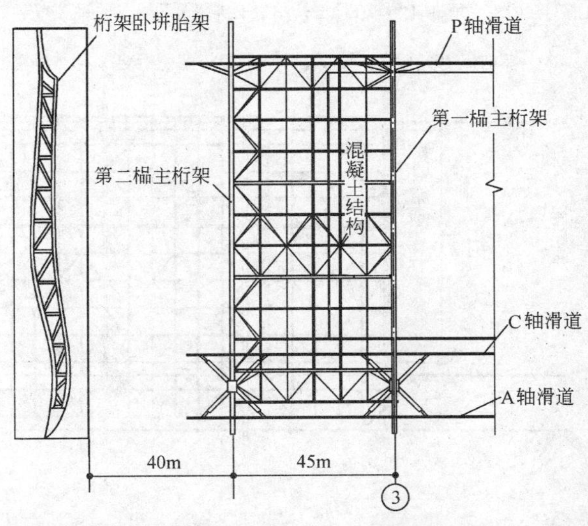

第二步：第一榀主桁架沿滑道水平顶推45米，在原立拼胎架上拼装第二榀主桁架，并进行副桁架等节间安装。

图 8-13 施工过程示意图（一）

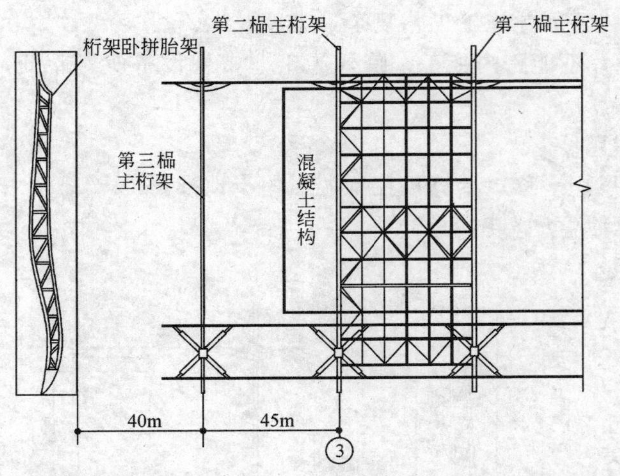

第三步：将已连成整体节间的第一榀主桁架和第二榀主桁架水平顺推45米，并在原立拼胎架上拼装第三榀主桁架。

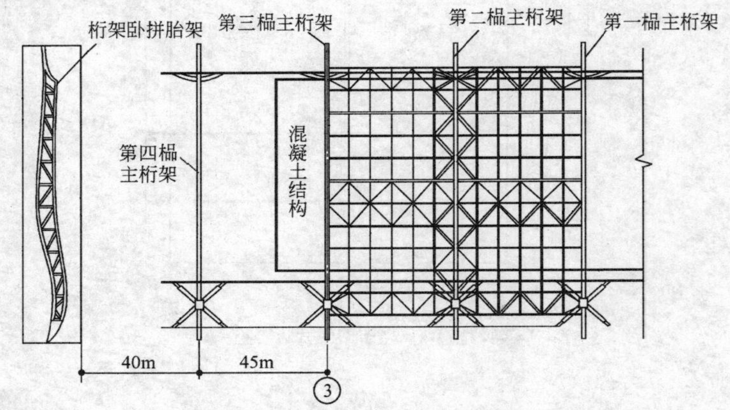

第四步：安装第二、第三榀主桁架之间的次桁架、屋面支撑、斜撑等，并将第一、第二、第三榀主桁架整体水平顶推 45米，在原立拼胎架上拼装第四榀主桁架。

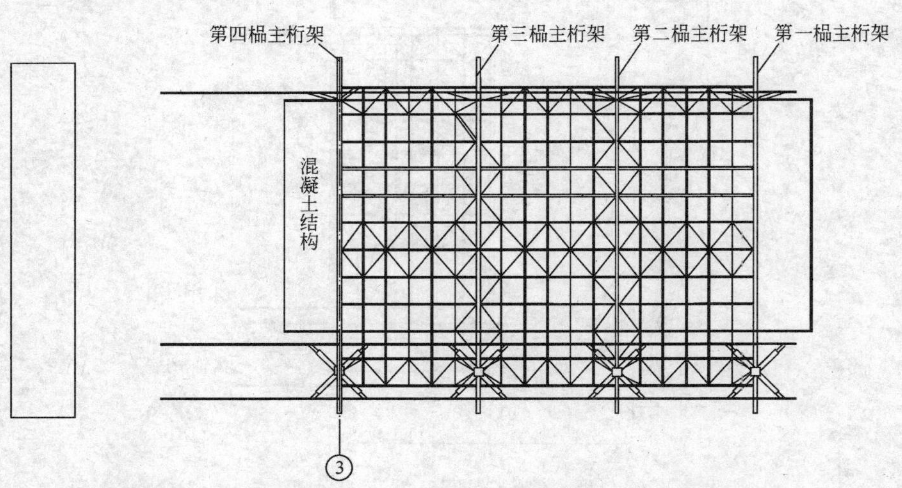

第五步：安装第三、第四榀主桁架之间的次桁架、屋面支撑、斜撑等，并将第一、第二、第三、第四榀主桁架整体水平顶推45m 达到设计位置。

图 8-13　施工过程示意图（二）

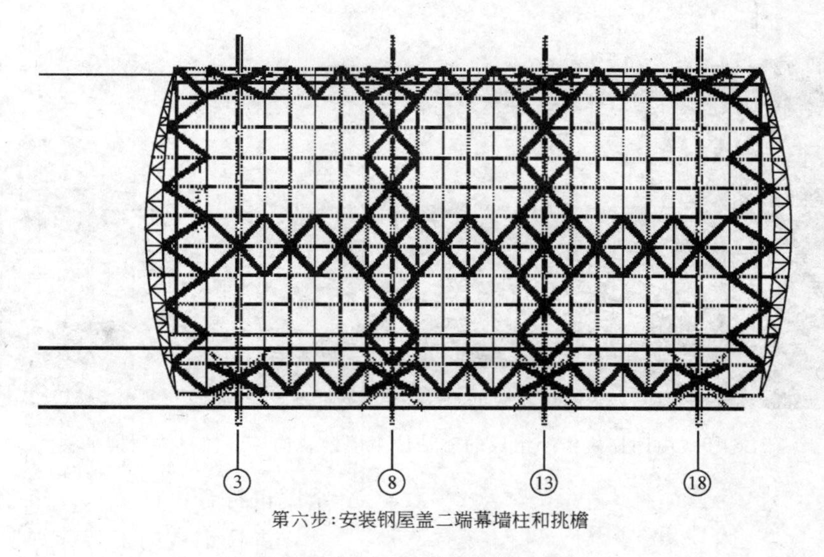

图 8-13　施工过程示意图（三）

5）实施情况

航站楼主楼钢结构的累积顶推平移共 4 次，每次顶推距离 45m，顶推行程 60～65 个左右，行程长度 75cm，顶推速度 5m/h。4 次顶推的重量分别约为 500t、2000t、3500t、5000t。每次顶推间隔 15 天左右，4 次顶推共用 10 个工作日，扣除每次顶推前的设备试车和空载调试，实际顶推用时 7 天。

4 次顶推中，一次是阴天，两次是时有小雨，还有一次全部是雨天，为了抢工期，顶推照常进行。虽然雨天施工条件较差，滑道润滑不好，个别电气元件因故障而更换，但是顶推情况总体是正常的，顶推设备性能稳定，施工控制良好，结构稳定性和施工质量未受影响，保证了工程进度，也考验了顶推设备的可靠性、安全性。

在钢结构顶推平移中（图 8-14、8-15、8-16），各顶推点的位移动态偏差不超过 ±10mm，顶推负载未超过设计负载，钢结构主桁架跨中加速度为 0.05g，主桁架跨中下弦相对于组合柱参照系的位移为 1/900，顶推过程中结构十分平稳。钢结构到位后的定位

图 8-14　第一、二榀主桁架组成的钢结构正在滑道上顶推平移

图 8-15　由四榀主桁架组成的航站楼主楼钢结构，正在整体顶推平移

图 8-16　顶推点的作业装置

精度也符合设计要求，施工质量良好。

主楼钢结构安装计划工期 5 个月，采用新工艺后，仅用 3 个月又 20 天完成，工期提前 40 天左右。同时，主楼钢结构安装时，主楼西侧和主楼跨内混凝土平台下的其他工序施工照常进行，不受影响，新工艺为机场改扩建工程的总工期也作出了贡献。

经过周密的施工前期安排和组织管理，以科学管理的要求进行管理。经过实践证明，依靠科学的管理、先进的施工操作，层层把关，全面落实岗位责任制，施工效率明显提高，大大提高了施工进度，保证了质量，4350 多米的焊缝经过探伤，Ⅰ、Ⅱ级焊缝达到优良率 97%，钢柱、桁架安装质量验收 100%，高强螺栓穿孔率达到 99%，钢结构安装质量都符合设计要求和施工验收规范要求的一次验收合格。

(3) 上海旗忠森林体育城网球中心施工方案（旋转顶推平移）

1) 工程概况

上海旗忠森林体育城网球中心位于上海市闵行区，其主赛场建筑面积为 26684m^2，地上四层，建筑高度为 41m，主赛场顶棚可开启，仿佛上海市花白玉兰的开花过程，为世界首创。

网球中心主赛场屋顶钢结构包括环梁、机械传动装置和叶瓣等，钢结构总吨位约为 4000t。环梁为倒梯形钢桁架结构，重量达 1780t，环梁投影是一个外径达 144m、内径为 96m 的圆环。环梁断面为倒梯形，上平面三根主弦杆，下平面两根主弦杆，上平面内外侧主弦管的中心距达 24m，环梁高 7m。主弦管为 ϕ914 和 ϕ610 的钢管，壁厚 16mm、25mm，腹杆为 ϕ508×14m、ϕ406×14m 和 ϕ351×8m。节点全部采用相贯节点。

网球中心主赛场屋盖是由 8 片“叶瓣”组成，通过机械传动装置可旋转进行开启。每个“叶瓣”重达180t。每个“叶瓣”都是在各自的支点和转轴上同时进行旋转。“叶瓣”通过机械传动设备支承在钢环梁上，钢结构安装高度达41m。

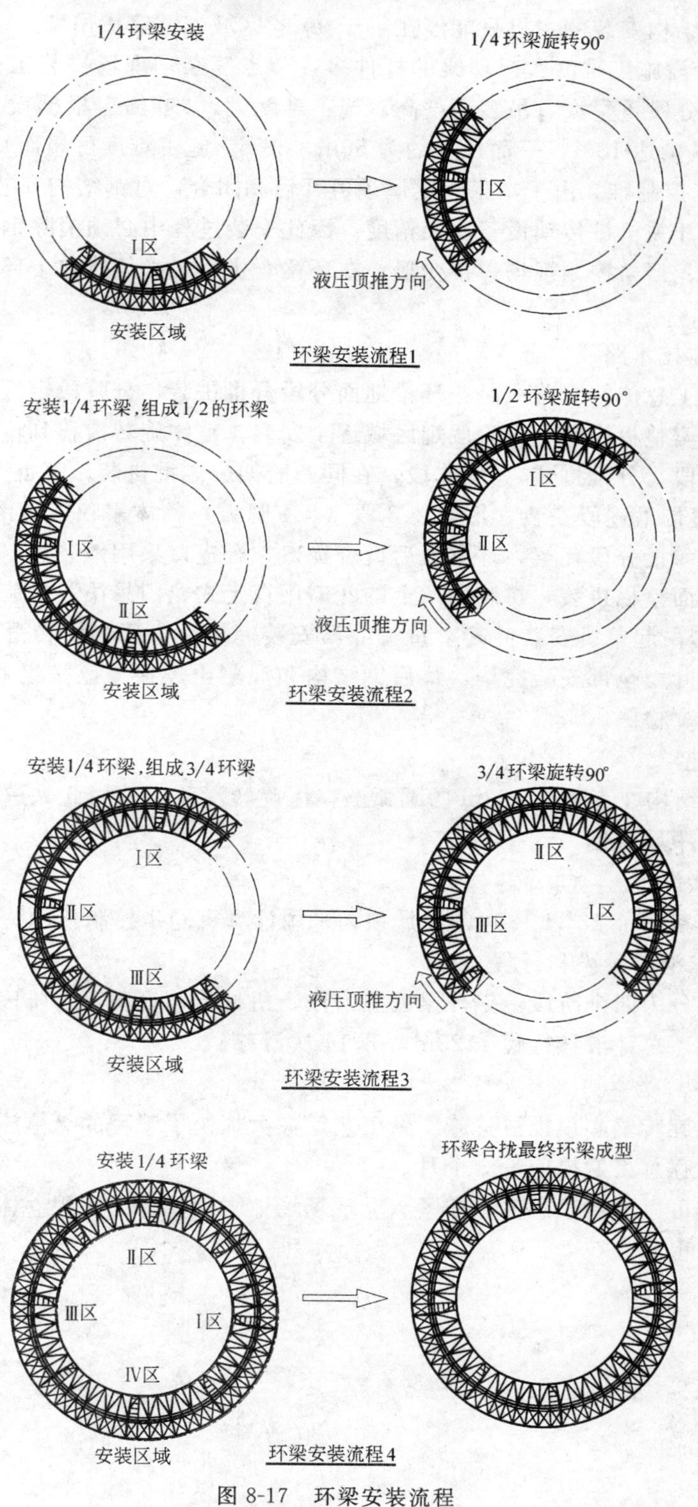

图8-17 环梁安装流程

2）工程难点

① 由于工程进度的需要，业主要求主赛场四周的大平台、辅房、能源中心等与钢结构同步施工，钢结构安装的主机只能停在小于90°的区域，并完成吊装。

② 环梁、叶瓣施工难度大。环梁的杆件多，节点复杂，现场拼装工作量大，拼装精度要求高。环梁分段重量大，吊装高度高，施工难度大。"叶瓣"根据设计要求必须整榀安装，"叶瓣"重量达180t，平面尺寸约为56m×38m，施工难度可想而知了。

③ 安装精度控制难。由于本工程钢屋顶可开启和闭合，对钢结构安装精度要求很高，特别是活动屋顶开关机械传动设备安装精度。因此安装过程中必须消除钢结构制作、拼装和安装时的误差，严格控制现场焊接变形。在环梁合拢后，必须对整个环梁的控制点进行测量、校正。

3）施工总体技术路线

本工程的施工总体技术路线是：环梁地面分段分批拼装，分阶段定区域安装，整体累积旋转滑移，叶瓣整榀拼装，分阶段定区域逐个安装，整体旋转滑移到位。

环梁地面分段、分批拼装，分36段，在同一胎架分3批拼装，每批12段，高空安装采用一台300t履带吊逐段安装，每安装8段（1/4圆弧）整体累积旋转滑移90°，吊机在同一区域安装下一批分段环梁，环梁最后设合拢口，合拢口采用散装法（图8-17）。

叶瓣采用地面整榀拼装，拼装胎架上的叶瓣用行走式龙门吊吊装至旋转调试胎架，再用一台600t履带吊起单机安装叶瓣。每榀叶瓣安装完毕后，环梁旋转滑移，吊装下一片叶瓣，直至八片叶瓣全部安装完毕，最后钢结构和混凝土连接支座按设计要求连接固定，整体钢结构调试、检测。

4）顶推工艺

近4000t钢结构在直径为123m的圆弧上整体旋转滑移，采用此先进的施工工艺，在国内钢结构施工中属首创。

① 顶推滑移设备

顶推滑移设备用了12只130t的千斤顶，采用计算机同步控制技术。

② 旋转顶推滑移阶段和行程

顶推滑移共分为四个阶段：钢环梁安装阶段、机械传动设备安装阶段、叶瓣安装阶段与最终精确定位。总计滑移行程1123m，分14次滑移。

5）实施效果

该工程采用旋转偏心顶推滑移施工新工艺，大大加快了工程的总体施工进度。与常规工艺比较，本工程总工期提前近3个月。

该施工工艺可以应用于总体工期紧、受现场场地限制、需大面积立体交叉作业的大跨度圆形钢结构工程。

建筑钢结构安装工艺师岗位规范

在我国，钢结构建设工程已有近百年的历史，近20多年来引进、吸收和消化了许多新技术、新工艺、新材料、新设备，钢结构建设工程成为一项方兴未艾的产业。根据一些钢结构施工企业的要求，希望能培养一批既掌握专业理论知识，又能动手操作、独当一面的安装工艺师人才。为此，按照建筑钢结构安装工艺师的工作性质，制订如下岗位规范：

1. 岗位必备的文化知识和专业知识：

(1) 具备相当于大专以上专业技术知识；

(2) 从事钢结构焊接工作三年以上；

(3) 熟悉金属结构材料的性质、特点；

(4) 熟悉钢结构施工技术规范；

(5) 具有电算应用基础知识和企业现代化管理知识；

(6) 熟悉和了解国家相关的法律法规；

(7) 必须定期接受专业技术人员的继续教育，不断更新知识。

2. 岗位应能达到的工作能力：

(1) 懂得、掌握、制定本专业工艺流程和施工组织进度，具备调整应变的能力；

(2) 熟悉钢结构施工验收规范和安全生产规范；

(3) 必须按照ISO 9000进行目标管理；

(4) 掌握和了解钢结构设计图纸、施工图纸、技术要求；

(5) 具备指导或培训年青人才的能力。

3. 岗位职责：

(1) 负责整个施工程序并进行技术交底；

(2) 了解钢结构工程中的深化焊接、吊装、制作、涂装等其中相关的一项或多项技术要求；

(3) 能解决施工过程中出现的技术问题；

(4) 收集和整理有关施工资料，并按要求归档。

上海市金属结构行业协会培训部

后　记

随着钢结构行业的发展，科技的进步，制作安装工艺不断创新。不少企业引进、吸引、消化并创造了许多钢结构制作安装的新技术、新工艺、新材料和新设备，提高了工程质量，加快了施工进度，取得了良好的经济效益和社会效益。为了总结钢结构的制作、安装、焊接、涂装工艺，提高钢结构行业四个关键岗位的人员素质，协会组织专家分别编写了《建筑钢结构焊接工艺师》、《建筑钢结构制作工艺师》、《建筑钢结构安装工艺师》、《建筑钢结构涂装工艺师》，既总结了传统的工艺技术，又吸收了20世纪90年代以来，特别是近几年来大型工程施工中创造的许多先进的工艺技术，以满足不同企业的工艺需要。我们力求体现钢结构行业的特点，并尽量做到系统性、实用性和先进性的统一，供钢结构企业相关技术人员学习参考，同时为企业、学校培训钢结构人才提供系统的教材。参加本套丛书编写、评审的专家有：

沈　恭：上海市金属结构行业协会会长，教授级高级工程师

黄文忠：上海市金属结构行业协会秘书长，教授级高级工程师

朱光照：上海市华钢监理公司，高级工程师

顾纪清：海军4805厂，高级工程师

罗仰祖：上海市机械施工有限公司一分公司，高级工程师

张震一：江南造船集团有限公司，教授级高级工程师

杨华兴：上海宝冶建设有限公司钢结构分公司，高级工程师

许立新：上海宝冶建设有限公司工业安装分公司，高级工程师

毕　辉：上海通用金属结构工程有限公司，高级工程师

吴贤官：上海市腐蚀科技学会防腐蚀工程委员会，高级工程师

黄琴芳：海军4805厂，高级技师

黄亿雯：苏州市建筑构配件工程有限公司，高级工程师

肖嘉卜：江南造船集团有限公司，高级工程师

吴建兴：上海市门普来新材料实业有限公司，高级工程师

吴景巧：上海市通用金属结构工程总公司，副总工程师

燕　伟：上海十三冶建设有限公司，工程师

吴海义：上海市汇丽防火工程有限公司，技术总监

顾谷钟：上海市无线电管理局，高级工程师

严建国：上海市金属结构行业协会副秘书长，副教授

此外，为本套丛书的编写提供有关资料的有施建荣、刘春波（上海宝冶建设有限公司钢结构分公司）、甘华松（上海通用金属结构工程有限公司）等有关同志，在此一并致以谢意！

根据行业发展的需要，下一步我们将出版《建筑钢结构材料手册》、《钢结构工程造价

手册》、《钢结构工程监理必读》等工具书，同时还将聘请有关专家编写建筑钢结构高级工艺师培训教材和建筑幕墙施工工艺师培训教材。

上海市金属结构行业协会
2006年8月